预制装配式建筑施工技术系列丛书

预制装配式混凝土管廊技术指南

远大住宅工业集团股份有限公司　主编

中国建筑工业出版社

图书在版编目（CIP）数据

预制装配式混凝土管廊技术指南/远大住宅工业集团股份有限公司主编．—北京：中国建筑工业出版社，2018.10

（预制装配式建筑施工技术系列丛书）

ISBN 978-7-112-22747-1

Ⅰ.①预…　Ⅱ.①远…　Ⅲ.①市政工程-预制结构-混凝土结构-地下管道-管道工程-混凝土施工-指南　Ⅳ.①TU990.3-62

中国版本图书馆 CIP 数据核字(2018)第 222238 号

城市地下综合管廊是保障城市运行的重要基础设施，具有完善城市功能、美化城市景观、节约土地资源、促进城市集约高效和转型发展的重要作用。预制装配式综合管廊作为当今地下空间重点发展方向，有利于保证施工环境的安全和施工效率。

本书汇总了长沙远大住宅工业集团股份有限公司二十多年的设计、现场装配、管廊等装配式方面的经验，总结了现阶段我国预制装配式综合管廊工程施工的相关经验技术，旨在为我国预制装配式综合管廊施工技术的发展提供些许有益的参考和借鉴，推进预制装配式市政全行业范围内的单位更好地了解装配式工业化，助力预制装配式混凝土地下工程产业化与规模化的快速发展。

*　　*　　*

责任编辑：李　明　李　杰　葛又畅

责任校对：王　瑞

预制装配式建筑施工技术系列丛书

预制装配式混凝土管廊技术指南

远大住宅工业集团股份有限公司　主编

*

中国建筑工业出版社出版、发行（北京海淀三里河路9号）

各地新华书店、建筑书店经销

北京红光制版公司制版

大厂回族自治县正兴印务有限公司印刷

*

开本：787×1092毫米　1/16　印张：18½　字数：450千字

2019年1月第一版　2019年1月第一次印刷

定价：**65.00**元

ISBN 978-7-112-22747-1

(32853)

主编单位： 远大住宅工业集团股份有限公司

主　　编： 谭新明

副 主 编： 李锦实

编写人员： 唐　芬　何　磊　王雅明　钟　易

龙坪峰　李融峰　李志荣　邓远路

赵尤雁　孙赣彦　王小军

前　言

地下综合管廊是指在城市地下用于集中敷设电力、通信、广播电视、给水、排水、热力、燃气等市政管线的公共隧道，是保障城市运行的重要基础设施和“生命线”。我国正处在城镇化快速发展时期，地下基础设施建设滞后，推进城市地下综合管廊建设，统筹各类市政管线，实施统一规划、设计、建设和管理，解决反复开挖路面、架空线网密集、管线事故频发、环境污染、噪声污染以及管线交叉损害、城市交通拥堵、商业利益损失等问题，有利于保障城市安全、完善城市功能、美化城市景观、促进城市集约高效和转型发展，有利于提高城市综合承载能力和城镇化发展质量，因此建设可持续发展的城市地下综合管廊具有重要的意义。

2013 年来，我国政府连续多次发布了加强城市基础设施建设的相关文件，国务院《关于加强城市基础设施建设的意见》中提到，要加强城市地下管网建设和改造，开展城市地下综合管廊的试点，2015 年 7 月 28 日，国务院总理李克强主持召开国务院常务会议，部署推进城市地下综合管廊建设。目前财政部和住建部已经确定了 10 个城市纳入 2015 年地下综合管廊试点范围，它们分别是包头、沈阳、哈尔滨、苏州、厦门、十堰、长沙、海口、六盘水、白银。

随着我国经济进入新常态，供给侧结构性改革也步入了加速推进阶段，在这个新的时期，传统现浇业所代表的那种“粗放”、“高能耗”、“高污染”的建造模式已然不能再代表基础设施建设新的发展方向。对于市政工程，如何才能降低建造过程中的能耗，如何才能减少施工过程中的污染，如何才能更加高效地组织施工流程，这是新的时代对我们新的要求。预制装配式技术具有生产速度快、效率高、质量好、综合成本低等诸多优点，现已成为国内城市地下综合管廊的主要建造方式。由长沙远大住宅工业集团股份有限公司研发的预制装配整体式混凝土技术，是将管廊的竖向水平构件采用预制叠合的工艺在 PC 工厂提前生产完成，运输至现场进行整体装配、浇筑的新型综合管廊建造方式。其主要优势是借助工厂化智能生产，提高了管廊的生产效率、运输效率、安装效率、施工效率、质量控制，同时也具有一定的经济优势，并且大量避免了现场支模引起的传统施工作业的弊端。预制装配整体式技术的采用为 100 年工程质量奠定坚实的基础。

本书汇总了长沙远大住宅工业集团股份有限公司二十多年的设计、现场装配、管廊等装配式方面的经验，总结了现阶段我国预制装配式综合管廊工程施工的相关经验技术，旨在为我国预制装配式综合管廊施工技术的发展提供些许有益的参考和借鉴，推进预制装配式市政全行业范围内的单位更好地了解装配式工业化，助力预制装配式混凝土地下工程产业化与规模化的快速发展。

本书在编写过程中，搜集了大量资料，参考了当前国家施行的设计、施工、检验和生产标准，并汲取了多方研究的精华，引用了有关专业书籍的部分数据和资料。不过由于时间仓促和能力所限，书中内容必然存在疏漏。特别是当前我国装配式技术发展迅速，相应的规范标准、数据资料，以及相关技术都在不断推陈出新，加之各地政府的管理措施和不同体系下的施工手段也不尽相同。因此，若是在阅读过程中发现有不足乃至错误之处，也恳请读者提出宝贵的意见与建议。最后，在此向参与本书编撰以及对本书内容有所帮助的各级领导、专家表示最诚挚的感谢！

目　录

第一篇　设　计　篇

第 1 章　绪论……………………………………………………………………… 2
1.1　地下综合管廊综述 ……………………………………………………… 2
1.2　地下综合管廊的发展历程 ……………………………………………… 4
1.3　综合管廊的技术发展………………………………………………………… 14
1.4　综合管廊施工工艺…………………………………………………………… 17
1.5　预制装配式综合管廊的种类………………………………………………… 19
1.6　预制装配式混凝土管廊的特点……………………………………………… 21
第 2 章　设计依据 ………………………………………………………………… 26
2.1　概述…………………………………………………………………………… 26
2.2　施工方式……………………………………………………………………… 27
2.3　设计标准及主要技术指标…………………………………………………… 27
2.4　材料参数……………………………………………………………………… 34
第 3 章　方案构思与设计 ………………………………………………………… 36
3.1　预制装配式混凝土管廊设计理论简介……………………………………… 36
3.2　方案构思与总体设计………………………………………………………… 37
第 4 章　结构抗震设计 …………………………………………………………… 47
4.1　管廊抗震设计依据…………………………………………………………… 47
4.2　管廊抗震设计的主要步骤及理论基础……………………………………… 48
4.3　管廊抗震设计案例——苏州预制装配式管廊抗震设计…………………… 59
第 5 章　防水设计 ………………………………………………………………… 80
5.1　预制装配式混凝土管廊防水思路…………………………………………… 80
5.2　防水等级……………………………………………………………………… 80
5.3　防水要求……………………………………………………………………… 81
5.4　防水混凝土的设计抗渗等级………………………………………………… 82
5.5　防水设计原则………………………………………………………………… 83
5.6　设计依据……………………………………………………………………… 83
5.7　设计标准……………………………………………………………………… 84
5.8　混凝土自防水………………………………………………………………… 84
5.9　管廊结构外防水……………………………………………………………… 86
5.10　细部构造防水 ……………………………………………………………… 88
5.11　主要防水材料技术指标 …………………………………………………… 89

5.12 预制装配式混凝土结构防水节点 …… 94
5.13 主体结构防水效果案例对比 …… 100
5.14 防水工程主要通病 …… 102

第二篇 制 造 篇

第6章 预制装配式混凝土综合管廊工厂制造 …… 106
6.1 PC工厂概述 …… 106
6.2 生产组织与管理 …… 112
6.3 生产技术准备 …… 118
6.4 主要工艺说明 …… 125
6.5 构件试制和首轮构件制造评审 …… 135
6.6 管廊预制构件生产 …… 140
6.7 管廊预制构质量控制与检验标准 …… 151
第7章 预制装配式混凝土管廊PC构件运输 …… 174
7.1 运输方案与计划 …… 174
7.2 运输工具 …… 176
7.3 构件装车运输 …… 177
7.4 运输安全 …… 178

第三篇 装 配 篇

第8章 综合管廊施工技术概述 …… 180
8.1 装配施工目的与意义 …… 180
8.2 现浇工艺简介 …… 180
8.3 全预制拼装工艺简介 …… 183
8.4 预制装配式施工工艺 …… 185
第9章 施工准备 …… 187
9.1 装配施工主要工作内容 …… 187
9.2 施工前期资料收集 …… 187
9.3 前期调查 …… 188
9.4 技术准备 …… 189
9.5 设备、设施准备 …… 189
9.6 基坑要求 …… 191
9.7 施工场地与临时工程 …… 193
第10章 施工测量 …… 204
10.1 控制线测量 …… 204
10.2 标高测量 …… 205
10.3 竣工测量 …… 205
第11章 构件安装 …… 207
11.1 装配施工的原则、方法 …… 207

11.2 构件安装工作程序…… 207
11.3 构件安装控制精度…… 207
11.4 吊装准备…… 208
11.5 施工现场构件堆放…… 208
11.6 构件吊装…… 209
11.7 成品保护…… 217
11.8 检验标准…… 219
第12章 连接处理 …… 222
12.1 概述…… 222
12.2 拼装连接…… 222
12.3 变形缝连接…… 224
12.4 检验标准…… 225
第13章 异型段装配 …… 227
13.1 异形段概述…… 227
13.2 异形段节点施工…… 227
13.3 现浇与预制段连接点施工…… 229
第14章 防水施工 …… 231
14.1 常用防水材料…… 231
14.2 地下综合管廊防水要求…… 236
14.3 底板防水施工…… 236
14.4 叠合外墙板防水施工…… 236
14.5 变形缝防水处理…… 237
14.6 施工缝防水处理…… 239
第15章 监测及验收要求 …… 240
15.1 监测内容及规定…… 240
15.2 综合管廊工程分部、分项检验批的划分…… 246
15.3 工程竣工验收要求…… 246
第16章 案例分享 …… 250
16.1 长沙劳动东路管廊…… 250
16.2 杭州大江东管廊…… 276

第一篇　设　计　篇

第 1 章　绪论

1.1　地下综合管廊综述

目前不同国家和地区对城市大型综合排水系统有不同的称谓。在日本将其称为“共同沟”，在中国台湾则称为“共同管道”，在欧美诸多国家多称为“Urban Utility Tunnel”，字面为“市政公用隧道”之意。我们现在对此的统一叫法是“综合管廊”，当然“综合管廊”在我国还有“共同沟”、“综合管沟”、“共同管道”等多种称谓，其实就是地下城市管道综合走廊。

地下综合管廊（图 1-1）是指在城市地下集中敷设电力、通信、广播电视、给水、排水、热力、燃气等市政管线的公共隧道，设有专门的检修口、吊装口和监测系统，实施统一规划、统一设计、统一建设和管理，是保障城市运行的重要基础设施和“生命线”。下雨时吸水、蓄水、渗水、净水，需要时将蓄存的水“释放”并加以利用。

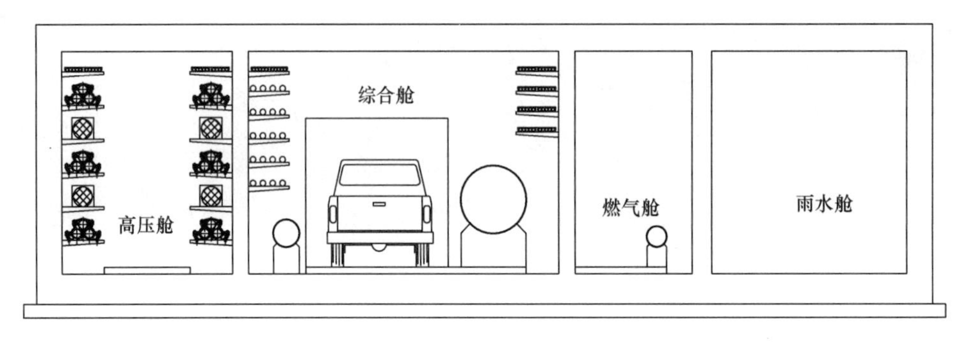

图 1-1　综合管廊

综合管廊监测系统进行统一监管，避免出现因监控不到、技术滞后等，发生燃气管道泄漏等原因产生的爆炸，造成人员伤亡、财产巨大损失的惨痛悲剧教训；城市地下综合管廊统一规划、设计、管理可以逐步消除“马路拉链”、“空中蜘蛛网”等问题，管廊中管线需要维修时，让技术、维修人员和工程车从检修通道进入地下管廊就可施工，既不会影响路面交通，又能减少反复开挖导致的浪费，在管廊中就可对各类管线进行抢修、维护、扩容改造等；同时大大缩减管线抢修时间，而且可以带动有效投资、增加公共产品供给，提高城市综合承载能力。

1.1.1　地下综合管廊的优点

与传统的管线埋设和城市高空架线相比，具有以下几点优点：

（1）地下综合管廊的建设可以避免出现由于敷设、增减、维修地下各类管线频繁开挖道路的“马路拉链”现状，各种市政管线敷设都可以直接在综合管廊内进行，避免了对交通和居民出行造成的严重影响和干扰，可确保道路交通畅行和居民日常出行，同时大大减少了工程管线的维修费用。

（2）可以充分、有效利用城市地下空间。各类市政管线集约布置在综合管廊主体内，对入廊管线进行分类分舱的“立体式布置”，替代了传统的“平面错开式布置”，管线布置紧凑合理，减少了地下管线对道路以下及两侧的占用面积，节约了城市用地，也便于日后城市其他基础设施的施工。

（3）确保城市重要基础设施“生命线”的稳定安全，大大减少了后期维护费用。综合管廊对于城市的作用就犹如“动脉”对人体的作用，是城市的“生命线”。“生命线”由综合管廊主体混凝土结构保护起来，不接触土壤和地下水，避免了土壤和地下水对管线的腐蚀，增强了其耐久性，同时综合管廊内设有巡视、监控系统、检修空间，维护管理人员可定期进入综合管廊进行巡视、检查、维修管理，确保各类管线的运行稳定、安全。

（4）综合管廊的应用，很大程度上改善、美化了城市环境，消除了通信、电力等系统在城市上空布下的“蜘蛛网”及地面上架立的电线杆、高压塔等，消除了架空线与绿化的布置矛盾，减少了路面、人行道上各种管线的检查井、室等情况，彻底改变以往“各自为建”、“各自零乱”的局面，如此一来，城市变得更加漂亮、整洁，同时也为居民出行提供一个安全环境（图 1-2）。

图 1-2　电路线架设图

（http：//www. huitu. com/photo/show/20170708/230126536010. html）

（http：//www. chnrailway. com/news/zhgl/2017/07/1701564. shtml）

（5）可以有效避免“城市看海”的局面，为“海绵城市”的蓄存水功能打下坚实的基础，下雨时吸水、蓄水、渗水、净水，可以引入到管廊雨水舱内，需要时将蓄存的水“释放”并加以利用。

（6）增强了城市的防震抗灾能力。在受到强烈台风、雨雪、地震等灾害时，将城市各种“生命管线”设施提前设置在综合管廊内，完全可以避免过去由于电线杆折断、倾倒、电线折断而造成的二次灾害、损失。城市地面上发生火灾时，由于架空电线等已经敷设在管廊内，空中已无各类架空线路，有利于高空灭火、救援等活动迅速进行，将灾害控制在最小范围内，从而有效增强城市的防灾抗灾能力。

1.1.2 地下综合管廊的经济、社会、生态效益

主要体现在以下几方面：

（1）消除城市“马路拉链”，保障交通通畅。

（2）为城市地下空间开发利用提供基础。

（3）消除城市“蜘蛛网”，营造整洁环境。

（4）节约宝贵的土地资源，省事、省投资。

（5）发挥防洪防旱作用。

1.2 地下综合管廊的发展历程

1.2.1 国外地下综合管廊的发展历程

建设城市地下综合管廊是国外已经走过的路，事实证明是一条成功的路。早在19世纪，法国（1833年）、英国（1861年）、德国（1890年）等就开始兴建地下综合管廊。到20世纪美国、西班牙、俄罗斯、日本、匈牙利等国也开始兴建地下综合管廊。

综合管廊起源于巴黎下水道，这个被称为“一座城市的良心”的地下构筑物，它的产生竟然关系到一个城市的生存。如今巴黎下水道已经成为旅游景点，但仍时时不忘提醒人们一百八十年前的环境危机。巴黎在修建下水道之前，大部分的消费用水来自塞纳河，暴露在地面的部分废水未经净化就流回了河中，造成河水污染。有时河水污染形成的甲烷气泡直径达到1m，空气中弥漫着难闻的气味，最终导致了1832年的一场霍乱瘟疫。为避免病灾的再次肆虐，亟须建设一条可将脏水排出巴黎的下水道。到1878年，巴黎修建了600km长的下水道；随后，下水道就开始不断延伸，直到现在长达2400km。截止到1999年，巴黎便完成了对城市废水和雨水的100%完全处理，还塞纳河一个免受污染的水质。事实上，巴黎的下水道不仅仅是一个阴沟，更是一个完整的排水系统。除了排水沟外，它还设有两套供水系统，一套供饮用水，一套供非饮用水，以及一条气压传送管道。巴黎的下水道和它的地铁一样，经历了上百年的发展历程才有了今天的模样。

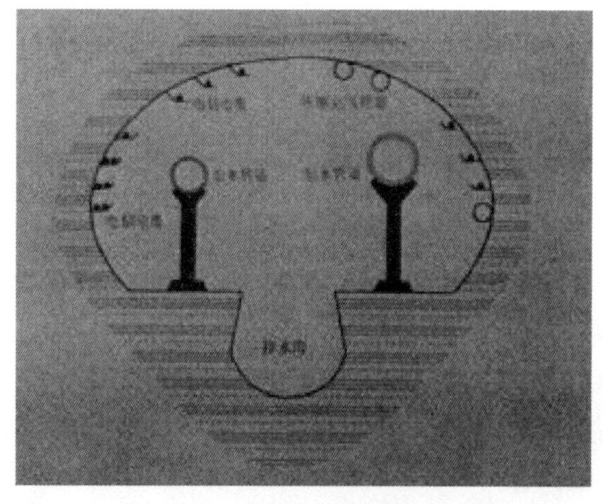

图1-3 巴黎地下综合管廊（1）

巴黎——在1833年建设了世界上第一条管廊，到现在已经持续运行了近200年。因其系统设计巧妙而被誉为现代下水道系统的鼻祖。巴黎的下水道总长为2484km，拥有约3万个井盖、6000多个地下蓄水池，每天有超过1.5万m^3的城市污水通过这个庞大的系统排出城市（图1-3）。

巴黎市地下综合管廊设计之初，管廊里同时修建了两条相互分离的水道，分别收集雨水和城市污水，使得这个管廊从一开始就拥有排污和泄洪两个用途。如今，这些管廊已经不仅是下水道，巴黎人的饮用水系统、日常清洗街道及城市灌溉系统、调节建筑温度的冰水系统以及通信管线也从这里通向千家万户，综合管廊的建设大大减少了施工开挖马路的次数，总长已达 2100km，并已制定所有大城市建设综合管廊的长远规划，为综合管廊在全世界的推广树立了良好的榜样（图 1-4、图 1-5）。

图 1-4　巴黎综合管廊（2）
（http：//www.water8848.com/news/201609/22/78386.html）

图 1-5　巴黎综合管廊（3）
（http：//www.water8848.com/news/201609/22/78386.html）

英国——于 1861 年在伦敦修建了第一条综合管廊（图 1-6），管廊宽 12in、高约 8in，管廊含有水利、电力、通信管线以及污水、燃气管线。特点：综合管廊的产权为巴黎市政府所有，综合管廊燃气管道的位置是以出租的形式租给管线管理单位。

日本——是世界上综合管廊建设速度最快、规划最完整、法规最完善、技术最先进的国家。早在 20 世纪 20 年代，东京有关方面就在市中心的九段地区干线道路地下修建了第一条地下综合管廊，将电力和电话线路、供水和煤气管道等市政公益设施集中在一条地下综合管廊之内。

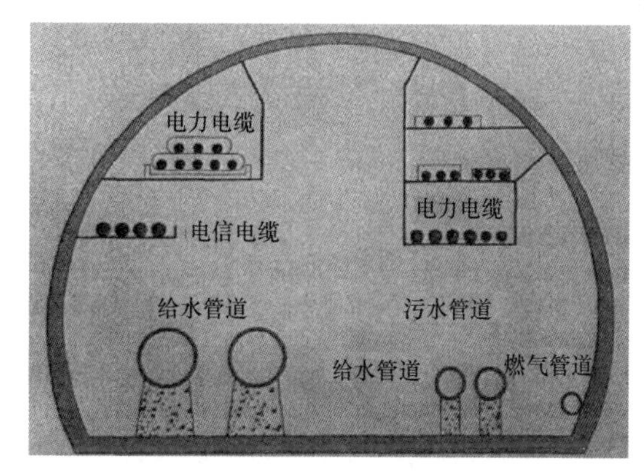

图 1-6　伦敦市地下综合管廊断面图

1926 年，日本在关东大地震以后的东京复兴建设中，鉴于地震灾害原因乃以试验方式设置了三处共同沟：九段阪综合管廊，位于人行道下净宽 3m、高 2m、干管长度 270m 的钢筋混凝土箱涵构造；滨町金座街综合管廊，设于人行道下为电缆沟，只收容缆线类；东京后火车站至昭和街之综合管廊亦设于人行道下，净宽约 3.3m，高约 2.1m，收容电力、电信、自来水及瓦斯等管线，后停滞了相当一段时间。一直到 1955 年，由于汽车交通快速发展，积极开辟新道路，埋设各类管线，为避免经常挖掘道路影响交通，于 1959 年又再度于东京都淀桥旧净水厂及新宿西口设置共同沟；1962 年政府宣布禁止挖掘道路，并于1963年四月颁布共同沟特别措置法，制订建设经费的分摊办法，拟定长期的发展计划，自公布综合管廊专法后，首先在尼崎地区建设综合管廊889m，同时在全国各大都市拟定五年期的综合管廊连续建设计划，1993～1997年为日本综合管廊的建设高峰期，至1997年已完成干管446km，较著名的有东京银座、青山、麻布、幕张副都心、横滨M21、多摩新市镇（设置垃圾输送管）等地下综合管廊。其他各大城市，如大阪、京都、各古屋、冈山市、横滨、福冈等近80个城市投入综合管廊的建设，至2001年日本全国已兴建超过600km的综合管廊，在亚洲地区名列第一，为日本城市的现代化、科学化建设发展发挥了重要作用。

采用盾构法施工的日比谷地下管廊建于地表以下30m处，全长约1550m，直径约7.5m。日比谷地下综合管廊的现代化程度非常高，承担了该地区几乎所有的市政公共服务功能。特点：采用盾构开挖，在大深度地下建设综合管廊网络系统（图1-7、图1-8）。

图1-7 日本综合管廊（1）
（http：//www.sohu.com/a/120066654_131990）

图1-8 日本综合管廊（2）
（http：//www.sohu.com/a/120066654_131990）

新加坡——滨海地下管廊，对地下空间的开发利用是有详细规划设计的：地表以下20m内，建设供水、供气管道；地下15～40m，建设地铁站、地下商场、地下停车场和实验室等设施；地下30～130m，建设涉及较少人员的设施，比如电缆隧道、油库和水库等（图1-9、图1-10）。

图1-9 新加坡综合管廊（1）
（http：//www.360doc.com/content/16/0323/05/253213_544487360.shtml）

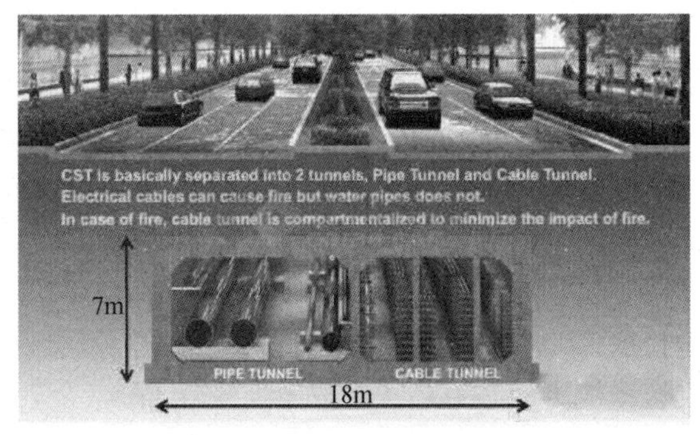

图1-10 新加坡综合管廊（2）
（http：//www.360doc.com/content/16/0323/05/253213_544487360.shtml）

滨海地下管廊距地面 3m，全长 3.9km，工程耗资 8 亿新元（约合 35.86 亿元人民币）。特点：容纳供水管道、通信电缆、电力电缆，甚至垃圾收集系统。

德国——于 1893 年在汉堡市的 Kaiser-Wilhelm 街，两侧人行道下方兴建 450m 的综合管廊，收容暖气管、自来水管、电力、电信缆线及煤气管，但不含下水道。在德国第一条综合管廊兴建完成后发生了使用上的困扰，自来水管破裂使综合管廊内积水，当时因设计不佳，热水管的绝缘材料，使用后无法全面更换。沿街建筑物的配管需要以及横越管路的设置仍常发生挖马路的情况，同时因沿街用户的增加，规划断面未预估日后的需求容量，而使原兴建的综合管廊断面空间不足，为了新增用户，不得不在原共同沟之外道路地面下再增设直埋管线，尽管有这些缺失，但在当时评价仍很高。1964 年前东德的苏尔市（Suhl）及哈利市（Halle）开始兴建综合管廊的实验计划，至 1970 年共完成 15km 以上的综合管廊并开始营运，同时也拟定在全国推广综合管廊的网络系统计划（图 1-11、图 1-12）。

图 1-11　德国综合管廊（1）
（http：//www.360doc.com/content/16/0323/05/253213_544487360.shtml）

图 1-12　德国综合管廊（2）
（http：//www.360doc.com/content/16/0323/05/253213_544487360.shtml）

从 19 世纪开始，德国开始建设用于城市公共服务的地下管道。发展至今，公共和私人的地下排水管道总长超过 96 万 km，各种服务于供气、供水、供电、供暖和通信的地下管道长度超过 100 万 km。

19 世纪，德国汉堡市出现了第一条现代意义上的地下综合管廊。前东德城市耶拿的第一条综合管廊建于 1945 年，内置蒸汽管道和电缆，以便于更合理地利用地下空间。如今，耶拿共有 11 条综合管廊，通常在地下 2m 深处，最深的一条位于地下 30m 处，目前已有地下综合管廊长度超过 400km。

该地下综合管廊可容纳多种管线，水、气、电、通信、供暖所用管线均可共用同一管廊。这样，在管线检测、维修、更换或增减时较为便捷，可持续发展优势明显。廊道内，管线可放置在底部，也可用支架等固定在墙上。由于受到廊道保护，管线几乎不受土壤压力、地面交通负荷等外部因素影响，管线所用材料也可更轻便些。德国的地下综合管廊并没有统一设计，所用的材料也不尽相同，材料可以是钢筋混凝土，也可以是钢纤维混凝土或波纹钢板，横断面可能是圆形、椭圆形、正方形、也可能是拱形。管廊建造时需考虑到土壤、湿度等因素，因地制宜，同时，防火、通风和逃生通道等设施必不可少。地下综合管廊虽然初始投资较高，但长期来看，总体成本还是要较传统直埋式低，在日常修理维护中，也不会因挖掘道理、堵塞交通而造成资源浪费。

然而，德国建筑研究所在2014年的最新报告中指出，地下综合管廊在德国的普及率仍然偏低。该管廊研究所主任马丁菲佛教授在报告中指出，高昂的造价是阻碍其普及的“拦路虎”，使得很多地方政府“心有余而力不足”。以塞尔多夫市地下管廊为例，总花费高达250万欧元，以目前的平均使用年限要保证在80年以上，才能从经济成本上体现出优势。这一现状要求工程师在保证实用性能的前提下进一步优化技术、降低成本。特点：管线检测、维修、更换或增减时无须开挖，可持续发展优势明显。

西班牙——在1933年开始计划建设综合管廊，1953年马德里市首先开始进行综合管廊的规划与建设，当时称为服务综合管廊计划，而后演变成目前广泛使用的综合管廊管道系统。根据市政府官员调查结果发现，建设综合管廊的道路、路面开挖的次数大幅减少，路面塌陷与交通阻塞的现象也得以消除，道路寿命也比其他道路显著延长，在技术和经济上都收到了满意的效果，于是，综合管廊逐步得以推广。

美国——自1960年起，即开始了综合管廊的研究。研究结果认为，从技术、管理、城市发展及社会成本上看，建设综合管廊都是可行且必要的。1970年，美国在White Plains市中心建设综合管廊，其他如大学校园内、军事机关或为特别目的而建设，但均不成系统网络，除了煤气管外，几乎所有管线均收容在综合管廊内。此外，美国具代表性的还有纽约市从束河下穿越并连接Astoria和Hell Gate Generatio Plants的隧道，该隧道长约1554m，收容有345kV输配电力缆线、电信缆线、污水管和自来水干线，而阿拉斯加的Fairbanks和Nome建设的综合管廊系统，是为防止自来水和污水受到冰冻，Faizhanks系约有六个廊区，而Nome系统是唯一将整个城市市区的供水和污水系统纳入综合管廊的，沟体长约4022m。

其他国家。如瑞典、挪威、瑞士、波兰华沙、匈牙利、莱比锡、俄罗斯等许多国家都建设有城市地下管线综合管廊项目，并都制定了相应的综合管廊规划。

1.2.2 我国综合管廊发展的历程

台湾——综合管廊也叫“共同管道”。台湾近十年来，对综合管廊建设的推动不遗余力，成果丰硕。台湾自20世纪80年代即开始研究评估综合管廊建设方案，1990年制定了“公共管线埋设拆迁问题处理方案”来积极推动综合管廊建设，首先从立法方面进行研究，1992年委托中华道路协会进行共同管道法立法的研究，2000年5月30日通过立法程序，同年6月14日正式公布实施。2001年12月颁布母法施行细则、建设综合管廊经费分摊办法及工程设计标准，并授权当地政府制订综合管廊的维护办法。台湾结合新建道路，新区开发、城市再开发、轨道交通系统、铁路地下化及其他重大工程优先推动综合管廊建设，台北、高雄、台中等大城市已完成了系统网络的规划并逐步建成。此外，已完成建设的还包括新近施工中的台湾高速铁路沿线五大新站新市区的开发。到2002年，台湾综合管廊的建设已逾150km，其累积的经验可供我国其他地区借鉴。

北京——地下综合管廊对我国来说是一个全新的课题。第一条综合管沟于1958年建造于北京天安门广场下，鉴于天安门在北京有特殊的政治地位，为了日后避免广场被开挖，建造了一条宽 4m，高 3m、埋深 7～8m、长 1km 的综合管沟收容电力、电信、暖气等管线，至 1977 年在修建毛主席纪念堂时，又建造了相同断面的综合管廊，长约 500m。

天津——1990 年，天津市兴建长 50m、宽 10m、高 5m 的隧道，同时拨出宽约 2.5m 的综合管廊，用于收容上下水道电力、电缆等管线，这是我国综合管廊的雏形(图1-13)。

上海——1994 年末，国内第一条真正意义上的地下综合管廊——上海市浦东新区张杨路地下综合管廊修建完成。该管廊全长 11.125km，共一条干线、两条支线，该路段两条支线管廊均宽 5.9m，高 2.6m，双孔各长 5.6km，管廊内收容煤气、通信、上水、电力等管线，它是我国第一条较具规模并已投入运营的综合管廊。2006 年底，上海的嘉定安亭新镇地区也建成了全长 7.5km 的地下管线综合管廊，另外在松江新区也有一条长 1km，集所有管线于一体的地下管线综合管廊。此外，为推动上海世博园区的新型市政基础设施建设，避免道路开挖带来的污染，提高管线运行使用的绝对安全，创造和谐美丽的园区环境，政府管理部门在园区内规划建设管线综合管廊，该管廊是目前国内系统最完整、技术最先进、法规最完备、职能定位最明确的一条综合管廊，以城市道路下部空间综合利用为核心，围绕城市市政公用管线布局，对世博园区综合管沟进行了合理布局和优化配置，构筑服务整个世博园区的骨架化综合管沟系统（图 1-14）。

图 1-13　天津市于家堡金融区地下管廊
（http：//www.sohu.com/a/112116746_482010）

图 1-14　上海市浦东新区张杨路地下综合管廊
（http：//www.sohu.com/a/144929059_369096）

山东——2001 年，济南市在泉城路两侧的人行道下修建了济南市第一条地下综合管廊，全长 1.24km。之后又相继建设了奥体片区综合管廊，全长约 4.8km；二环西路综合管廊，主线全长 4.5km，包含支线共 6km；旅游北路全长约 3.1km 的综合管廊工程。

广州——2003～2005 年，广州市在广州大学城建成了全长 17.4km，断面尺寸为 7m×2.8m 的地下综合管廊，大学城干线三仓综合管廊建设在小谷围岛中环路中央隔离绿化带下，沿中环路呈环状结构布局，全长约 10km，支线管廊 80km。廊道内集中铺设了电力、通信、燃气、给排水等市政管线。也是迄今为止国内已建成并投入运营、单条距离最长、规模最大的综合管廊。

昆明——2003 年以来，昆明城市地下管线建设趋于系统化和全面化，目前已在广福路、彩云路、沣源路 3 条道路施工时同步建设了共 45.198km 的城市综合管廊。管廊标准断面尺寸为宽 4m、高 2.6m 的矩形，实现了 220kV、110kV 电力、1.2m 供水干管、燃气、通信、有线电视、交通等管线入廊，成为全国已建成管廊规模最大的省会城市。

深圳——2005 年，深圳市大梅沙至盐田坳共同沟隧道建成投运，隧道内收纳了给水管、污水管、电力电缆、通信线缆和燃气管道，隧道全长 2.67km。2010 年华夏路地下综合管廊竣工，随后光侨路和观光路下的管廊也相继建成，形成深圳西部光明新区综合管廊系统。

杭州——2006 年初，杭州钱江新城长 2.16km 的综合管廊完工。杭州在火车站站前广场改建工程中，为避免站屋和各地块进出管线埋设和维修开挖路面，影响车站运行，从而建设了公共管廊，将给水管、污水管、电信电缆、电力电缆、铁路特殊电信电缆、有线电视电缆、公交动力线、供热管等纳入管廊。

2016 年杭州开建的地下综合管廊总长 10km，分别位于江东大道、河景路、青西三路下，这三条道路都是大江东核心区范围内的主干道，而且这三条管廊中的江东大道已采用长沙远大住工自主研发的预制装配式混凝土管廊技术（图 1-15、图 1-16）。

图 1-15　杭州大江东预制装配式混凝土管廊

图 1-16　杭州大江东预制装配式混凝土管廊

武汉——2007 年，武汉 CBD 建设进入“快车道”，同时开始建设中央商务区综合管廊。该管廊采用干线和支线相结合的布线方式，总长 6.1km，其中主线 3.9km。这是全国唯一在城市中心建设的综合管廊（图 1-17）。

南京——自 2012 年起，南京市在河西新城和浦口新城开展了地下综合管廊的规划建设。其中，河西新城南部地区在红河路、天保街、黄河路及江东南路共规划有 4 条地下综合管廊，共同构成河西地区三横一纵总长 8.9km 的“丰字形”管廊布局。浦口新城核心区共规划丰子河路、临江路、胜利路、兴城路、商务大街、迎江路、商务东街、规划支路等 10 条道路的地下综合管廊建设，规划总长约 12.55km（图 1-18）。

图 1-17　武汉 CBD 综合管廊

（http://finance.ifeng.com/a/20160524/14418260_0.shtml）

青岛——在 2011 年就投入使用了第一条地下综合管廊，目前青岛市红岛高新区已建成并投入综合管廊运营 55km，这也是迄今为止国内规模最大的地下管廊工程。

图 1-18　南京综合管廊
（http：//www.sohu.com/a/112116746 _ 482010）

厦门——2007 年以来，厦门累计完成投资 12 亿元，建成投用湖边水库、集美新城片区和翔安南部新城等区域综合管廊 11.6km、缆线沟 35.5km，已入廊管线有 10kV 电力 6.12km、220kV 高压缆线 18km。在建综合管廊 20km、缆线管廊（缆线沟）50.5km。

白银——白银市为首批综合管廊建设试点城市之一，为甘肃省域核心的重要组成部分，2 区 3 县，面积 21209km^2。白银市地下综合管廊试点项目，总投资 22.38 亿元。通过对白银城区 7 条道路建设 26.25km 地下综合管廊，提高城市综合承载能力和城镇化发展质量。白银市试点管廊项目设计遵循规范并大胆创新：设计上寻突破，将高压电力线及燃气管线统筹纳入管廊；入管廊线种类最全，纳入给水、雨水、污水、再生水、热力、燃气、电力、通信 8 类管线；管廊附属设施设计力求创新，附属消防系统、通风系统、排水系统、标示系统、电气系统、监控与报警系统六大系统；管廊断面尺寸最大，银山路断面达到 68m^2；入廊热力管径最大，银山路热力主管径达到 1.2m（图 1-19）。

图 1-19　白银市综合管廊
（http：//www.sohu.com/a/144929059 _ 369096）

项目特点：总体布局结合高压线入地、地下空间和人防；无管网式超细干粉自动灭火装置；天然气管道入廊；所有管线集中出舱。

珠海——横琴新区综合管廊（图 1-20、图 1-21）是目前国内规模最大、一次性投资最高、建设里程最长、覆盖面积最广、体系最完善的综合管廊。横琴综合管廊覆盖全岛

图 1-20　横琴新区综合管廊规划图
（http：//www.precast.com.cn/index.php/subject _ detail-id-3141.html）

图 1-21 横琴新区综合管廊

(http://www.sohu.com/a/144929059_369096)

(http://www.zgyj.org.cn/indwindow/9117012017.html)

“三片、十区”，总长度 33.4km，总投资约 22 亿元人民币。横琴综合管廊建设项目荣获“中国人居环境范例奖”。

工程总长 33.4km，其长度是上海世博园区地下管沟的 5 倍。综合管廊最窄处也有 3m 宽、3m 高，容纳了电力、通信、给水、中水、供冷、供热及垃圾真空系统等 7 种市政管线。内设通风、排水、消防、监控等系统，由控制中心集中控制，实现全智能化运行。由于建设综合管沟，总计节约土地 40 余万平方米。结合当前横琴的综合地价及城市容积率，直接经济效益超过 80 亿元。

项目特点：一次投入最大、建设长度最长、辐射面积最广、纳入管线最多和施工难度最大。

长沙——2015 年 4 月 8 日，在 34 个申报全国地下综合管廊试点城市中，长沙在评审中脱颖而出，成为全国 10 个首批地下综合管廊试点城市之一。根据部署，长沙市综合管廊试点区域布局从 2015～2017 年，拟建设 21 条综合管廊，4 个控制中心，建设总长度达 62.2km 的综合管廊，总投资约为 54.97 亿元，初步构建起长沙城市地下综合管廊骨架系统。目前已完成约 17km 主体结构施工，预计年内将实现主体全面完工。到 2030 年长沙将基本建成和运营约 400km 的城市地下综合管廊体系（图 1-22～图 1-24）。

图 1-22 长沙劳动东路预制装配式管廊（1）

图 1-23 长沙劳动东路预制装配式管廊（2）

图 1-24 长沙劳动东路预制装配式管廊（3）

劳动东路东延线综合管廊是长沙第一条开工建设的地下综合管廊，位于道路南侧的人行道及车行辅道下，通过一条隧道将给水、雨水、污水、再生水、天然气、热力、电力、通信等各类管线收纳于一体。该综合管廊长约 1.74km，全宽 15.05m、高 4.15m；包含高压舱、雨水舱、燃气舱和综合线路舱共 4 个舱室，其中最宽的 4.8m、最窄的 1.8m。本项目其中一部分采用预制装配式工艺，沿用了长沙远大住宅工业集团股份有限公司的装配式核心技术，反复组织了大量的技术论证和科学试验，自主研发预制装配式管廊技术。其结构安全可靠，等同现浇，既综合了现浇整体性好的特点，又发挥预制装配式简化现场施工工序的优势，解决了地下综合管廊建设的生产、运输、施工等环节的技术难点。

苏州——2015 年 4 月，苏州成为全国首批地下综合管廊试点城市之一，试点建设期为三年。目前，苏州已基本完成桑田岛、城北路、澄阳路、太湖新城启动区和太湖新城二期综合管廊五个项目的廊体建设，建设里程达 33.995km，并已进入管线入廊阶段，其中太湖新城综合管廊二期中采用国内的第三代技术，即长沙远大住工自主研发的预制装配式混凝土管廊技术（图 1-25）。

新疆石河子——综合管廊 PPP 工程总投资约 27.87 亿元，建设总长度约为 30.41km 的地下综合管廊，同时实现相关管线入廊，包括给水管道、供热管道、电力管线、通信管

图 1-25 苏州太湖新城综合管廊

线及预留管线等。该项目是新疆第一个管廊项目，计划建设内容分布在天山路、南二路、南六路、西一路、南子午路、东三路、东四路、东五路八条路段。项目采取 BOT 模式建造、运营。此次入选第三批示范项目，不仅对兵团 PPP 项目起到推进作用，对全疆地下管廊发展也具有重要指导意义。

其中南六路综合管廊中采用国内的第三代技术，即长沙远大住工自主研发的预制装配式混凝土管廊技术。本段管廊采用两舱断面，分别为热力和给水舱、电力舱。设计内容包括综合管廊标准段、人员出入口、投料口、进出风口、管线接出口、端头墙、交叉节点等（图 1-26）。

图 1-26 新疆石河子综合管廊

其他城市。除此以外，武汉、宁波、深圳、兰州、重庆等大中城市都在积极规划设计和建设地下综合管廊项目。

1.3 综合管廊的技术发展

从 19 世纪，法国（1833 年）、英国（1861 年）、德国（1890 年）等就开始兴建地下综合管廊。至今约快200年历程，伴随着时代和技术的进步，至今，已经有多类管廊技术在地下综合管廊工程应用。

第一类：混凝土现浇技术。混凝土结构是在19世纪中期开始得到应用的，由于当时水泥和混凝土的质量都很差，同时设计计算理论尚未建立，所以发展比较缓慢。直到19世纪末以后，随着生产的发展，以及试验工作的开展、计算理论的研究、材料及施工技术的改进，这一技术才得到了较快的发展。目前已成为现代工程建设中应用最广泛的建筑材料之一。

在19世纪末20世纪初，我国也开始有了钢筋混凝土建筑物，如上海市的外滩、广州市的沙面等，但工程规模很小，建筑数量也很少。新中国成立后，我国在落后的国民经济基础上进行了大规模的社会主义建设。随着工程建设的发展及国家进一步的改革开放，混凝土结构在我国各项工程建设中得到迅速的发展和广泛的应用。

混凝土现浇施工技术是一种按工程部位就地灌筑的混凝土施工工艺。由于现场灌筑混凝土常受风雨、温度及湿度等气候因素、场地条件、运输距离、结构形状和结构位置的影响，因此，在原材料的配制（见混凝土）、搅拌工艺、运输方法、灌筑方式、养护方法等方面，都要根据实际情况和可能条件，分别采取相应的措施，使混凝土从制备、成型到硬化的过程中避免或减少各种不利条件的干扰和破坏。混凝土现场灌筑，虽然条件限制较多，施工工艺较复杂，设施费用较大，但结构的刚度、整体性和抗震性能都比预制装配式的为好，且可适应构件断面形状复杂、管道埋设及留洞较多等情况，并可节约钢材、水泥以及构件预制及运输、吊装费用。因此在建筑施工中有明显的优越性。当前的关键在于采取有效措施使各工序逐步走向定型化和工业化，以提高其经济技术效果（图1-27）。

图1-27　现浇工艺综合管廊

（http：//bbs.zhulong.com/102020_group_727/detail30300786）

第二类：钢波纹管技术（图1-28）。钢波纹管产品结构形式分为整装形、拼装形；截面形状有圆形、椭圆形、马蹄形、拱形等。管径范围为0.3～12m，加工厚度为1.6～7mm，可满足管顶填土高度为0.5～60m构造物的需求。

第三类：预制混凝土技术。国外混凝土预制件与钢筋混凝土几乎同时起步，而现代意

图 1-28　钢波纹管工艺综合管廊

（http：//image. so. com/）

义上的工业化混凝土预制件制造在半个世纪前才得到真正发展，预制构件真正取得了突破性的发展是在第二次世界大战之后。

我国预制件的生产应用有近 60 多年的历史，在这 60 多年里，预制构件的发展可谓是一波三折，经历约四个阶段的历程。在市政工程方面，中国的第一座预制混凝土桥梁——陇海铁路线上的新沂河桥，于 1956 年建成，新沂河桥全长 691.7m，由每跨 23.9m 的等跨度 T 形简支梁构成，在路桥、铁路工程（江、海底隧道）方面，早在 20 世纪 60 年代初，就曾在上海开展过类似沉管工法理论的研究；1976 年在杭州湾的上海金山石化工程中首次采用此工法建成了一座排污水下隧道；香港于 1972 年建成了跨越维多利亚港的城市道路海底隧道；1992 年年底建成通车的广州黄沙至芳村珠江水下隧道，成为我国大陆首次用此工法建成的第一条城市道路与地下铁道共管设置的水下隧道。在建筑工程方面，到 70 年代中期，在政府部门的大力提倡下，建起了大批混凝土大板厂和框架轻板厂，掀起了预制件行业发展的热潮。到 80 年代中期，我国城乡建立起了数万个规模不同的预制件厂，我国预制构件行业发展达到了巅峰。进入 21 世纪，人们开始逐渐发现现浇结构体系已经不再完全符合时代的发展要求。对于日益发展的我国建筑、市政、路桥工程市场，现浇结构体系所存在的弊端趋于明显化。面对这些问题，结合国外的预制混凝土成功经验，我国市政行业再次掀起了“市政工业化”、“市政产业化”的浪潮，预制件的发展进入了一个崭新的时代。

预制混凝土是在一个原材料供应丰富、具备良好运输条件且用地相对便宜的地方浇制，不是在施工现场。不同尺寸、形状的预制混凝土都可通过预制生产制造完成。近年来，预制混凝土制造成本的降低，出色的性能，成为市政工程的新宠。在桥梁、桥涵、综合管廊市政工程领域得到广泛应用。预制混凝土能加快市政、路桥产业化速度，是我国经济体制改革的重点之一（图 1-29）。

图 1-29　预制混凝土综合管廊

1.4　综合管廊施工工艺

1. 明挖法

明挖法：是指在地下结构工程施工时，从地面向下分层、分段依次开挖，直至达到结构要求的尺寸和高程，然后在基坑中进行主体结构施工和防水作业，最后回填恢复地面。具有施工简单、快捷、经济、安全的优点，城市地下管廊工程发展初期都把它作为首选的开挖技术，但是对周围环境的影响较大。

明挖法的关键工序是：降低地下水位，边坡支护，土方开挖，结构施工及防水工程等。其中边坡支护是确保安全施工的关键技术。主要有：放坡开挖、型钢支护、连续墙支护、混凝土灌注桩支护、土钉墙支护、锚杆（索）支护、混凝土和钢结构支撑支护方法等技术。明挖法（图 1-30）在道路浅层空间综合管廊施工中应用较多。

图 1-30　明挖放坡开挖法工艺

2. 暗挖法

暗挖法：在市政工程中以浅埋暗挖法为主，沿用了新奥法基本原理，初次支护按承担全部基本荷载设计，二次模筑衬砌作为安全储备；初次支护和二次衬砌共同承担特殊荷载。应用浅埋暗挖法设计、施工时，同时采用多种辅助工法，超前支护，改善加固围岩，调动部分围岩的自承能力；并采用不同的开挖方法及时支护、封闭成环，使其与围岩共同作用形成联合支护体系；在施工过程中应用监控量测、信息反馈和优化设计，实现不塌方、少沉降、安全施工等，并形成多种综合配套技术。

由于造价低、拆迁少、灵活多变、无须太多专用设备及不干扰地面交通和周围环境等特点，浅埋暗挖法在全国类似地层和各种地下工程中得到广泛应用。在北京地铁复西区间、西单车站、国家计委地下停车场、首钢地下运输廊道、城市地下综合管廊、长安街地下过街通道等中推广应用，在深圳地下过街通道及广州地铁一号线等地下工程中推广应用，并已形成了一套完整的综合配套技术，这种方式主要在城市的中心地带或者需要挖掘较深层次的管廊建设中应用较多（图 1-31）。

3. 顶管法

顶管法（图 1-32）：是继盾构施工之后发展起来的地下管道施工方法，最早于 1896 年美国北太平洋铁路铺设工程中应用，已有百年历史。20 世纪 60 年代在世界各国推广应用；近 20 年，日本研究开发土压平衡、水压平衡顶管机等先进顶管机头和工法。我国从 20 世纪 50 年代从北京、上海开始试用。

图 1-31　暗挖（双侧壁导坑）法工艺

（http：//image. so. com/）

图 1-32　顶管法工艺

（https：//baike. so. com/）

顶管法是指隧道或地下管道穿越铁路、道路、河流或建筑物等各种障碍物时采用的一种暗挖式施工方法。在施工时，通过传力顶铁和导向轨道，用支承于基坑后座上的液压千斤顶将管压入土层中，同时挖除并运走管正面的泥土。当第一节管全部顶入土层后，接着将第二节管接在后面继续顶进，这样将一节节管顶入，做好接口，建成涵管。顶管法特别适于修建穿过已成建筑物、交通线下面的涵管或河流、湖泊。顶管按挖土方式的不同分为机械开挖顶进、挤压顶进、水力机械开挖和人工开挖顶进等。

4. 预制拼装法

预制拼装法：这种方法的应用跟上面三种不同，主要应用在新城区的一些现代化工业集中区域或者是会展中心集中的区域。管廊的主要构件在工厂预制、主体结构在现场拼装成形，整个建造过程可显著减少现场作业，减少人工、减少污染、降低成本，从而实现绿色建造的目标；其拼装工艺有节段全预制拼装、单块预制构件拼装整体式、上下拼装式等（图 1-33）。

图 1-33　预制拼装法

1.5　预制装配式综合管廊的种类

目前我国综合管廊的建设施工中，除特殊需求采用盾构法和顶管法之外，大部分工程均采用明挖现浇工法，绝大部分为钢筋混凝土结构，其装配工法可分为全预制装配式和部分预制装配式两种类型，前者又可分为节段预制装配式、分块（上下分体式）预制装配式两种情况，后者则可分为顶板预制装配式、叠合装配式两种。

1.5.1　节段预制装配式

节段预制装配技术是将综合管廊在长度方向上划分为多个节段，并在工厂将每个阶段整体预制成型、运输到现场通过一定的连接方式将相邻节段进行拼装形成整体结构的一种技术，见图 1-34。该技术的预制装配率很高，几乎达到 100%，且通常采用承插连接、预应力或者螺杆连接，因此现场几乎不需要进行湿作业。该技术在日本应用较早，且技术非常成熟，国内最早的应用是在 2012 年上海世博园综合管廊试验段中，后来在厦门综合管廊中也得到大量的应用。

上海世博园综合管廊是国内第一个预制装配式综合管廊，为单仓矩形断面，断面尺寸为 3300mm×3800mm，每个节段长度为 2m，在工厂预制完成后在现场拼装成型。

厦门翔安南路地下综合管廊工程，为双仓圆弧组合断面，其最大断面尺寸为 6.7m×4.2m，管节接口采用双 O 形橡胶圈企口型柔性接口连接，见图 1-35，该项目全长约 10km，全线全部使用节段预制装配工法建造，是国内第一条全线采用预制装配式建造的综合管廊。

图 1-34　节段预制拼装式综合管廊
（http：//www. sohu. com/a/112667968 _ 482010）

图 1-35　厦门翔安南路综合管廊
（http：//www. syszdtgp. com/
cn/product _ view. asp? id=164）

1.5.2　上下分体式预制装配式

上下分体式预制拼装技术是将综合管廊在横断面上分块预制，然后运到现场进行拼装的一种施工技术，见图 1-36。其中每个预制块部品一般都不包含独立的舱室。一种常见的分块方式是在侧墙中间断开，分成上下两部分，该分块方式对于高度较高的综合管廊非常实用。该方式在日本应用广泛并积累了丰富的工程经验，结果表明分块拼装式综合管廊可在一定程度上降低运输和吊装难度及成本。与节段预制装配式相比，分块预制装配式既具有与其相同的地方，又具有独特的优势。其相同点在于两者均为全预制拼装式，现场几乎不需要湿作业，安装效率较高；两者的连接方式及连接接头的做法基本类似，在连接部位均可采用企口形式、采用预应力连接或者螺杆连接；接头位置均可设置止水橡胶带进行接头防水。不同点在于，分块预制拼装可以缩小单个构件的尺寸以方便运输和安装，因此更加适用于断面较大的情况，而整节段预制拼装对于大断面的情况其生产施工成本急剧增加；但是分块预制安装因为减小了单块的尺寸而使连接接头数量大增，对于部品的预制精度、施工安装的质量控制，均提出了更高的要求。该工法在国内综合管廊建设中还鲜有应用。

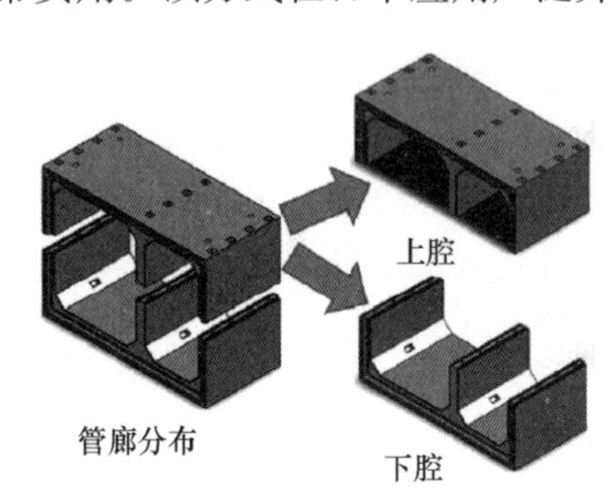

图 1-36　上下分体式预制综合管廊
（http：//diyitui. com/content—
1514249830. 72890273. html）

1.5.3　钢波纹管装配式

钢波纹管是由波形金属板卷制成或用半圆波形钢片拼制成，用于管涵和桥涵，已具有超过 100 年的历史。钢波纹管的材质是具有很高的抗拉强度和疲劳强度，可以确保弹性功能的正常发挥，可使波纹结构提高拱壁的抗屈曲能力，并且能够使荷载均匀分散分布，受力合理，承载力较大。经过多年来的实际应用证明，金属波纹涵管在西北等一些寒冷地域完全满足道路施工建设当中的相关要求，2017 年，国内已有采用金属波纹管在综合管廊进行试验段施工（图 1-37）。

图 1-37　钢波纹管装管廊

（http：//rollnews. tuxi. com. cn/zjj/151454180fqz99921726. html）

1.5.4　预制装配式

预制装配式混凝土管廊主要分两部分完成，一部分主体中的预制构件首先在 PC 生产工厂提前生产制造完成，再运输至装配现场；二部分，再将运抵施工现场预制混凝土构件进行装配，预制构件在连接节点处预留锚固钢筋相互进行有效连接，再结合现浇混凝土形成一个整体，其受力等同于现浇结构受力方式，是一种新型的预制装配式技术，具有质量可靠、进度更快、防水更好、经济合理等优势，该技术从长沙远大住工研发到推广应用，已在全国多个省份管廊工程中应用（图 1-38）。

图 1-38　预制装配式混凝土管廊

1.6　预制装配式混凝土管廊的特点

预制装配式混凝土技术是基于前文现浇工艺、全预制拼装、上下分体式预制拼装技术体系的一些缺陷而来，具有如下特点：

（1）无须全部工作环节都在现场施工，工序简单。

（2）避免了多工种在深基坑内交叉施工，降低了安全隐患。

（3）施工期间，受天气影响较少，可以有效控制施工进度、工期。

（4）基本不会出现结构主体（大体积）需要进行特定养护情况。

（5）基本消除了大量使用模板、辅材损耗，有利于保护生态环境。

（6）预制混凝土构件的采用，通过 PC 工厂的专业的生产制造、养护，避免了传统现浇混凝土工艺易开裂的显著缺点（图 1-39、图 1-40）。尤其在大体积混凝土工程部位、养护情况不佳的情况下，传统工艺易导致大面积开裂情况。

图 1-39　传统的支模工艺
（http：//news. ifeng. com/a/20160509/48726469 _ 1. shtml）

图 1-40　预制构件装配

图 1-41　现浇工艺基坑内施工
（http：//wap. jtwcc. com/hyzx/list _ 6 _ 11. html）

图 1-42　装配式技术基坑内装配（1）

图 1-43　装配式技术基坑内装配（2）

（7）在管廊深基坑内进行施工时，预制构件的采用，给在基坑内操作的人员增加一道安全防护，使原有安全防护得到更加加强（图 1-41～图 1-43）。

（8）避免了传统的现浇施工工艺带来的生态环境破坏、空气质量污染比较严重等现象。

（9）具有经济合理性，当在一定工程体量基础上采用装配式技术时，通过设计、生产、装配等各环节严密配合，工程综合成本有所降低，整个工程造价控制难度相对较容易。

(10) 不会出现以往工程混凝土质量控制不稳定，对施工管理、工人技术依赖性较大的局面，现已全面提升至智能制造（图 1-44、图 1-45）。

图 1-44 传统现浇工艺的人工作业
(http://www.wlmqgt.com/Photos/pic_51.html? p=43)

图 1-45 智能制造的构件生产

(11) 主体完工后，只需进行管线支架安装，以往在廊体室内产生的粉尘以及工作环境空气污染十分恶劣的问题不再存在。

(12) 预制混凝土构件通过 PC 工厂的生产，有效解决了混凝土存在的质量通病难题，同时避免了对拉孔封堵难以有效全部控制带来的渗水的质量隐患（图 1-46），大大提高了主体结构在地下的自防水性能（图 1-47）。

图 1-46 止水拉杆工艺

图 1-47 预制混凝土工艺

(13) 无须在项目附近新建预制生产基地，采用预制装配式技术完全符合 PC 工厂平板式流水线的生产，可以满足在 PC 工厂的覆盖范围内进行经济运输（图 1-48、图 1-49）。

图 1-48 全预制生产工艺

图 1-49 预制装配式生产工艺

(14) 生产制造工艺相比现有的预制工艺要求要低，过程也比较简约。

(15) 对模具规格尺寸要求不再单一，而是满足各类构件不同规格尺寸，可有效应用于多舱标准段、异型段，且可以灵活调整。

(16) 单个预制构件尺寸偏小，相对较轻且无须提高对特重设备及场地的要求，现浇工艺采用的普通机械可以满足吊装作业。

(17) 可以满足长距离运输，不再是一车单个预制构件的运输，现已是将构件进行分解，增加了运输效率、降低了运输成本，受交通限制较少（图 1-50）。

图 1-50 全预制构件运输

(18) 在圆弧段、纵坡段也可以有效实施预制装配式。

(19) 构件间拼装严密性较强，整体刚度等同于现浇结构，不存在节段拼装渗水、漏水的质量隐患点；结合了预制和现浇混凝土各自的优势，其管廊主体结构防水优于现有的现浇、全预制防水工艺（图 1-51～图 1-53）。

图 1-51 全预制阶段拼装工艺

图 1-52 预制装配式装配工艺（1）

(20) 解决了全预制难以在多舱、异型段处实现预制的难点。

(21) 工期相对传统的现浇工艺大为减少，将预制混凝土构件在工厂有序排班生产，不受天气影响，可以持续对施工现场进行预制混凝土构件的供应，可以有效保证施工现场的装配作业。

(22) 施工作业人员的投入不再是像传统的现浇工艺一样进行“人海战术”，大为降低了人力成本，装配整体式的用工量约为现浇工艺的 1/5。

（23）真正做到了绿色环保、文明施工，大量工作已在 PC 工厂生产制造完成，现场进行构件装配和局部湿作业（图 1-54）。

图 1-53　预制装配式拼装工艺（2）

图 1-54　预制装配式绿色、文明施工

第2章　设计依据

2.1　概述

2.1.1　结构设计要点

根据《城市综合管廊工程技术规范》GB 50838—2015的要求，其结构设计要点如下：

（1）地下综合管廊工程的结构设计使用年限应为100年。

（2）综合管廊工程按乙类建筑物进行抗震设计。

（3）综合管廊的结构安全等级应为一级，结构中各类构件的安全等级宜与整个结构的安全等级相同。

（4）综合管廊结构构件的裂缝控制等级应为三级，结构构件的最大裂缝宽度限值应小于或等于0.2mm，且不得贯通。

（5）综合管廊应根据气候条件、水文地质状况、结构特点、施工方法和使用条件等因素进行防水设计，防水等级标准应为二级，并满足结构的安全、耐久性和使用要求。综合管廊的变形缝、施工缝和预制构件接缝等部位应加强防水和防火措施。

（6）对埋设在历史最高水位以下的综合管廊，应根据设计条件计算结构的抗浮稳定性。计算时不应计入综合管廊内管线和设备的自重，其他各项作用应取标准值，并应满足抗浮稳定性抗力系数不低于1.05。当结构抗浮不满足要求时，应采取相应的工程措施。

（7）其中永久作用包括：结构自重、土压力、预加应力、重力流管道内的水重、混凝土收缩产生的荷载、混凝土徐变产生的荷载、地基的不均匀沉降等；可变作用包括人群载荷、车辆载荷、管线及附件荷载、压力管道内的静水压力（运行工作压力或设计内水压力）及真空压力、地表水或地下水压力及浮力、温度作用（热力舱壁面温差）、冻胀力、施工荷载等。

（8）预制装配式混凝土综合管廊结构的截面内力计算模型宜采用与现浇混凝土综合管廊结构相同的闭合框架模型。标准区间断面宜采用闭合框架法计算，也可采用三维模型计算，对于复杂节点（人员出入口、机械通风口等）宜采用三维建模计算。

2.1.2　构造要求

（1）综合管廊结构应在纵向设置变形缝，根据《混凝土结构设计规范》GB 50010—2010，变形缝的设置规定如下：

①预制装配式混凝土管廊结构变形缝最大间距为30m。

②结构纵向刚度突变处以及上覆荷载变化处或下卧土层突变处，应设置变形缝。

③变形缝的缝宽不宜小于 30mm。

④变形缝处应设置止水板材、填缝材料和嵌缝材料。止水板材宜采用橡胶或塑料止水带，宜做加强处理；填缝材料应采用具有适应变形功能的板材；嵌缝材料应具有适应变形功能、与混凝土表面粘结牢固的柔性材料，并具有在环境介质中不老化、不变质的性能。

（2）预制装配式混凝土综合管廊迎水面叠合夹心墙中现浇部分混凝土宜采用自密实防水混凝土进行设计，其他迎水面主体结构应采用自防水混凝土。主要承重侧壁的总厚度不宜小于 250mm，非承重侧壁和隔墙厚度不宜小于 200mm。

（3）预制装配式混凝土综合管廊结构迎水面的钢筋保护层厚度不宜小于 50mm，结构其他部位保护层厚度按照现行标准《混凝土结构设计规范》GB 50010—2010 中相关的规定进行确定。

（4）受力钢筋的锚固和搭接长度依据《国家建筑标准设计图集》16G101 和现行标准《混凝土结构设计规范》GB 50010—2010 中相关规定进行确定。

（5）预制装配式综合管廊预制叠合墙和叠合板节段纵向长度应根据吊装运输过程、基槽钢支撑维护结构纵向间距、经济性等限制条件进行确定。

（6）预制装配式综合管廊基础垫层混凝土强度不宜低于 C15，基础设计无要求时，混凝土垫层厚度不宜小于 200mm。管廊底部与混凝土垫层接触处，除防水材料外，宜增设不小于 20mm 厚细砂层。

（7）管廊侧壁外宜保留足够的施工间距，满足现行标准《城市综合管廊工程技术规范》GB 50838—2015 中的有关规定。

2.2 施工方式

根据管廊现场自然条件以及预制装配式管廊的施工要求，预制装配式管廊施工方式可分为放坡开挖施工和深基坑开挖施工两种方式。放坡开挖施工对预制装配式管廊施工影响较小，施工方便快捷，经济高效，但是对开挖周围环境影响较大。深基坑开挖施工常用的有 SMW 工法桩和钢板桩围护结构等，对开挖周围环境影响较小，但造价较高、工期较长。根据现场地质条件以及周边环境合理选择施工的方式，能够进一步提高预制装配式设计与施工的效率。

2.3 设计标准及主要技术指标

2.3.1 主要参考规范与技术标准

《湖南省预制装配式混凝土管廊结构技术标准》DBJ 43/T 329—2017
《装配式混凝土结构技术规程》JGJ 1—2014
《混凝土叠合楼盖装配整体式建筑技术规程》DBJ 43/T 301—2013
《城市综合管廊工程技术规范》GB 50838—2015

《建筑结构荷载规范》GB 50009—2012
《建筑抗震设计规范》GB 50011—2010
《混凝土结构设计规范》GB 50010—2010
《混凝土结构耐久性设计规范》GB/T 50476—2008
《工程结构可靠性设计统一标准》GB 50153—2008
《建筑结构可靠度设计统一标准》GB 50068—2001
《给水排水工程构筑物结构设计规范》GB 50069—2002
《室外给水排水和燃气热力工程抗震设计规范》GB 50032—2003
《城市桥梁设计规范》CJJ 11—2011
《公路桥梁设计通用规范》JTG D60—2015
《公路钢筋混凝土及预应力混凝土桥梁设计规范》JTG D62—2004
《城市轨道交通结构抗震设计规范》GB 50909—2014
《城市轨道交通工程设计规范》DB 11/995—2013
《构筑物抗震设计规范》GB 50191—2012
《城市轨道交通岩土工程勘察规范》GB 50307—2012
《地铁设计规范》GB 50157—2013
《建筑地基基础设计规范》GB 50007—2011
《地下工程防水技术规范》GB 50108—2008
《钢筋锚固板应用技术规程》JGJ 256—2011
《装配式混凝土结构连接节点构造》15G310—1～2
《国家建筑标准设计图集》16G101
《建筑工程大模板技术规程》JGJ 74—2003
《装配式混凝土建筑技术标准》GB/T 51231—2016

2.3.2 主要技术指标

2.3.2.1 混凝土保护层厚度

构件中普通钢筋及预应力筋的混凝土保护层厚度应满足下列要求：

（1）构件中受力钢筋的保护层厚度不应小于钢筋的公称直径 d。

（2）设计使用年限为 50 年的混凝土结构，最外层钢筋的保护层厚度应符合表 2-1 的规定；设计使用年限为 100 年的混凝土结构，最外层钢筋的保护层厚度不应小于表 2-1 中数值的 1.4 倍。

混凝土保护层的最小厚度 *C*（mm） **表 2-1**

环境类别	板、墙、壳	梁、柱、杆
一	15	20
二 a	20	25
二 b	25	35

续表

环境类别	板、墙、壳	梁、柱、杆
三 a	30	40
三 b	40	50

注：①混凝土强度等级不大于 C25 时，表中保护层厚度数值应增加 5mm。

②钢筋混凝土基础宜设置混凝土垫层，基础中钢筋的混凝土保护层厚度应从垫层顶面算起，且不应小于 40mm。

资料来源：《混凝土结构设计规范》GB 50010—2010。

当梁、柱、墙中纵向受力钢筋的保护层厚度大于 50mm 时，宜对保护层采取有效的构造措施。当在保护层内配置防裂、防剥落的钢筋网片时，网片钢筋的保护层厚度不应小于 25mm。

2.3.2.2 耐久性设计

混凝土结构暴露的环境类别应按表 2-2 的要求划分。

混凝土结构的环境类别　　表 2-2

环境类别	条　件
一	室内干燥环境； 无侵蚀性静水浸没环境
二 a	室内潮湿环境； 非严寒和非寒冷地区的露天环境； 非严寒和非寒冷地区与无侵蚀性的水或土壤直接接触的环境； 严寒和寒冷地区冰冻线以下与无侵蚀性的水或土壤直接接触的环境
二 b	干湿交替环境； 水位频繁变动环境； 严寒和寒冷地区的露天环境； 严寒和寒冷地区冰冻线以上与无侵蚀性的水或土壤直接接触的环境
三 a	严寒和寒冷地区冬季水位冰冻区环境； 受除冰盐影响环境； 海风环境
三 b	盐渍土环境； 受除冰盐作用环境； 海岸环境
四	海水环境
五	受人为或自然的侵蚀性物质影响的环境

2.3.2.3 受拉钢筋锚固长度

受拉钢筋锚固长度要求见表 2-3、表 2-4。

受拉钢筋锚固长度 L_a **表 2-3**

钢筋种类	混凝土强度等级												
	C20	C25		C30		C35		C40		C45		C50	
	$d\leqslant25$	$d\leqslant25$	$d>25$	$d\leqslant25$	$d>25$	$d\leqslant25$	$d>25$	$d\leqslant25$	$d>25$	$d\leqslant25$	$d>25$	$d\leqslant25$	$d>25$
HPB300	$39d$	$34d$	—	$30d$	—	$28d$	—	$25d$	—	$24d$	—	$23d$	—
HRB335、HRBF335	$38d$	$33d$	—	$29d$	—	$27d$	—	$25d$	—	$23d$	—	$22d$	—
HRB400、HRBF400、RRB400	—	$40d$	$44d$	$35d$	$39d$	$32d$	$35d$	$29d$	$32d$	$28d$	$31d$	$27d$	$30d$
HRB500、HRBF500	—	$48d$	$53d$	$43d$	$47d$	$39d$	$43d$	$36d$	$40d$	$34d$	$37d$	$32d$	$35d$

资料来源：《国家建筑标准设计图集》16G101。

受拉钢筋抗震锚固长度 L_{aE} **表 2-4**

钢筋种类		混凝土强度等级												
		C20	C25		C30		C35		C40		C45		C50	
		$d\leqslant25$	$d\leqslant25$	$d>25$	$d\leqslant25$	$d>25$	$d\leqslant25$	$d>25$	$d\leqslant25$	$d>25$	$d\leqslant25$	$d>25$	$d\leqslant25$	$d>25$
HPB300	一、二级	$45d$	$39d$	—	$35d$	—	$32d$	—	$29d$	—	$28d$	—	$26d$	—
	三级	$41d$	$36d$	—	$32d$	—	$29d$	—	$26d$	—	$25d$	—	$24d$	—
HRB335、HRBF335	一、二级	$44d$	$38d$	—	$33d$	—	$31d$	—	$29d$	—	$26d$	—	$25d$	—
	三级	$40d$	$35d$	—	$30d$	—	$28d$	—	$26d$	—	$24d$	—	$23d$	—
HRB400、HRBF400、RB400	一、二级	—	$46d$	$51d$	$40d$	$45d$	$37d$	$40d$	$33d$	$37d$	$32d$	$36d$	$31d$	$35d$
	三级	—	$42d$	$46d$	$37d$	$41d$	$34d$	$37d$	$30d$	$34d$	$29d$	$33d$	$28d$	$32d$
HRB500、HRBF500	一、二级	—	$55d$	$61d$	$49d$	$54d$	$45d$	$49d$	$41d$	$46d$	$39d$	$43d$	$37d$	$40d$
	三级	—	$50d$	$56d$	$45d$	$49d$	$41d$	$45d$	$38d$	$42d$	$36d$	$39d$	$34d$	$37d$

注：①当为环氧树脂涂层带肋钢筋时，表中数据尚应乘以 1.25。

②当纵向受拉钢筋在施工过程中易受扰动时，表中数据尚应乘以 1.1。

③当锚固长度范围内纵向受力钢筋周边保护层厚度为 $3d$、$5d$（d 为锚固钢筋的直径）时，表中数据可分别乘以 0.8、0.7；中间时按内插值。

④当纵向受拉普通钢筋锚固长度修正系数（注①～注③）多于一项时，可按连乘计算。

⑤受拉钢筋的锚固长度 L_a、L_{aE}计算值不应小于 200。

⑥四级抗震时，$L_{aE}=L_a$。

⑦当锚固钢筋的保护层厚度不大于 $5d$ 时，锚固钢筋长度范围内应设置横向构造钢筋，其直径不应小于 $d/4$（d 为锚固钢筋的最大直径）；对梁、柱等构件间距不应大于 $5d$，对板、墙等构件间距不应大于 $10d$，且均不应大于 100mm（d 为锚固钢筋的最小直径）。

资料来源：《国家建筑标准设计图集》16G101。

2.3.2.4 受拉钢筋搭接长度

受拉钢筋搭接长度要求见表 2-5、表 2-6。

纵向受拉钢筋绑扎搭接长度 L_{lE} 　　表 2-5

抗　震	非　抗　震
$L_{lE}=\zeta_l L_{aE}$	$L_l=\zeta_l L_a$

注：①当不同直径的钢筋搭接时，其 L_{lE} 与 L_l 按较小的直径计算。
②任何情况下 L_l 不得小于 300mm。
③式中 ζ_l 为纵向受拉钢筋绑扎搭接长度修正系数。

纵向受拉钢筋绑扎搭接长度修正系数 ζ_l 　　表 2-6

纵向钢筋搭接接头面积百分率	≤25%	50%	100%
ζ_l	1.2	1.4	1.6

资料来源：《混凝土结构设计规范》GB 50010—2010。

2.3.2.5 桁架钢筋构造

1. 预制楼板桁架钢筋构造

(1) 桁架钢筋一般设计为楼板搭接及受力方向，特殊情况下，当 L 值不大于 1500mm 且 B 值不小于 4000mm 时，桁架方向设计为非楼板搭接方向。

(2) 桁架间距为 300～800mm，600mm 为最佳间距，距楼板板边间距不小于 300mm，桁架布置时与其他预埋有干涉时，可适当调整（图 2-1～图 2-4）。

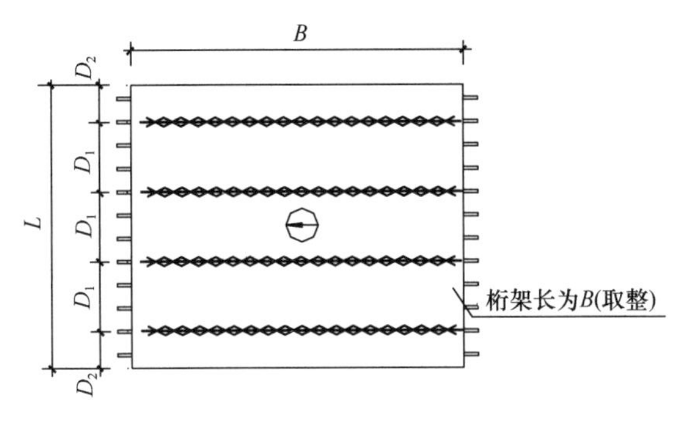

图 2-1　预制板桁架分布图（1）

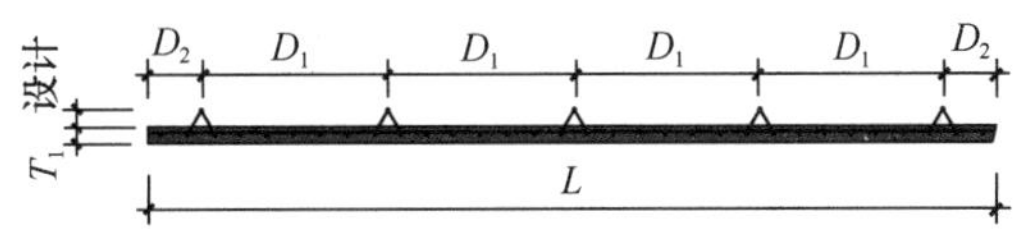

图 2-2　预制板桁架分布图（2）

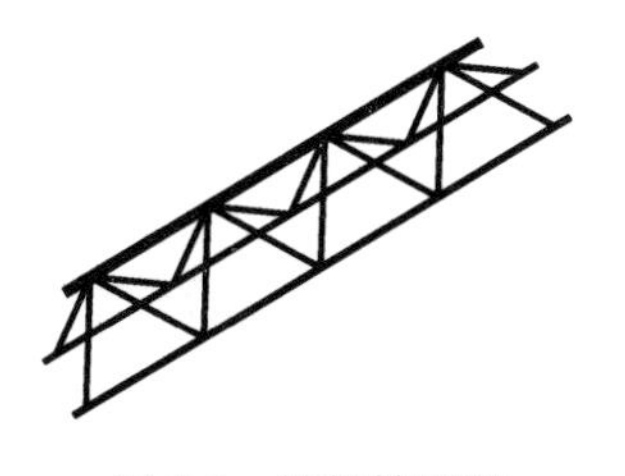

图 2-3　桁架轴测图

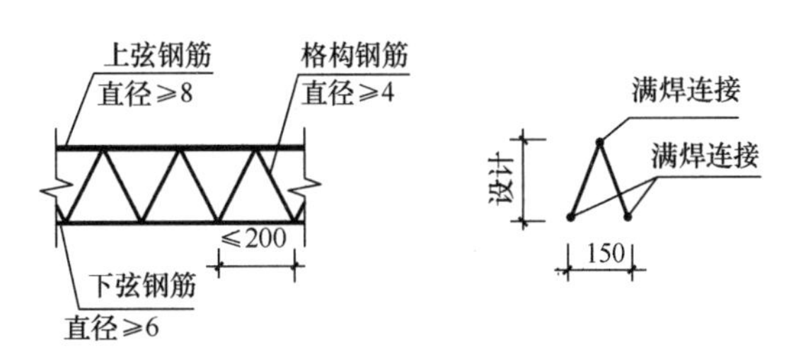

图 2-4　桁架截面图

（3）桁架长度设计时取200的整倍数，如1000mm、5400mm、4800mm（表2-7）。

桁架楼板尺寸表 **表2-7**

序号	名称	规格/尺寸	数值（mm）	常用取值（mm）
1	桁架间距	D_1	$300 \leqslant D_1 \leqslant 800$	600，800
2	桁架边距	D_2	$150 \leqslant D_2 \leqslant 300$	180，200
3	楼板宽度	L	$L \leqslant 3250$	—
4	楼板长度	B	$B \leqslant 8000$	—

（4）结合《装配式混凝土结构技术规程》JGJ 1—2014桁架钢筋在混凝土叠合板中的要求。

（5）根据楼板厚度调整其高度，上下预制保护层厚度，迎水面保护层厚度不小于50mm，非迎水面不小于30mm。

2. 叠合墙桁架钢筋构造

（1）叠合墙由两侧预制墙板及预埋在预制墙内的竖向受力钢筋（回形）、水平钢筋及桁架钢筋连接绑扎两侧预制墙内的受力钢筋，通过生产工艺，完成叠合夹心墙两侧预制板的生产，成为一块整体的受力预制叠合墙。

（2）桁架方向一般设计为墙的方向，桁架间距300～800mm，600mm为最佳间距，距墙边间距不小于150mm，桁架布置时与其他预埋有干涉时，可适当调整。

（3）桁架长度设计时取200的整倍数。

（4）根据墙板厚度调整其高度，预制保护层厚度，迎水面保护层厚度不小于50mm，非迎水面不小于30mm（表2-8、图2-5、图2-6）。

桁架墙板尺寸表 **表2-8**

序　号	名　称	规格/尺寸	数值（mm）	常用取值（mm）
1	桁架间距	D_1	$300 \leqslant D_1 \leqslant 800$	600，800
2	桁架边距	D_2	$150 \leqslant D_2 \leqslant 300$	180，200
3	墙板宽度	L	$L \leqslant 3000$	—
4	墙板长度	B	$B \leqslant 7000$	—

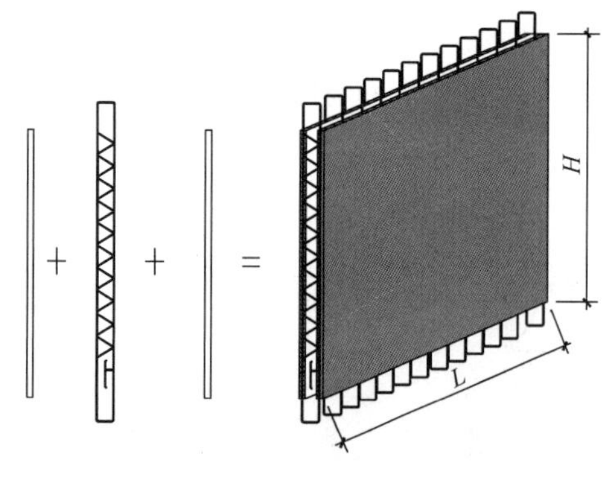

图2-5　叠合夹心墙组合图

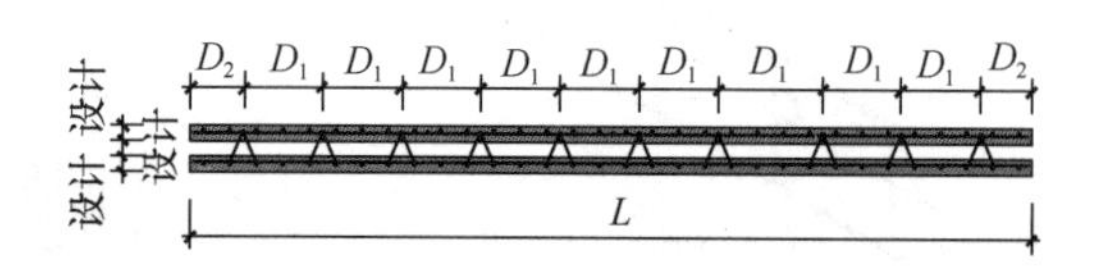

图2-6　叠合夹心墙平面图

2.3.2.6 变形缝和施工缝

大型矩形构筑物的长度、宽度较大时，应设置适应温度变化作用的伸缩缝。伸缩缝的间距可按表 2-9 的规定采用。

矩形构筑物的伸缩缝最大间距（m）　　表 2-9

结构类别 \ 工作条件 \ 地基类别		岩基		土基	
		露天	地下式或有保温措施	露天	地下式或有保温措施
砌体	砖	30	—	40	—
	石	10	—	15	—
现浇混凝土		5	8	8	15
钢筋混凝土	装配整体式	20	30	30	40
	现浇	15	20	20	30

注：①对于地下式或有保温措施的构筑物，应考虑施工条件及温度、温度环境等因素，外露时间较长时，应按露天条件设置伸缩缝。

②当有经验时，例如在混凝土中施加可靠的外加剂或浇筑混凝土时设置后浇带，减少其收缩变形，此时构筑物的伸缩缝间距可根据经验确定，不受表列数值限制。

资料来源：《给水排水工程构筑物结构设计规范》GB 50069—2002。

当构筑物的地基土有显著变化或承受的荷载差别较大时，应设置沉降缝加以分割。

构筑物的伸缩缝或沉降缝应做成贯通式，在同一剖面上连同基础或底板断开。伸缩缝的缝宽不宜小于 20mm；沉降缝的缝宽不宜小于 30mm。

钢筋混凝土构筑物的伸缩缝和沉降缝的构造，应符合下列要求：

（1）缝处的防水构造应由止水板材、填缝材料和嵌缝材料组成。

（2）止水板材宜采用橡胶或者塑料止水带，止水带与构件混凝土表面的距离不宜小于止水带埋入混凝土内的长度，当构件的厚度较小时，宜在缝的端部局部加强，并宜在加厚截面的突缘外侧设置可压缩性板材。

（3）填缝材料应采用具有适应变形功能的板材。

（4）嵌缝材料应采用具有适应变形功能、与混凝土表面粘结牢固的柔性材料，并具有在环境介质中不老化、不变质的性能。

位于岩石地基上的构筑物，其底板与地基间应设置可滑动层构造。

混凝土或钢筋混凝土构筑物的施工缝设置，应符合下列要求：

（1）施工缝设置在构件受力较小的截面处。

（2）施工缝处应有可靠的措施保证先后浇筑的混凝土间良好固结，必要时宜加设止水构造。

2.3.2.7 开孔处加固

钢筋混凝土构筑物的开孔处，应按下列规定采取加强措施：

（1）当开孔的直径或者宽度大于 300mm 但不超过 1000mm，孔口的每侧沿受力钢筋方向应配置加强钢筋，其钢筋截面积不应小于开孔切断的受力钢筋截面积的 75%；对矩形孔口的四周尚应加设斜筋；对圆形孔口尚应加设环筋。

（2）当开孔的直径或者宽度大于1000mm，宜对孔口四周加设肋筋；当开孔的直径或宽度大于构筑物壁、板计算跨径的1/4时，宜对孔口设置边梁，梁内配筋应按计算确定。

砖砌体的开孔处，应按下列规定采取加强措施：

（1）砖砌体的开孔处宜采用砌筑砖券加强。对于直径小于1000mm的孔口，砖券厚度不应小于120mm；对于直径大于1000mm的孔口，不应小于240mm。

（2）石砌体的开孔处，宜采用局部浇筑混凝土加强。

2.4 材料参数

2.4.1 混凝土、钢筋和钢材

（1）混凝土、钢筋和钢材的力学性能指标和耐久性要求等应符合现行国家标准《混凝土结构设计规范》GB 50010—2010和《钢结构设计规范》GB 50017—2017的规定。

（2）预制构件的混凝土强度等级不宜低于C30；预应力混凝土预制构件的混凝土强度等级不宜低于C40，且不应低于C30；现浇混凝土的强度等级不应低于C25。

（3）钢筋的选用应符合现行国家标准《混凝土结构设计规范》GB 50010—2010的规定。普通钢筋采用套筒灌浆连接和浆锚搭接连接时，钢筋应采用热轧带肋钢筋。

（4）钢筋焊接网应符合现行行业标准《钢筋焊接网混凝土结构技术规程》JGJ 114—2014的规定。

（5）预制构件的吊环应采用未经冷加工的HPB300级钢筋制作。吊装用内埋式螺母或吊杆的材料应符合国家现行相关标准的规定。

2.4.2 连接材料

（1）钢筋套筒灌浆连接接头采用的套筒应符合现行行业标准《钢筋连接用灌浆套筒》JG/T 398—2012的规定。

（2）钢筋套筒灌浆连接接头采用的灌浆料应符合现行行业标准《钢筋连接用套筒灌浆料》JG/T 408—2013的规定。

（3）钢筋锚固板的材料应符合现行行业标准《钢筋描固板应用技术规程》JGJ 256—2011的规定。

（4）受力预埋件的错板及锚筋材料应符合现行国家标准《混凝土结构设计规范》GB 50010—2010的有关规定。专用预埋件及连接件材料应符合国家现行有关标准的规定。

（5）连接用焊接材料以及紧固件的材料应符合国家现行标准《钢结构设计规范》GB 50017—2017、《钢结构焊接规范》GB 50661—2011和《钢筋焊接及验收规程》JGJ 18—2011等的规定。

2.4.3 其他材料

（1）外墙板接缝处的密封材料应符合下列规定：密封胶应与混凝土具有相容性，具有规定的抗剪切和伸缩变形能力；密封胶尚应具有防霉、防水、防火、耐候等性能。

（2）硅酮聚氨酯、聚硫建筑密封胶应分别符合国家现行标准《硅酮建筑密封胶》GB/T 14683—2017、《聚氨酯建筑密封胶》JC/T 482—2003、《聚硫建筑密封胶》JC/T 483—2006 的规定。

（3）装配式建造物采用的室内装修材料应符合现行国家标准《民用建筑工程室内环境污染控制规范》GB 50325—2010 和《建筑内部装修设计防火规范》GB 50222—2017 的有关规定。

第 3 章　方案构思与设计

3.1　预制装配式混凝土管廊设计理论简介

为了贯彻执行国家的技术经济政策，在城市综合管廊建设中充分发挥预制混凝土结构的优越性，促进市政工程建设的现代化产业进程，做到技术先进、经济合理、安全适用、保证质量、绿色环保、节省工期，采用预制装配整体式混凝土管廊。

预制装配整体式混凝土综合管廊主要由四种预制构件组成：叠合底板、叠合外墙板、叠合内墙板和叠合顶板（图 3-1～图 3-3）。叠合夹心墙是由预制和现浇部分通过桁架钢筋

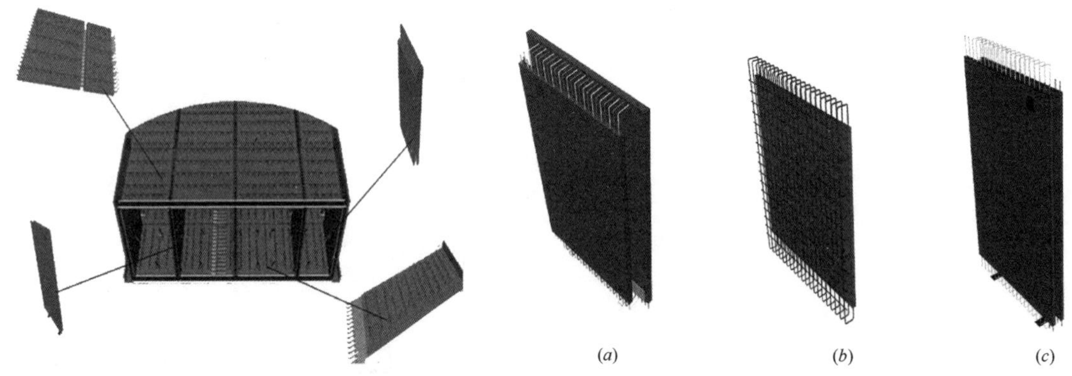

图 3-1　预制装配式混凝土综合管廊示意

图 3-2　预制装配式混凝土综合管廊竖向构件

(a) 叠合外墙板；(b) 单叶叠合外墙板；(c) 叠合内墙板

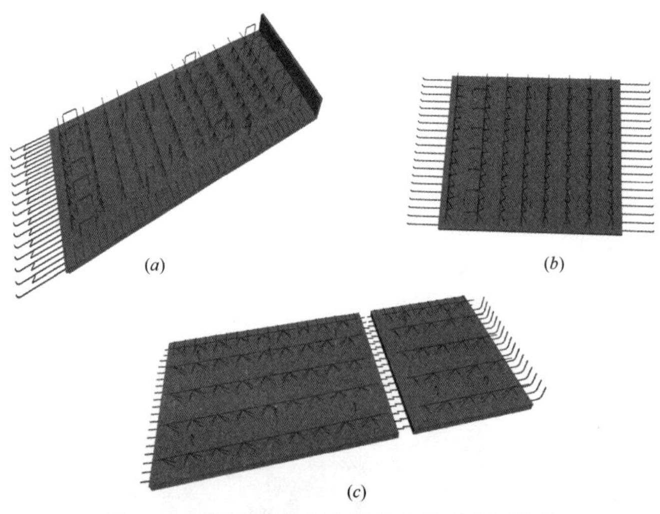

图 3-3　预制装配式混凝土综合管廊水平构件

(a) 叠合底板 (1)；(b) 叠合底板 (2)；(c) 叠合顶板

相结合的一种墙体，受力钢筋从预制部分伸出形成U形，锚固于水平构件，形成固接节点，其受力方式、计算等同于现浇结构。

预制装配式混凝土管廊宜采用工厂柔性智能生产流水线，适用于各类尺寸类型的管廊，生产效率高、成本低，运输方便，可长距离运输，受交通限制少，无须在管廊项目附近重新建设工厂。

3.2 方案构思与总体设计

3.2.1 平面拆分设计

(1) 预制装配式混凝土综合管廊一般适用于平面布置简单且能满足标准化生产要求的标准段和普通节点，遇到异形段（人员出入口、逃生口、吊装口等）可根据实际情况采用预制与现浇结合的处理方式。

(2) 综合管廊与相邻地下管线及地下构筑物的最小净距应根据地质条件和相邻构筑物性质确定，且不得小于表3-1的规定。

综合管廊与相邻地下构筑物的最小净距　　表3-1

施工方法	明挖施工	顶管、盾构施工
综合管廊与地下构筑物水平净距	1.0m	综合管廊外径
综合管廊与地下管线水平净距	1.0m	综合管廊外径
综合管廊与地下管线交叉垂直净距	0.5m	1.0m

资料来源：《城市综合管廊工程技术规范》GB 50838—2015。

(3) 综合管廊纵向坡度不宜超过10%。综合管廊内纵向坡度超过10%时，应在人员通道部位设置防滑地坪或台阶。对于纵向坡度较大的预制装配式管廊段宜采用现浇和预制结合的方法。

(4) 综合管廊最小转弯半径，应满足综合管廊内各种管线的转弯半径要求。曲线段管廊可采用直线段预制加转弯处现浇来实现管廊转弯。

(5) 预制装配式混凝土综合管廊进行平面拆分设计时，构件设计应满足现场施工条件，遵循统一协调、减少模板类型、合理利用资源等原则以提高经济性和生产效率。

3.2.2 横断面设计

某预制装配式管廊案例横断面如图3-4所示。

叠合板的后浇混凝土叠合层厚度不应小于100mm，且后浇层内应采用双向通长钢筋，钢筋直径不宜小于8mm，间距不宜大于200mm。

叠合板应按现行国家标准《混凝土结构设计规范》GB 50010—2010进行设计，并应符合下列规定：

(1) 叠合板的预制板厚度不宜小于60mm，后浇混凝土叠合层厚度不应小于60mm。

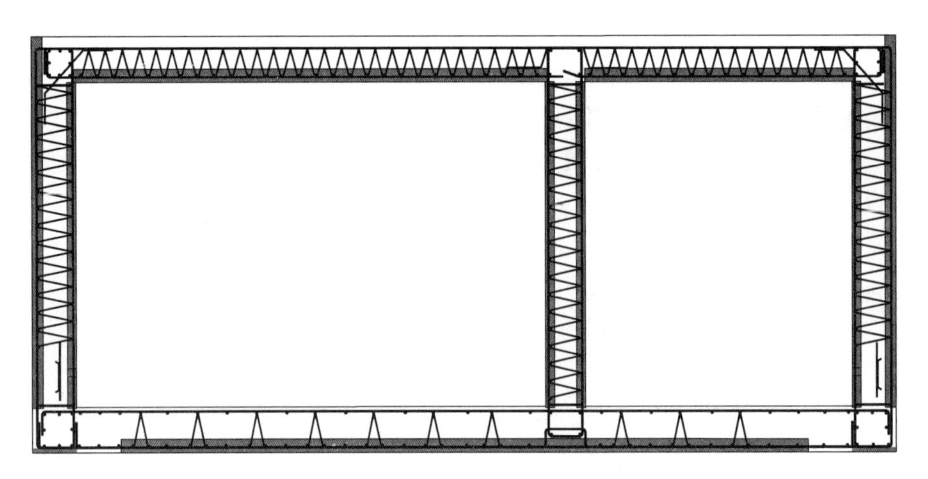

图 3-4　预制装配式管廊典型案例横断面图

（2）当叠合板的预制板采用空心板时，板端空腔应封堵。

（3）跨度大于 3m 的叠合板，宜采用桁架钢筋混凝土叠合板。

（4）跨度大于 6m 的叠合板，宜采用带预应力工艺的混凝土预制板。

叠合板支座处的纵向钢筋应符合下列规定：

（1）板端支座处，预制板内的纵向受力钢筋宜从板端伸出并伸入支承梁或墙的后浇混凝土中，锚固长度不应小于 $5d$（d 为纵向受力钢筋直径），且宜伸过支座中心线（图 3-5）。

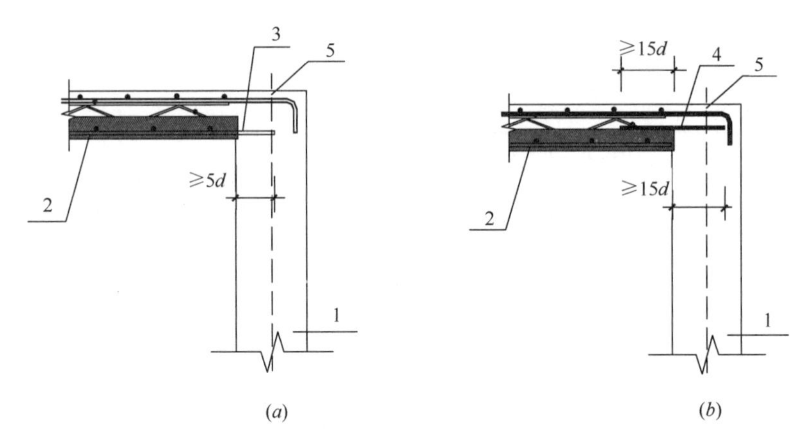

图 3-5　叠合板端与板侧支座构造示意

（a）板端支座；（b）板侧支座

1—支承梁或者墙；2—预制板；3—纵向受力钢筋；4—附加钢筋；5—支座中心线

资料来源：《装配式混凝土结构技术规程》JGJ 1—2014。

（2）单向叠合板的板侧支座处，当预制板内的板底分布钢筋伸入支承梁或墙的后浇混凝土中时，锚固长度不应小于 $5d$（d 为纵向受力钢筋直径），且宜伸过支座中心线；当板底分布钢筋不伸入支座时，宜在紧邻预制板顶面的后浇混凝土叠合层中设置附加钢筋，附加钢筋截面面积不宜小于预制板内的同向分布钢筋面积，间距不宜大于 600mm，在板的后浇混凝土叠合层内锚固长度不应小于 $15d$，在支座内锚固长度不应小于 $15d$（d 为附加钢筋直径）且宜伸过支座中心线（图 3-5）。

单向叠合板板侧的分离式接缝宜配置附加钢筋，并应符合下列规定：

（1）接缝处紧邻预制板顶面宜设置垂直于板缝的附加钢筋，附加钢筋伸入两侧后浇混凝土叠合层的锚固长度不应小于 $1.2L_{aE}$（L_{aE}为受拉钢筋抗震锚固长度）（图 3-6）。

（2）附加钢筋截面面积不宜小于预制板中该方向钢筋面积，钢筋直径不宜小于 6mm、间距不宜大于 250mm。

单向叠合板预制板与现浇板钢筋搭接，应符合下列规定：

叠合板中钢筋应伸筋与现浇板钢筋进行搭接，钢筋搭接长度应为 $1.6L_{aE}$（L_{aE}为受拉钢筋抗震锚固长度）（图 3-7）。

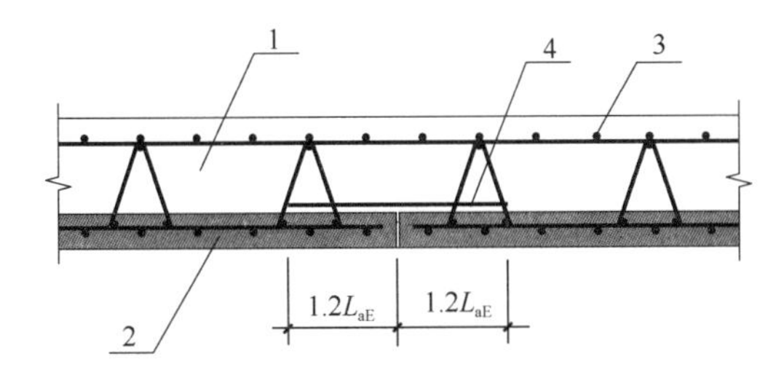

图 3-6　单向叠合板板侧分离式拼缝构造示意

1—后浇混凝土叠合层；2—预制板；

3—后浇混凝土内钢筋；4—附加钢筋

资料来源：①《装配式混凝土结构技术规程》JGJ 1—2014；

②远大住宅工业集团股份有限公司企业标准。

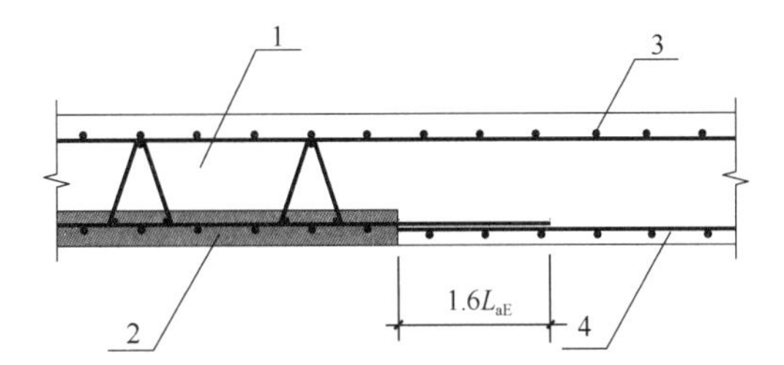

图 3-7　单向叠合板与现浇板搭接构造示意

1—后浇混凝土叠合层；2—预制板；

3—后浇混凝土内钢筋；4—现浇段钢筋

资料来源：远大住宅工业集团股份有限公司企业标准。

单向叠合板预制板与单向叠合板预制板钢筋搭接，应符合下列规定：

叠合板钢筋与叠合板钢筋伸筋进行搭接，宜增设现浇带实现搭接，现浇带宽度不小于钢筋搭接长度，钢筋搭接长度应为 $1.6L_{aE}$（L_{aE}为受拉钢筋抗震锚固长度）（图 3-8）。

双面叠合墙的墙肢厚度不宜小于 200mm，单叶预制墙板厚度不宜小于 50mm，空腔净距不宜小于 100mm。预制墙板内外叶内表面应设置粗糙面，粗糙面凹凸深度不应小于 4mm。相邻双面叠合墙之间应采用整体式接缝连接，宜采用暗柱的形式，其中暗柱可采用叠合暗柱或现浇暗柱，构造详见《装配式混凝土建筑技术标准》GB/T 51231—2016。

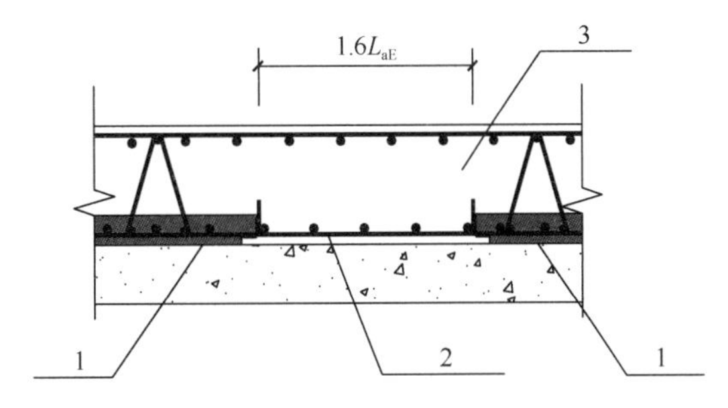

图 3-8　叠合板与叠合板搭接构造示意

1—预制板；2—底部钢筋搭接；3—后浇混凝土

资料来源：远大住宅工业集团股份有限公司企业标准。

桁架钢筋混凝土叠合板应满足以下要求：

（1）桁架钢筋应沿主要受力方向布置。

（2）桁架钢筋距边不应大于 300mm，间距不宜大于 600mm。

（3）桁架钢筋弦杆钢筋直径不宜小于 8mm，腹杆钢筋直径不宜小于 4mm。

（4）桁架钢筋弦杆钢筋混凝土保护层厚度不小于 15mm。

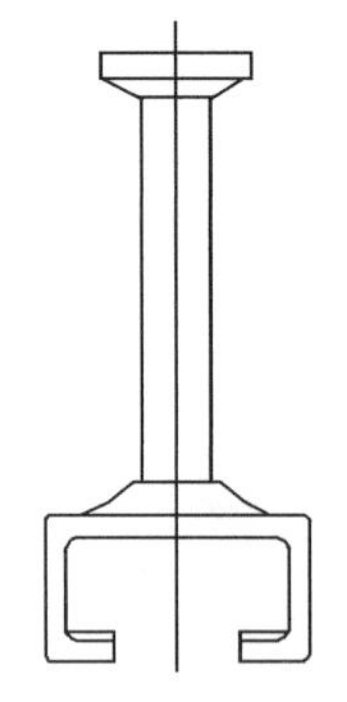

图 3-9 预埋槽道大样图

预制装配式混凝土管廊结构应满足现行国家标准《混凝土结构设计规范》GB 50010—2010 的要求。预制装配式混凝土管廊结构通过局部增加抗剪附加钢筋和构造钢筋的形式来缓和整体结构转角处的应力集中现象，可取消断面加腋。

管廊支架预埋件宜采用预埋槽钢、哈芬槽等设计，以提高设计生产施工效率，见图 3-9～图 3-11。预制装配式混凝土管廊工厂生产时应同时预埋相关预埋件。吊环采用 HPB300 级钢筋，锚筋采用 HRB400 级钢筋，锚板采用 Q235 等级为 B 的钢板。预埋件严禁使用冷加工钢筋。预埋件的焊接应符合《钢筋焊接及验收规程》JGJ 18—2012 的要求。焊接的焊条应符合《非合金钢及细晶粒钢焊条》GB/T 5117—2012 的规定。焊缝均应满焊。预埋件在构件上的外露部分，应以红丹打底，外涂灰色油漆两度，但对要焊接铁件处，则可暂时不涂油漆，留待外接铁件焊接再涂油漆。外露吊环需热镀锌处理。

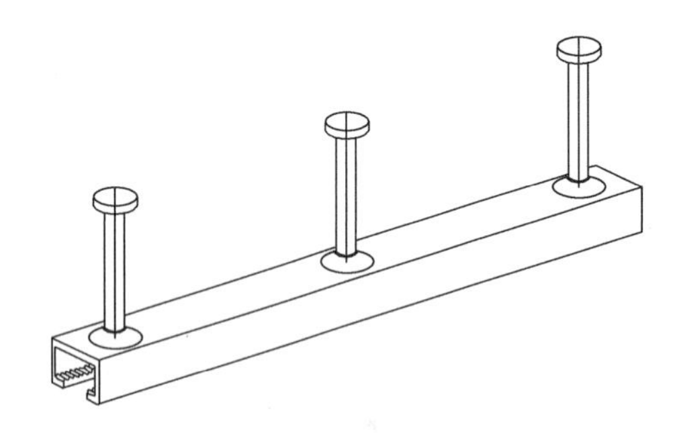

图 3-10 预埋槽道 3D 图

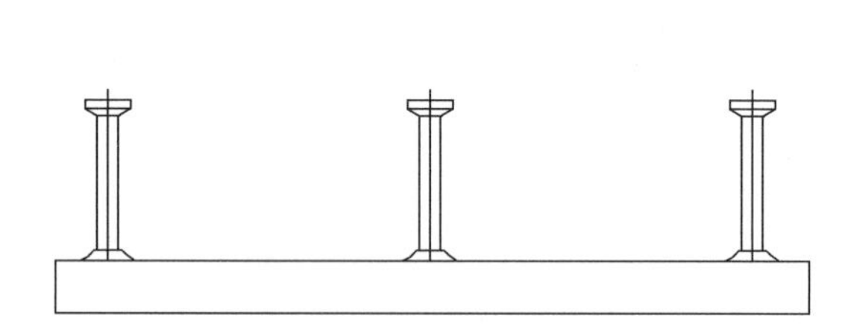

图 3-11 预埋槽道立面图

叠合板吊点布置原则：叠合板长度小于 4m，不小于 4 个吊点；长度大于 4m 且未超过 6m，不少于 6 个吊点；长度超过 6m，不少于 8 个吊点。第一个吊点距边大于 300mm 以上。

对于长宽比较大的预制叠合板，吊环钢筋尺寸以及位置设计宜进行脱模吊装验算，可根据以下内容：

（1）脱模吸附力计算

等效静力荷载 G_{sk} 取为自重 G_k 乘以动力系数 β_d 与脱模吸附力之和，其中脱模吸附力为构件和模板的接触面积 A 与单位面积脱模吸附力 q_s 的乘积，见式（3-1）。其中，动力系数 β_d 参考现行行业标准《装配式混凝土结构技术规程》JGJ 1—2014 取为 1.2；单位面积脱模吸附力 q_s，规定取值不小于 $1.5kN/m^2$。

$$G_{sk}=\beta_d G_k+q_s A \tag{3-1}$$

式中 G_{sk}——等效静力荷载；

G_k——自重；

β_d——动力系数；

A——构件和模板的接触面积；

q_s——单位面积脱模吸附力。

（2）验算控制标准

对于不开裂构件的验算控制标准，构件正截面边缘混凝土法向拉应力应满足下式要求：

$$\sigma_{ct} \leqslant 1.0 f'_{tk} \tag{3-2}$$

式中 σ_{ct}——各施工环节在荷载标准组合作用下产生的构件正截面边缘混凝土法向拉应力，可按毛截面计算；

f'_{tk}——各施工环节的混凝土立方体抗压强度相应的抗拉强度标准值。

（3）吊环设计根据《混凝土结构设计规范》GB 50010—2010 中第 9.7.6 节要求：“吊环应采用 HPB300 级钢筋制作，锚入混凝土的深度不应小于 $30d$ 并应焊接或绑扎在钢筋骨架上，d 为吊环钢筋的直径。在构件的自重标准值作用下，每个吊环按 2 个截面计算的钢筋应力不应大于 65N/mm^2；当在一个构件上设有 4 个吊环时，应按 3 个吊环进行计算。”对于超过 4 个吊点的叠合板，宜采用 Midas 等有限元软件进行分析验算。

吊环钢筋面积可按照下式进行计算：

$$A_s = \frac{G}{2m[\sigma_s]} \tag{3-3}$$

式中 A_s——吊环钢筋面积；

G——构件自重标准值（不考虑构件自重动力系数，该系数已在钢筋的容许应力 $[\sigma_s]$ 中加以考虑）；

m——受力吊环数；

$[\sigma_s]$——吊环钢筋容许设计应力，规范规定 $[\sigma_s]=65$N/mm^2。

（4）典型计算案例

1）脱模吸附力计算

$$\begin{aligned} G_{sk} &= \beta_d G_k + q_s A \\ &= 1.2 \times (25 \times 7 \times 1.5 \times 0.13) + 1.5 \times 7 \times 1.5 \\ &= 56.7\text{kN} \end{aligned}$$

2）计算模型可采用 Midas 有限元计算软件进行板单元模拟计算，也可采用等代梁模型结合 Midas 有限元计算软件进行梁单元模拟计算。本算例采用等代梁法进行计算。以四点起吊平板为例说明脱模验算计算模型如何确定。如图 3-13 所示，平板厚度为 t，分别记板长向、短向的长度分别为 l_x、l_y，吊点到板边的距离分别为 a_x、a_y。对如图 3-12 所示的平板，可按 x、y 两个正交方向的等代梁分别进行验算，其中梁高 h 取板厚，梁宽 b 则根据吊点的位置及板厚确定，且每个方向均应考虑全部荷载的作用，验算时面荷载取 $q=G_{sk}/A$。当垂直验算方向吊点数为两个时，等代梁宽可取垂直验算方向支点到板边缘的距离与支点一侧半跨之和；当垂直验算方向吊点数为两个以上时，等代梁宽可取垂直验算方向支点到板边缘的距离与支点一侧半跨之和或支点两侧半跨之和；验算板短向时，条带宽度不宜大于板厚的 15 倍。因此，对于四点起吊的平板，验算 x 方向时，等代梁宽 b_y 取 $0.5l_y$，等效线荷载 $q_x=qb_y$；验算 y 向

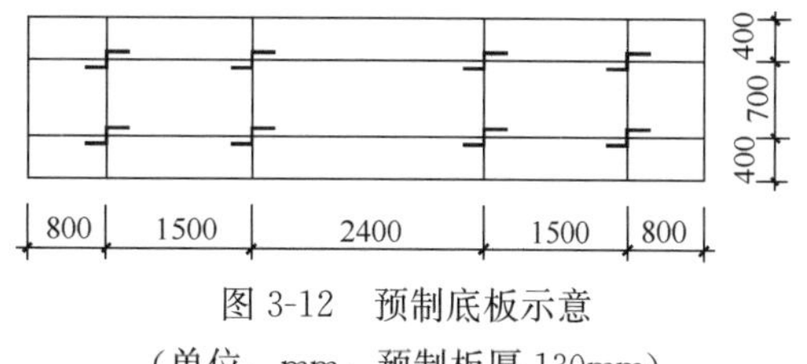

图 3-12 预制底板示意

（单位：mm，预制板厚 130mm）

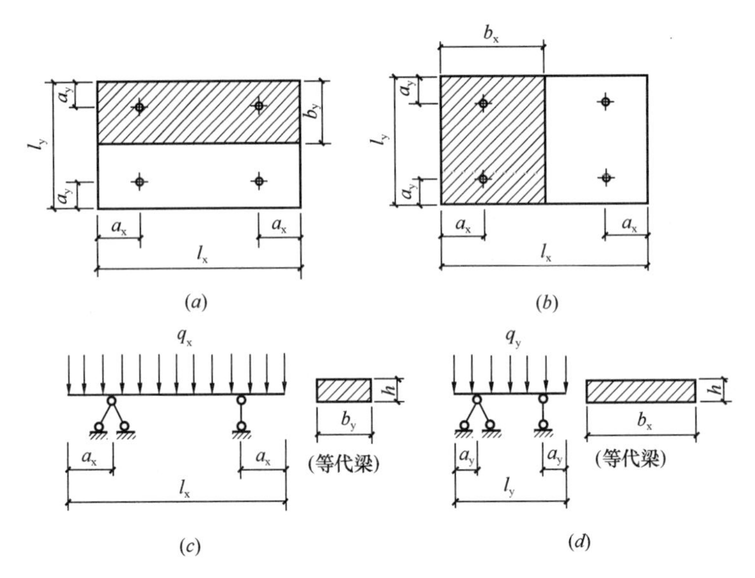

图 3-13　等代梁模型示意

（a）验算 x 方向时条带；（b）验算 y 方向时条带；（c）验算 x 方向时等代梁模型；（d）验算 y 方向时等代梁模型

资料来源：程春森，王晓锋，郑毅敏，等．预制混凝土构件脱模验算国内外标准对比［J］．施工技术，2016，45（9）：46-48.

时，等代梁宽 b_x 取 $0.5l_x$ 与 $15t$ 之间的较小值，等效线荷载 $q_y = qb_x$。

3）脱模验算

由图 3-12 可得：

$$a_x = 500\text{mm},\ a_y = 400\text{mm},\ b_x = 1950\text{mm},\ b_y = 750\text{mm}$$

$$G_k = 1.5\text{m} \times 7\text{m} \times 0.13\text{m} \times 25\text{kN/m}^3 = 34.13\text{kN}$$

$$G_{sk} = 1.2 \times G_k + 1.5 \times A = 1.2 \times 34.13 + 1.5 \times 1.5 \times 7 = 56.7\text{kN}$$

$$G_{sk}/G_k = 1.66$$

利用 Midas Gen 建立板在 X 方向和 Y 方向的等代梁模型，对其施加重力荷载，自重系数为 1.66，计算其各截面应力，验算在重力荷载工况下支座处与跨中最大应力 σ_{ct}，也可以采用施加上部线荷载的方法计算各截面应力。结果如图 3-14、图 3-15 所示，其中支座处最大应力为 0.7MPa，跨中最大应力为 0.7MPa。

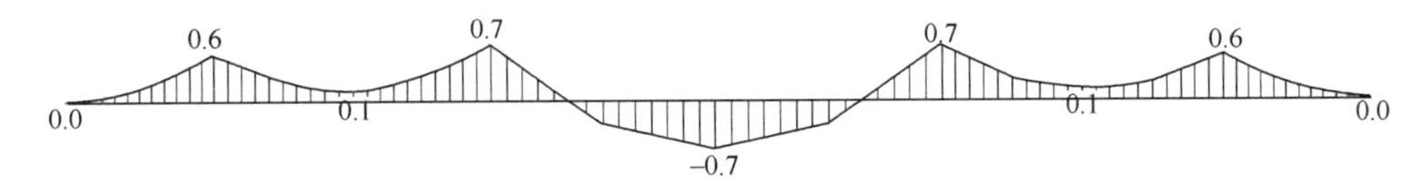

图 3-14　X 方向等代梁法应力图（单位：N/mm^2）

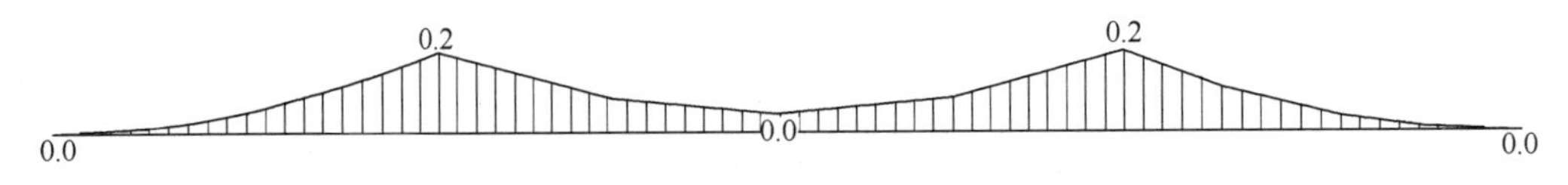

图 3-15　Y 方向等代梁法应力图（单位：N/mm^2）

由于 C40 混凝土的 $f_{ck}=26.8\text{N/mm}^2$，$f_{tk}=2.39\text{N/mm}^2$，故$\sigma_{ct}\leqslant 1.0f'_{tk}=2.39\text{MPa}$，满足规范的要求，可以脱模起吊。由于吊装时 G_k小于脱模时的 G_{sk}，故吊装过程中可不进行验算。

4）底板吊环计算

根据公式 3-3，其中 $G=G_k=34.13\text{kN}$，$m=6$，$[\sigma_s]=65\text{N/mm}^2$，可得钢筋面积 $A_s=43.7\text{mm}^2$，选用 $\phi10$，$A=78.5\text{mm}^2>A_s$。故吊环选用 ϕ10HPB300 钢筋。

桁架钢筋构造要求依据《湖南省预制装配式混凝土管廊结构技术标准》DBJ 43/T 329—2017 中相关规定内容，以外墙板尺寸的桁架钢筋布置需根据《建筑工程大模板技术规程》JGJ 74—2017 等相关规范进行抗拉强度验算，防止开裂。管廊墙体桁架钢筋抗拉强度验算案例如下：

（1）墙身结构尺寸

墙身高 4.8m，宽 400mm，由两部分组成，两侧分别为 120mm 和 100mm 的预制墙板，预制墙板由桁架钢筋连接，中间部分现浇 180mm，墙身长 3m，每隔 24m 设置变形缝。

（2）浇筑过程中两侧预制墙体承载能力计算

参照《建筑工程大模板技术规程》JGJ 74—2003 附录 B。

参与大模板荷载效应组合的各项荷载 **表 3-2**

参与大模板荷载效应组合的荷载项	
计算承载能力	计算抗变形能力
倾全混凝土时产生的荷载 + 振捣混凝土时产生的荷载 + 新浇筑混凝土对模板的侧压力	新浇筑混凝土对模板的侧压力

资料来源：《建筑工程大模板技术规程》JGJ 74—2003。

大模板荷载分项系数 **表 3-3**

项　　次	荷　载　名　称	荷载类型	γ_i
1	倾倒混凝土时产生的荷载	活荷载	1.4
2	振捣混凝土时产生的荷载		
3	新浇筑混凝土对模板的侧压力	恒荷载	1.2

资料来源：《建筑工程大模板技术规程》JGJ 74—2003。

根据表 3-2，模板抗变形能力计算时的荷载小于承载能力计算的荷载，故预制墙体承载能力计算若能满足要求，抗变形能力也能满足规范要求。

承载能力计算时，混凝土浇筑过程中，两侧预制板作为模板，受到的荷载（表 3-3）有：

1）倾倒混凝土产生的荷载

本工程采用导管倾倒混凝土，故依据《建筑工程大模板技术规程》JGJ 74—2003，水平荷载取 2kN/m²。

2）振捣混凝土产生的荷载

振捣混凝土时对竖向结构模板产生的荷载标准值按 4.0kN/m²计算，计算时分项系数为 1.4。

3）新浇筑混凝土对预制墙板的侧压力

当采用内部振捣时，新浇筑混凝土作用于模板的最大侧压力，可按下列两式计算，并取较小值，计算时分项系数为 1.2。

$$F = 0.22\gamma_c t_0 \beta_1 \beta_2 V^{1/2} \tag{3-4}$$

$$F = \gamma_c H \tag{3-5}$$

式中 F——新浇筑混凝土对模板的侧压力，kN/m²；

γ_c——混凝土的重力密度，25kN/m³；

t_0——新浇混凝土的初凝时间（h）可按实测确定（本段位 4h）。当缺乏试验资料时，可采用 t_0=200/（T+15）=4.76 计算（T 为混凝土的温度=28）；

V——混凝土的浇筑速度 m/h（按浇筑速度 40m³/h 进行控制，浇筑长度按 24m 控制，则混凝土浇筑速度为 V=40/(0.18×24）=9.26m/h）；

H——混凝土侧压力计算位置处至新浇混凝土顶面的总高度，H=4.8m；

β_1——外加剂影响修正系数，不掺外加剂时取 1.0，掺具有缓凝作用的外加剂时取 1.2；(本工程掺外加剂，取 1.2)

β_2——混凝土坍落度影响修正系数，当坍落度小于 30mm 时，取 0.85；50～90mm 时，取 1.0；110～150mm 时，取 1.15。

$$F = 0.22\gamma_c t_0 \beta_1 \beta_2 V^{1/2} = 0.22 \times 25 \times 4 \times 1.2 \times 1.15 \times 3.04 = 92.29\text{kN/m}^2$$

$$F = \gamma_c H = 25 \times 4.8 = 120\text{kN/m}^2$$

取两者较小值 92.29kN/m²计算。各荷载及其分项系数如下表 3-4。

各荷载及其分项系数表 **表 3-4**

荷载	预制墙板所受荷载		
	倾倒混凝土	振捣混凝土	混凝土侧压力
标准值（kN/m²）	2	4	92.29
分项系数	1.4	1.4	1.2
设计值（kN/m²）	2.8	5.6	110.7
合力（kN/m²）	119.1		

（3）桁架钢筋受力验算

根据墙体的桁架钢筋布置，墙长方向每块预制墙板共有 6 组桁架筋，每组桁架筋在高度方向共有 17 根 HPB300 直径为 8mm 的钢筋拉结，桁架筋与水平方向的夹角为 17.35°，钢筋的抗拉强度设计值为：

$$270\times10^3\times\cos17.35° = 257715\ (\text{kN/m}^2)$$

桁架钢筋截面面积为 5.024×10^{-5}，故单根桁架钢筋的抗拉力为：

$$257715\times5.024\times10^{-5}=12.95\ (\mathrm{kN})$$

预制墙板桁架钢筋合力为：

$$12.95\times4\times17\times6\times8=42268.8\ (\mathrm{kN})$$

预制墙板所受的总荷载为：

$$119.1\times4.8\times24=13720.32\ (\mathrm{kN})<42268.8\ (\mathrm{kN})$$

故桁架钢筋的布置能满足混凝土施工要求。此外侧墙现浇部分混凝土分两次浇筑，第一次浇筑到距离底板顶面 300mm 止水钢板处，第二次浇筑剩下的混凝土，有利于减小混凝土浇筑的侧向压力。浇筑侧墙混凝土时，采用的是自密实混凝土，同样减小了浇筑混凝土产生的侧向压力，提高混凝土浇筑施工的安全性。

3.2.3 节点设计

综合管廊的吊装口、进排风口、人员出入口等节点设置是综合管廊必需的功能性要求。综合管廊人员出入口宜与逃生口、吊装口、进风口结合设置，且不少于 2 个。这些口部由于需要露出地面，往往会形成地面水倒灌的通道，为了保证综合管廊的安全运行，应当采取技术措施确保在道路积水期间地面水不会倒灌进管廊。

综合管廊吊装口宜与人员出入口功能整合，设置爬梯，便于维护人员进出。

设置逃生口是保证进出人员的安全，蒸汽管道发生事故时对人的危险性较大，因此规定综合管廊敷设有输送介质为蒸汽管道的舱室逃生口间距比较小。逃生口是考虑消防人员救援进出的需要。综合管廊逃生口的设置应符合下列规定：

（1）敷设电力电缆的舱室，逃生口间距不宜大于 200m。

（2）敷设天然气管道的舱室，逃生口间距不宜大于 200m。

（3）敷设热力管道的舱室，逃生口的间距不应大于 400m。当热力管道采用蒸汽介质时，逃生口的间距不应大于 100m。

（4）敷设其他管道的舱室，逃生口间距不宜大于 400m。

（5）逃生口的尺寸应小于 1m×1m，当为圆形时，内径不应小于 1m。

由于综合管廊内空间较小，管道运输距离不宜过大，根据各类管线安装敷设运输要求，综合确定吊装口的间距不宜大于 400m。吊装口的尺寸应根据各类管道（管节）及设备尺寸确定，一般刚性管道按照 6m 长度考虑，电力电缆需考虑其入廊时的转弯半径要求，有检测车进出的吊装口尺寸应结合检修车的尺寸确定。

参考日本《共同沟设计指针》第 5.9.1 条：自然通风口中“燃气隧洞的通风口应该是与其他隧洞的通风口分离的结构”。第 5.9.2 条：强制通风口中“燃气隧洞的通风口应该与其他隧洞的通风口分开设置”。为了避免天然气管道舱内正常排风和事故排风中的天然气气体进入其他舱室，并可能聚集引起的危险，做出水平间距 10m 的规定。

为了避免天然气泄漏后，进入其他舱室，天然气舱的各口部及集水坑等应与其他舱室的口部及集水坑分割设置。并在适当位置设置明显的标示提醒相关人员注意。

露出地面的各类孔口盖板应设置在内部使用时易于人力开启，且在外部使用时非专业人员难于开启的安全装置。对盖板做出技术规定，主要是为了实现防盗安保功能要求。同时满足紧急情况下可由内部开启方便逃生的需要。

节点处管廊加高、加宽及夹层的尺寸根据管廊内管线的数量和规格确定。

电力线缆的弯曲半径和分层应符合现行国家标准《电力工程电缆设计标准》GB 50217—2018的相关规定；通信线缆弯曲半径应大于线缆直径的15倍；给水、中水管应预留焊接、阀门安装等操作空间，距离管廊内壁至少应有0.4m以上的净距。

不同形式舱室之间不连通，设置夹层后，必须考虑不同舱室间防火分区的完整性，应在夹层合适位置设与管廊同等级的防火门以作隔绝。防火门应符合现行国家标准相关要求。

第4章　结构抗震设计

4.1　管廊抗震设计依据

4.1.1　概述

过去人们普遍认为：地下结构高度较小，刚度较大，且受到周围土体的有力约束，故其抗震性能优于地面结构。20世纪八九十年代以来，国内外不少地铁车站等地下结构受到地震作用的严重破坏，地下结构的抗震分析再次引起了人们的重视。

地下结构的抗震分析发展到今天，人们达成了共识——地下结构的抗震计算应考虑周围土体对结构的作用。周围土体不仅对结构有作用力，还对结构产生弹性抗力并参与结构共同受力。目前，地下结构的抗震计算一般采用两种模型：（1）连续介质模型，将周围土体和结构作为共同受力的整体，常用于动力有限元时程分析。（2）荷载-结构模型，将周围土体考虑为地基弹簧，只建立地下结构的有限元模型，地基弹簧的弹性抗力模拟周围土体对结构的作用，常用于地下结构抗震简化计算方法（如：反应位移法）中。荷载-结构模型是一种最基本的地下结构计算模型，其关系明确、计算方便，是《城市轨道交通结构抗震设计规范》GB 50909—2014等规范推荐的地下结构抗震计算方法之一，在地下结构的抗震分析设计中应用较为普及。

对于装配整体式工艺的综合管廊结构，其节点处的钢筋锚固要求与现浇结构钢筋锚固要求一致，节点同样可以处理成为刚性域，其结构建模计算可与现浇结构整体计算方法保持一致。

4.1.2　主要设计依据

地下结构项目的主要抗震设计依据有：（1）本项目的地质详勘资料；（2）国家现行的相关规范及技术标准；（3）项目其他具体要求。

1. 项目地质详勘报告

地质勘察报告的重要性不言而喻，其信息量十分巨大。作为设计人员，应该重点关注的信息有：①地下管廊结构底板埋深处的持力层土质、岩土参数、地基类型和地基承载力特征值；②基岩的覆土厚度；③基岩以上各土层的厚度、岩土参数和剪切波速；④场地类型和场地类别的判断；⑤项目所在地的抗震设防烈度；⑥历年来地下水的最高水位和抗浮水位；⑦饱和砂土或饱和粉土的地基，是否有液化判别等。

2. 国家现行的相关规范及技术标准

设计离不开规范和标准，地下综合管廊结构的抗震设计应该遵循和可以参考的规范及技术标准有：

《城市综合管廊工程技术规范》GB 50838—2015

《混凝土结构设计规范》GB 50010—2010

《建筑结构荷载规范》GB 50009—2012

《建筑抗震设计规范》GB 50011—2010

《建筑抗震设防分类标准》GB 50223—2008

《城市轨道交通岩土工程勘察规范》GB 50307—2012

《城市轨道交通结构抗震设计规范》GB 50909—2014

《城市轨道交通工程设计规范》DB11 995—2013

《构筑物抗震设计规范》GB 50191—2012

《大型地下结构的抗震设计指南》

《室外给水排水和燃气热力工程抗震设计规范》GB 50032—2003

《地铁设计规范》GB 50157—2013

《混凝土结构耐久性设计规范》GB/T 50476—2008

《工程结构可靠性设计统一标准》GB 50153—2008

《建筑结构可靠度设计统一标准》GB 50068—2001

《给水排水工程构筑物结构设计规范》GB 50069—2002

《城市桥梁设计规范》CJJ 11—2011

《公路桥梁设计通用规范》JTG D60—2015

《公路钢筋混凝土及预应力混凝土桥梁设计规范》JTG D62—2004

《建筑地基基础设计规范》GB 50007—2011

《国家建筑标准设计图集》16G101

3. 项目其他具体要求

4.2 管廊抗震设计的主要步骤及理论基础

4.2.1 研读详勘报告并整理土层参数信息

前文4.1.2节中已经提到管廊结构抗震设计时应该重点关注的勘察内容，获得地勘报告后，先仔细研读详勘报告，如果有不全的数据资料，应该联系勘察机构予以补充。

对于综合管廊区间段工程，由于其纵向是长线型结构，当土层分布纵向差异性不大，则此区间段管廊可归于一个设计断面，其土层信息取沿线土层信息的平均值，配筋设计结果为一个标准横断面配筋图。当土层沿纵向分布差异性较大时，则应该分段设计，分别取各段土层信息的平均值进行设计，同时也将得到多个标准横断面配筋结果。

对于综合管廊节点工程，应该找出地勘报告附图中相应桩号位置的土层分布信息进行设计。

4.2.2 荷载计算

4.2.2.1 管廊结构作用分类

根据《城市综合管廊工程技术规范》GB 50838—2015，管廊结构的作用按性质可分为：永久作用、可变作用和偶然作用。

（1）永久作用含：结构自重、土压力、预加压力、重力流管道内的水重、混凝土收缩和徐变产生的荷载、地基的不均匀沉降等。

（2）可变作用含：人群载荷、车辆载荷、管线及附件荷载、压力管道内的静水压力（运行工作压力或设计内水压力）及真空压力、地表水或地下水压力及浮力、温度作用、冻胀力、施工荷载等。

（3）偶然作用主要是地震作用。

参考《建筑结构荷载规范》GB 50009—2012 条文说明第 3.1.1 条，对水位不变的水压力可按永久荷载考虑，而水位变化的水压力应按可变荷载考虑。参考《地铁设计规范》GB 50157—2013，将地下水压力和水浮力考虑为永久荷载。参考《公路桥梁设计通用规范》JTG D60—2015，将水浮力考虑为永久作用。参考《给水排水工程构筑物结构设计规范》GB 50069—2002，将水浮力考虑为可变作用。由此可见，不同规范对地下水压力的考虑方式有所不同，管廊工程结构设计时，应根据项目实际情况考虑。地勘报告中一般需提供几个水位，其中两个对设计来说是必要的水位，一个是历年来地下水最高水位，另一个是抗浮水位。同等条件下，地下水位越高，则对地下综合管廊侧壁的水、土压力的合力越大。这一点，设计人员可以通过手算验证。

抗浮水位一般低于历年来地下水最高水位，有时其水位差值较大。由此可见，地下水最高水位适用于基本组合中对结构配筋设计，而抗浮水位适用于对结构抗浮稳定性验算。两个水位的差异，应该引起结构设计人员的重视。当勘察单位不明确提供抗浮水位，而设计人员直接使用最高水位时，管廊结构抗浮设计可能要采取加大压重、底板外挑、设抗拔桩等措施平衡水浮力，从而造成一定的浪费。

一些情况下，勘察单位提供的百年抗浮水位是地表以下 0.5m，而近年观测的最高水位低于地表以下 0.5m。此时，静力作用阶段，结构控制工况为抗浮工况，即高水位工况，结构的水、土压力计算时，取地表以下 0.5m。

4.2.2.2 管廊结构静力荷载取值

设计采用的侧向水、土压力，对于黏性土、砂性土地层均采用水土分算的办法。

结构自重：结构自身重量产生竖向荷载。

竖向土压力：按计算截面以上全部土柱重量考虑，一般作用在顶板、中板和底板有挑出时，也承受相应的竖向土压力。

水平土压力：施工期间支护结构的外土压力按朗金公式的主动土压力计算。使用阶段结构承受的水平力按静止土压力计算。

水压力：作用于顶板的水压力等于作用在其顶点的静水压力值，作用于底板底的水压力等于作用在最低点的静水压力值。垂直方向的水压力取为均布荷载。水平方向的水压力取为梯形分布荷载，其值等于静水压力。

侧向地层抗力和地基反力：采用土弹簧进行模拟边界条件，顶板由于已施加土压力，不再对其额外施加弹簧边界。

人群载荷和车辆载荷：根据覆土深度和管廊所在道路的等级，可参考不同规范进行取值。

管线设备荷载：管线设备应根据管线设备的实际重量、动力影响、安装运输路径等确定其大小和范围。对于需要吊装的设备荷载，在结构计算时还应考虑设备起吊点所设置的位置及起吊点的荷载值。

施工荷载：结构设计中应考虑各种施工荷载可能发生的情况。按实际情况取值计算。

地震作用：管廊结构的地震作用按当地的设防烈度进行设计计算。

《城市综合管廊工程技术规范》GB 50838—2015 规定：作用在综合管廊结构上的荷载须考虑施工阶段以及使用过程中的变化，选择使整体结构或预制构件应力最大、工作状态最为不利的荷载组合进行设计。地面车载一般简化为与结构埋深有关的均布荷载，但是覆土较浅时应按实际情况计算。

4.2.2.3 地震作用计算

1. 管廊抗震一般规定

《城市综合管廊工程技术规范》GB 50838—2015 第 8.1.5 条规定，综合管廊工程应按乙类（重点设防）建筑物进行抗震设计，并满足国家现行标准的有关规定。

《建筑抗震设防分类标准》GB 50223—2008 第 3.0.3 条规定，对于乙类结构，应按高于本地区抗震设防烈度一度的要求加强其抗震措施；但抗震设防烈度为 9 度时应按比 9 度更高的要求采取抗震措施；地基基础的抗震措施，应符合有关规定。同时，应按本地区抗震设防烈度确定其地震作用。

《建筑抗震设计规范》GB 50011—2010（简称《抗规》）第 14.1.4 条规定，乙类钢筋混凝土结构的抗震等级，6、7 度时不宜低于三级，8、9 度时不宜低于 2 级。

2. 管廊抗震计算方法选择

（1）管廊构件的抗震计算内容

管廊结构构件的计算内容，应该包含：1）静力荷载的基本组合承载能力计算。2）静力荷载准永久组合的正常使用状态验算。3）结构构件地震作用效应和其他荷载效应基本组合的构件截面承载能力验算。本组合简称地震作用效应基本组合，注意其与地震偶然组合之间相关系数的区别。地震作用效应基本组合见抗规第 5.4.1 条，地震偶然组合见《建筑结构荷载规范》GB 50009—2012（简称《荷载规》）第 3.2.6 条。4）除此之外，满足一定情况时，尚应该进行地震作用下的变形验算，此时用到的是地震的标准组合，将重力荷载代表值（见《抗规》第 5.1.3 条）的标准值与地震作用的标准值进行叠加验算地震下的变形情况。5）静力荷载标准组合的抗浮稳定性验算，当活载对抗浮有利时，其系数应取为 0。此五部分计算内容，设计人员应该引起足够重视。

针对上述第 4）点抗震验算，参考《抗规》第 14.2.4 条规定：①地下建筑结构应进行多遇地震作用下截面承载力和构件变形的抗震验算；②对于不规则的地下建筑物以及地下变电站和地下空间综合体等，尚应进行罕遇地震作用下的抗震变形验算，其中混凝土结构弹塑性层间位移角限值 [θ_p] 宜取 1/250。参考《抗规》第 5.5.1 条规定：各类结构均应进行多遇地震作用下的抗震变形验算。其中楼层最大弹性层间位移角限值应符合表 4-1 的规定：

弹性层间位移角限值 **表 4-1**

结构类型	[θ_e]
钢筋混凝土框架	1/550
钢筋混凝土框架-抗震墙、板柱-抗震墙、框架-核心筒	1/800
钢筋混凝土抗震墙、筒中筒	1/1000
钢筋混凝土框支层	1/1000
多、高层钢结构	1/250

资料来源：《建筑抗震设计规范》GB 50011—2010。

同时，参考《城市轨道交通结构抗震设计规范》GB 50909—2014 第 7.7 条，对于隧道和地下车站结构，抗震性能要求为Ⅰ时，应按现行国家标准《建筑抗震设计规范》GB 50011—2010 进行结构构件的截面抗震验算。抗震性能要求为Ⅱ时，宜验算结构整体变形性能，且宜符合下列规定：1）矩形断面结构应采用层间位移角作为指标，对钢筋混凝土结构，层间位移角限值宜取为 1/250；2）圆形断面结构应采用直径变形率作为指标，地震作用产生的直径变形率应小于规定的限值。对重点设防类结构，当抗震性能要求为Ⅱ时，宜同时进行构件断面变形能力的验算。

（2）管廊抗震性能要求

在选择管廊结构设计计算方法前，有必要对管廊结构的抗震性能要求进行了解。参考《城市轨道交通结构抗震设计规范》GB 50909—2014 及相关规范，城市轨道交通结构的抗震性能要求分成下列三个等级：

性能要求Ⅰ：地震后不破坏或轻微破坏，应能保持其正常使用功能；结构处于弹性工作阶段；不应因结构的变形导致轨道的过大变形而影响行车安全。

性能要求Ⅱ：地震后可能破坏，经修补，短期内应能恢复其正常使用功能；结构局部进入弹塑性工作阶段。

性能要求Ⅲ：地震后可能产生较大破坏，但不应出现局部或整体倒毁，结构处于弹塑性工作阶段。

城市轨道交通结构的抗震性能要求不应低于表 4-2 的规定。

其中，E1 地震作用、E2 地震作用和 E3 地震作用分别代表多遇、设防和罕遇地震作用。由此可见，地下综合管廊参考城市轨道交通结构地下结构的抗震设防目标，在多遇和设防地震作用下，抗震性能要求为Ⅰ；在罕遇地震作用下，抗震性能要求为Ⅱ。

（3）管廊抗震设计方法

根据管廊结构的结构类型、设防类别、抗震计算内容和抗震性能要求来选定抗震设计的计算方法。参考《城市轨道交通结构抗震设计规范》GB 50909—2014 第 3.3 条，抗震设计中地震反应的计算方法宜按表 4-3 采用。

城市轨道交通结构抗震设防目标 **表 4-2**

地震动水准		抗震设防类别	结构抗震性能要求	
等级	重现期（年）		地上结构	地下结构
E1 地震作用	100	特殊设防类	Ⅰ	Ⅰ
		重点设防类	Ⅰ	Ⅰ
		标准设防类	Ⅰ	Ⅰ
E2 地震作用	475	特殊设防类	Ⅰ	Ⅰ
		重点设防类	Ⅱ	Ⅰ
		标准设防类	Ⅱ	Ⅰ
E3 地震作用	2475	特殊设防类	Ⅱ	Ⅰ
		重点设防类	Ⅲ	Ⅱ
		标准设防类	Ⅲ	Ⅱ

资料来源：《城市轨道交通结构抗震设计规范》GB 50909—2014。

地震反应计算方法 **表 4-3**

结构构件	抗震设防类别	性能要求	设计计算方法	
高架区间结构	特殊设防类	Ⅰ	线性反应谱方法	
		Ⅱ	非线性时程分析方法	
	重点设防类、标准设防类	Ⅰ	线性反应谱方法	
		Ⅱ	振动特性简单的结构：弹塑性反应谱方法，振动特性复杂的结构：非线性时程分析方法	
		Ⅲ		
高架车站结构	重点设防类、标准设防类	Ⅰ	线性反应谱方法	
		Ⅱ	振动特性简单的结构：弹塑性反应谱方法，振动特性复杂的结构：非线性时程分析方法	
		Ⅲ		
地下车站结构	特殊设防类	Ⅰ	反应位移法，反应加速度法，弹性时程分析方法	需考虑土层，非线性时应采用非线性分析方法
	重点设防类、标准设防类	Ⅰ	反应位移法，反应加速度法	
		Ⅱ	反应加速度法，非线性时程分析方法	
区间隧道结构	重点设防类	Ⅰ	反应位移法，反应加速度法	
		Ⅱ	反应加速度法，非线性时程分析方法	

资料来源：《城市轨道交通结构抗震设计规范》GB 50909—2014。

将管廊区间段工程参考表 4-3 区间隧道结构，管廊节点工程参考表 4-3 地下车站结构。管廊抗震设防类别为重点设防类，在 E2（设防）地震作用下，抗震性能要求为Ⅰ级，可采用反应位移法进行抗震效应计算。在 E3（罕遇）地震作用下，抗震性能要求为Ⅱ级，可采用非线性时程分析方法进行抗震效应计算。

对于管廊结构构件截面强度抗震验算，应采用 E2 地震作用进行计算。对于多遇地震下的弹性变形验算，可以先直接查看 E2 的弹性变形结果，当 E2（设防）结果能满足弹性层间位移的限值，则多遇地震的弹性层间位移也能满足要求；当 E2（设防）地震作用下的弹性层间位移不能满足要求时，应进行多遇地震作用下的弹性层间位移验算，能满足要求时，即通过验算，如仍然不能满足要求，则应该调整管廊结构布置，加大结构的刚度，使其最终满足规范限值要求。

值得注意的是，在《城市轨道交通结构抗震设计规范》GB 50909—2014 第 10.3.2 条中指出，地下车站结构应进行 E2 地震作用下的弹性内力和变形分析。此处建议设计时，对于弹性变形验算，直接采用 E2 地震作用计算，结构设计更加趋于安全。

参考《城市轨道交通结构抗震设计规范》GB 50909—2014 第 10.3.2 条，当管廊沿纵向结构形式连续、规则，横向断面构造不变时，可只沿横向计算水平地震作用并进行抗震验算。当满足规定的情况之一时，地下综合管廊结构宜按空间问题进行地震反应计算。

对于计算模型的简化，《城市轨道交通结构抗震设计规范》GB 50909—2014 第 3.3.2 条规定：计算模型的建立及简化，应反映结构在地震作用下的实际工作状态。《城市综合管廊工程技术规范》GB 50838—2015 第 8.4.1 条规定，现浇混凝土综合管廊结构的截面内力计算模型宜采用闭合框架模型。现浇综合管廊闭合框架计算模型如图 4-1 所示。

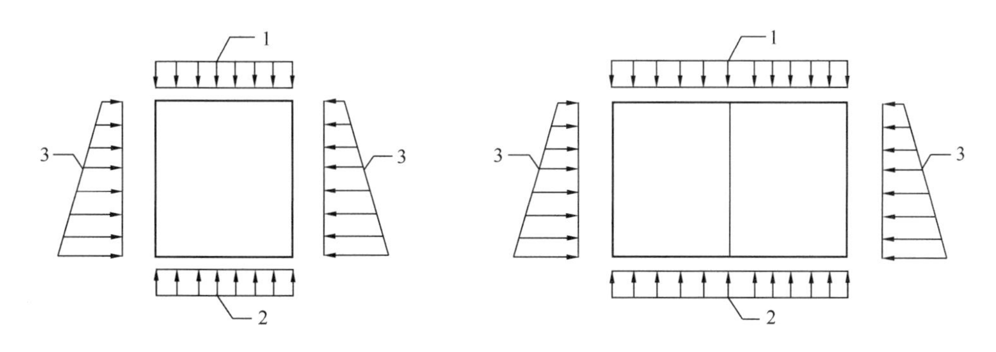

图 4-1　现浇综合管廊闭合框架计算模型

1—综合管廊顶板荷载；2—综合管廊地基反力；3—综合管廊侧向水土压力

资料来源：《城市综合管廊工程技术规范》GB 50838—2015。

综上所述，对于地下综合管廊区间段工程，可以采用闭合框架模型设计计算；对于节点工程，宜采用三维空间模型设计计算。对于区间段工程和节点工程，均可以采用反应位移法进行 E2 地震作用截面强度验算和弹性变形验算。对于不规则的地下综合管廊节点工程等，尚需补充 E3 地震作用下的弹塑性变形验算时，则应采用非线性时程分析方法。本章就常规地下结构工程抗震设计常用的反应位移法原理及其在管廊工程的应用展开详细论述。

3. 反应位移法

采用反应位移法进行地震作用计算时，将结构周围土体作为支撑结构的地基弹簧，如图 4-2 所示。

采用反应位移法进行地下结构地震反应计算时，将地震作用考虑为三部分作用叠加进行模拟，分别是：土层相对位移引起荷载、结构惯性力和结构周围剪力作用。土层相对位移、结构惯性力和结构周围剪力可由一维土层地震反应分析得到；也可以通过《城市轨道交通结构抗震设计规范》GB 50909—2014 推荐公式计算。本章主要介绍规范公式的原理

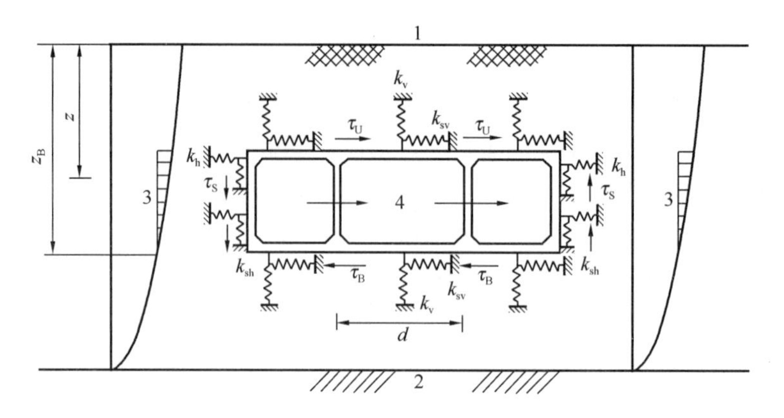

图 4-2　地下结构横向地震反应计算的反应位移法

1—地面；2—设计地震作用基准面；3—图层位移；4—惯性力

k_v—结构顶底板压缩地基弹簧刚度；k_{sv}—结构顶底板剪切地基弹簧刚度；

k_h—结构侧壁压缩地基弹簧刚度；k_{sh}—结构侧壁剪切地基弹簧刚度；

τ_U—结构顶板单位面积上作用的剪力；τ_B—结构底板单位面积上作用的剪力；

τ_S—结构侧壁单位面积上作用的剪力

资料来源：《城市轨道交通结构工程抗震设计规范》GB 50909—2014。

及应用。

（1）土层相对位移引起的地震荷载计算

1）土层绝对位移计算

参考《城市轨道交通结构抗震设计规范》GB 50909—2014 第 6.6 节，对已进行工程场地地震安全性评价工作的，可采用其得到的位移随深度的变化关系；对未进行工程场地地震安全性评价工作的，其土层位移沿深度和管廊纵向变化如图 4-3、图 4-4 所示，地震时土层位移沿深度方向变化规律可按式（4-1）确定，地震时土层位移沿管廊纵向变化规律可按式（4-2）确定。

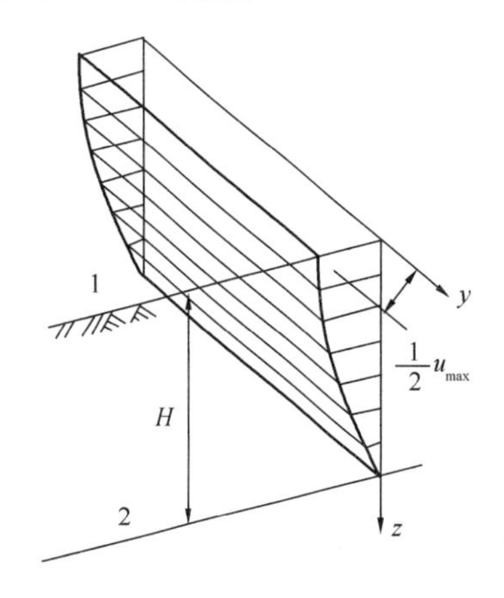

图 4-3　土层位移沿深度变化规律

1—地表面；2—设计地震作用基准面；

u_{max}—场地地表最大位移；

H—设计地震作用基准面的深度

资料来源：《城市轨道交通结构工程抗震设计规范》GB 50909—2014。

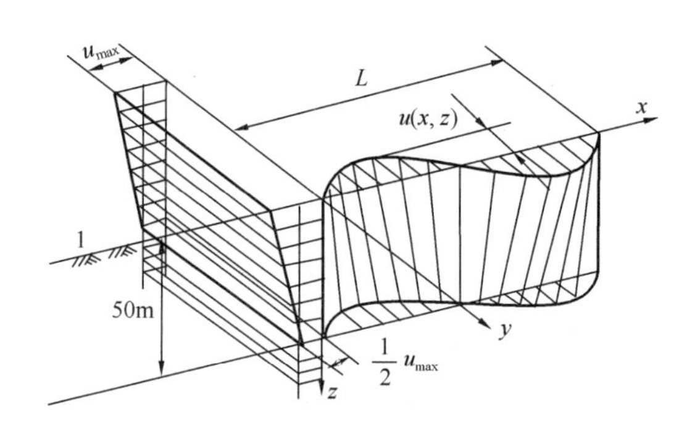

图 4-4　土层位移沿深度和管廊纵向轴向变化规律

1—地表面

资料来源：《城市轨道交通结构工程抗震设计规范》GB 50909—2014。

$$u(z) = \frac{1}{2}u_{max} \cdot \cos\frac{\pi z}{2H} \tag{4-1}$$

式中　z——距地表深度（m）；

$u(z)$——地震时场地深度 z 处土层的水平位移（m）；

u_{max}——场地地表最大位移，取值参照表 4-4、表 4-5；

H——地面至地震作用基准面的距离（m）。

注：地震作用基准面定义可参见《城市轨道交通结构工程抗震设计规范》GB 50909—2014 第 6.1.3 条的规定。

$$u(x,z) = u_{max}(z) \cdot \sin\frac{2\pi x}{L} \tag{4-2}$$

式中　$u(x,z)$——坐标 (x,z) 处地震时的土层水平位移（m）；

$u_{max}(z)$——地震时深度 z 处土层的水平峰值位移（m）；

L——土层变形的波长看，即强迫位移的波长（m）。

Ⅱ类场地设计地震动峰值位移表 $U_{max\mathrm{II}}$（m）　　**表 4-4**

地震动峰值加速度分区（g）	0.05	0.10	0.15	0.20	0.30	0.40
E1 地震作用（g）	0.02	0.04	0.05	0.07	0.10	0.14
E2 地震作用（g）	0.03	0.07	0.10	0.13	0.20	0.27
E3 地震作用（g）	0.08	0.15	0.21	0.27	0.35	0.41

资料来源：《城市轨道交通结构工程抗震设计规范》GB 50909—2014。

场地地震动峰值位移调整系数 Γ_U　　**表 4-5**

场地类别	Ⅱ类场地设计地震动峰值位移 $U_{max\mathrm{II}}$（m）					
	≤0.03	0.07	0.10	0.13	0.20	≥0.27
I_0	0.75	0.75	0.80	0.85	0.90	1.00
I_1	0.75	0.75	0.80	0.85	0.90	1.00
Ⅱ	1.00	1.00	1.00	1.00	1.00	1.00
Ⅲ	1.20	1.20	1.25	1.40	1.40	1.40
Ⅳ	1.45	1.50	1.55	1.70	1.70	1.70

资料来源：《城市轨道交通结构工程抗震设计规范》GB 50909—2014。

对于以闭合框架计算时，无须考虑地震时横向水平位移沿管廊纵向变化的影响。如计算一个纵向长 20m 左右的节点工程，当以空间模型计算时，应考虑横向水平位移沿管廊纵向正弦变化规律的影响。由于空间模型计算时，模型节点较多，且沿管廊纵向输入土弹簧强制位移时，正弦变化的峰值位置不便确定，故此处建议，管廊结构工程空间模型分析时，可不再考虑水平位移沿管廊纵向变化的影响。同时，当试算一个纵向 20m 长节点工程，考虑正弦变化时，沿纵向方向土层横向水平位移值由 $u_{max}(z)$ 变至 $0.6\,u_{max}(z)$，当直接考虑为 $u_{max}(z)$ 时，管廊工程设计应该是趋于保守的。当然具体到每个工程实际项目特征，应该按具体情况进行考虑。

2）地基弹簧刚度计算

模型计算时，结构周围土体的边界作用采用地基弹簧表示，含压缩弹簧和剪切弹簧；

地基弹簧刚度按公式（4-3）计算：

$$k = KLd \tag{4-3}$$

式中 k——压缩或剪切地基弹簧刚度（N/m）；

K——基床系数（N/m^3）；

L——垂直于结构横向的计算长度（m）；

d——土层沿管廊纵向的计算长度（m）。

着重提出，地下结构抗震计算中基床系数中取值是一个非常重要的命题，其对地震作用效应值的影响较为显著，设计人员应该引起足够重视。虽然可以通过有限元计算和采用不同规范给出的通过工程试验方法确定基床系数，但是对于本文采用“荷载-结构模型”的结构抗震简化计算方法，通过经验公式确定基床系数比数值模拟和试验更为高效。

国内外不少学者对基床系数的经验公式开展了研究。本章采用的是重庆大学李英民教授提出的基床系数拟合公式。其具体形式如式（4-4）～式（4-7）所示：

地下结构底板法向基床系数：

$$K_{n1} = \frac{2\rho c_s^2 (1+\upsilon)}{a_1 \cdot (B \cdot h)^{b_1}} \tag{4-4}$$

地下结构侧墙法向基床系数：

$$K_{n2} = \frac{2\rho c_s^2 (1+\upsilon)}{a_2 \cdot (H \cdot h)^{b_2}} \tag{4-5}$$

地下结构底板切向基床系数：

$$K_{v1} = \frac{\rho c_s^2}{a_3 \cdot (B \cdot h)^{b_3}} \tag{4-6}$$

地下结构侧墙切向基床系数：

$$K_{v2} = \frac{\rho c_s^2}{a_4 \cdot (B \cdot h)^{b_4}} \tag{4-7}$$

式中 ρ——土体密度（kg/m^3）；

c_s——土体剪切波速（m/s）；

υ——土体泊松比；

B——地下结构横截面宽度（m）；

H——地下结构横截面高度（m）；

h——地下结构底板至基岩面的土层厚度（m）。

其中，a_1、a_2、a_3、a_4；b_1、b_2、b_3、b_4均为拟合系数，李英民的拟合值为：$a_1=1.1$、$a_2=0.36$、$a_3=0.72$、$a_4=0.39$；$b_1=0.45$、$b_2=0.57$、$b_3=0.63$、$b_4=0.57$。

上面公式为单一匀质土层的计算方法，当考虑不同土层的影响时，将公式中的质量密度、土体剪切波速考虑为等效值即可。由地勘报告附件中的地质剖面图可知，项目场地实际土层分布状况非常复杂，工程分析时，通常将其合理简化为水平成层土体。进一步将水平成层的土层参数转化为参数的等效值进行分析。其等效值计算公式如式（4-8）～式（4-10）所示：

设计等效剪切波速：

$$c_{sd} = \frac{\sum_{i=1}^{n} h_i}{\sum_{i=1}^{n} \frac{h_i}{c_{si}}} \tag{4-8}$$

式中　h_i——基岩（可取为剪切波速≥500m/s 的土层）以上第 i 覆盖层的厚度（m）；

c_{si}——第 i 覆盖层土体剪切波速（m/s）；

n——基岩以上的覆盖土层数。

设计等效土体质量密度：

$$\rho_d = \frac{\sum_{i=1}^{n} \rho_i \cdot h_i}{\sum_{i=1}^{n} h_i} \tag{4-9}$$

式中　ρ_i——第 i 覆盖层的质量密度（kg/m^3）。

设计等效泊松比密度：

$$\mu_d = \frac{\sum_{i=1}^{n} \mu_i \cdot h_i}{\sum_{i=1}^{n} h_i} \tag{4-10}$$

式中　μ_i——第 i 覆盖层的泊松比。

3）土层相对位移引起横向水平地震力计算

在前文计算获得土层随深度变化的绝对位移以后，以管廊底部的相对位移为零，求出结构任一深度位置处的结构周围土层相对位移值，土层相对位移值计算公式如式（4-11）所示：

$$u'(z) = u(z) - u(z_B) \tag{4-11}$$

式中　$u'(z)$——深度 z 处相对于结构底部的自由土层相对位移（m）；

$u(z)$——深度 z 处自由土层地震反应绝对位移（m）；

$u(z_B)$——结构底部深度 z_B 处的自由土层地震反应绝对位移（m）。

当求得相对位移以后，可以直接将相对位移施加于有限元软件中土弹簧远离结构的一端，当某些有限元软件将相对位移施加于土弹簧远离结构一端比较困难时，也可将相对位移乘以基床系数转换为施加于结构上的等效荷载进行计算。计算公式如式（4-12）所示：

$$p(z) = K(z) \cdot u'(z) \tag{4-12}$$

式中　$u'(z)$——深度 z 处相对于结构底部的自由土层相对位移（m）；

$K(z)$——深度 z 处自由土层的基床系数（N/m^3）；

$p(z)$——深度 z 处施加于结构上的等效荷载。

至此，由土层强制位移引起对结构的地震作用荷载计算方法已介绍清楚。为保证地震效应计算结果的可靠性，在此需着重强调重视上述计算中三个位置：①地面至地震作用基准面的距离 H 取值准确；②地勘中实际复杂分布的土层合理简化为水平成层土体；③基床系数的合理计算。这三处对地震作用效应影响显著，必须引起重视。

（2）结构惯性力计算

结构惯性力计算可按式（4-13）计算：

$$f_i = m_i \cdot \ddot{u}_i \tag{4-13}$$

式中　f_i——结构 i 单元上作用的惯性力（N）；

m_i——结构 i 单元上的质量（kg）；

$\ddot{u}_i$——地下结构顶底板位置处自由土层发生最大相对位移时刻，自由土层对应于结构 i 单元位置处的加速度（m/s^2）。

强调此处的加速度是自由土层发生最大相对位移时刻的加速度，而非最大加速度。这是考虑地下结构的地震效应以土体的强制位移为主导效应的结果。但工程分析时，不便于确定最大相对位移时刻加速度值，可以最大加速度来简化考虑，结构自身的惯性力以结构物的质量乘以最大加速度来简化计算，得到的集中力可以作用在结构形心上，也可以按照各部位的最大加速度计算结构的水平惯性力并施加在相应的结构部位上。

对于已经进行工程场地地震安全性评价的，得到了最大加速度随深度变化规律的，按照其深度处的最大加速度计算；未做场地地震安全性评价时，也可按地震设防烈度下的基本加速度（地面）进行设防地震验算，或者以罕遇地震下的最大地面加速度进行罕遇地震的计算。其中设防地震基本加速度取值为抗规 GB 50011—2010 表 3.3.2；罕遇地震下最大地面加速度取值可取为抗规 GB 50011—2010 表 5.1.4-1 中罕遇地震水平地震影响系数最大值除以 2.5（动力系数）再乘以重力加速度 g。当考虑场地对加速度的影响时，按照《城市轨道交通结构抗震设计规范》GB 50909—2014 第 5.2.1 条的规定。

（3）土层剪力计算

反应位移法中土层剪力主要是指施加于结构临土面的土层剪力，采用反应谱法计算土层位移，通过土层位移微分确定土层应变，最终通过物理关系计算土层剪力。其顶、底板土层剪力计算公式如式（4-14）所示：

$$\tau = G_{\mathrm{d}} \frac{\partial u(z)}{\partial z} = -\frac{\pi}{4H} G_{\mathrm{d}} u_{\max} \sin \frac{\pi \cdot z}{2H} \tag{4-14}$$

式中 G_{d}——地层动剪切模量（Pa），$G_{\mathrm{d}} = \rho \cdot v^2$；

ρ——土的质量密度（kg/m^3）；

v——土体的剪切波速（m/s）；

z——顶板、底板埋深（m）。

矩形管廊结构侧壁的土层剪力计算公式如式（4-15）所示：

$$\tau_{\mathrm{s}} = 0.5 \times (\tau_{\mathrm{u}} + \tau_{\mathrm{b}}) \tag{4-15}$$

式中 τ_{s}——侧壁处的剪力（kN/m^2）；

τ_{u}——土的质量密度（kN/m^2）；

τ_{b}——土体的剪切波速（kN/m^2）。

4.2.2.4 荷载组合

在计算或合理取用荷载作用之后，结构作用的组合对结构内力计算及配筋计算的结果影响巨大。《城市综合管廊工程技术规范》GB 50838—2015 中并没有给出明确的荷载组合规定，可供参考规范的组合方式也各有差异。对比不同规范发现，现行《地铁设计规范》GB 50157—2013 均采用《建筑结构荷载规范》GB 50009—2012 的组合方式，将荷载效应进行基本组合和准永久组合对结构构件计算或验算。《给水排水工程构筑物结构设计规范》GB 50069—2002 中的组合方式可供参考。《建筑抗震设计规范》GB 50011—2010 中第 5.4 条的结构构件地震作用效应和其他效应的基本组合，可用于管廊截面的抗震验算。对于管廊顶板覆土以上的汽车荷载和行人荷载的活载分项系数及组合系数，可参照《公路桥梁设计通用规范》JTG D60—2015 的组合之规定。

综合考虑，推荐采用荷载规范的组合方式，其总结后的组合方式如表 4-6 所示。

荷载组合表 表 4-6

组合状态	序号	荷载效应组合	永久荷载	可变荷载 $S_{Q_{1k}}$	可变荷载 $S_{Q_{jk}}$	地震作用
承载能力极限状态	1	基本组合	1.2（1.0*）	$1.4\times\gamma_L$	$1.4\times\varphi_{c_i}\times\gamma_L$	
	2	基本组合	1.35（1.0*）	$1.4\times\varphi_{c_i}\times\gamma_L$		
	3	地震效应组合	1.2（1.0*）	1.2×0.5		1.3
正常使用极限状态	4	准永久组合	1.0	φ_{qi}		
	5	标准组合	1.0	1.0	φ_{ci}	
地震变形	6	地震工况组合	1.0	0.5		1.0

注：(1) * 表示永久荷载效应对结构有利时。

(2) φ_{ci} 表示第 i 个可变荷载 Q_i 的组合值系数；φ_{qi} 表示第 i 个可变荷载 Q_i 的准永久值系数。

(3) 按照建筑结构荷载规范，γ_L 为楼面和屋面活荷载考虑设计使用年限的调整系数，50 年时取 1.0，100 年时取 1.1。

提醒考虑，综合前文 4.2.2.1 条中有关于地下水压力的论述，建议将地下水考虑为永久作用，此时，承载能力极限状态主要是永久荷载起控制作用。正常使用极限状态下的变形验算，推荐采用准永久组合。地震作用下的变形验算，推荐采用重力代表值效应与地震作用的标准值组合。故推荐采用组合序号 2、3、4、6 对结构进行分析设计。

进一步指出，参考《公路桥梁设计通用规范》JTG D60—2015 第 4.1.5 条，对于活载年限调整系数 γ_L，可以取为 1.0；由于管廊计算是将汽车荷载作用与结构整体计算，故可参考车道荷载的分项系数为 1.4，与其他荷载的分项系数保持一致。

为使设计更加趋于合理，也可采用不同规范的组合方式进行包络配筋设计。

4.2.3 建模分析与设计

利用有限元对管廊结构进行分析与设计时，其主要有：(1) 模型建立；(2) 分析结果查看；(3) 配筋设计；(4) 裂缝及变形验算。

不同软件都可以进行管廊结构的分析与设计，考虑到反应位移法实现的便利性，以大型商用有限元软件 Midas Gen 进行实例操作，来介绍综合管廊结构分析与设计，其具体的建模分析步骤，参考本章第 4.3 节。

建模分析与设计过程中，为了避免由于软件操作上的错误，同一个项目，可以两个或多个设计人员建模分析。在同样的结构、荷载作用、边界条件情况下，其分析结果应该是一致的，如果不一致，则应该相互核查，找出错误之所在。

4.3 管廊抗震设计案例——苏州预制装配式管廊抗震设计

4.3.1 项目信息

4.3.1.1 地勘信息整理

整理地勘报告可知，本工程抗震设防烈度为 7 度，设计基本地震加速度值为 0.10g，地震加速度反应谱特征周期采用 0.35s。设计地震分组为第一组。本工程场地土的等效剪切波速在 151.9～170.4m/s（计算深度 20m），覆盖层厚度大于 50m，建筑场地类别为Ⅲ类，场地土类型为中软土。

由于本工程场地土的等效剪切波速大于 90m/s，故可不考虑软土震陷的影响。拟建场地可不考虑液化影响。

本站抗震设防类别为重点设防类，抗震措施按照本地区抗震设防烈度提高一度的要求确定，按照抗震等级二级采取抗震措施。

场地历年最高水位标高为 2.68m，为管廊区段新修道路路面以上 1.9m。给定抗浮设计水位为道路路面以下 0.5m。

拟建项目综合管廊中的节点投料口工程，其桩号范围为 K2＋204.29～K2＋223.26，全长 18.97m，通过查找地勘附图的纸质剖面图，得到本投料口土层分布信息如表 4-7 所示。

地下土层物理力学性质　　表 4-7

编号	土层名称	深度（m）	剪切波速 v（m/s）	质量密度 ρ（kg/m^3）	泊松比 μ
1	素填土	0～2.5	120	1840	0.35
2	黏土	2.5～5.7	159	1950	0.31
3	粉质黏土	5.7～7.4	165	1900	0.33
4	粉土夹粉质黏土	7.4～15.2	174	1840	0.28
5	粉质黏土	15.2～17.3	198	1860	0.36
6	黏土	17.3～25.8	235	1960	0.29
7	粉质黏土	25.8～34	303	1910	0.35
8	粉质黏土	34～40	374	1860	0.35
9	粉质黏土夹粉土	40～53	418	1850	0.29
10	粉质黏土	53～70	485	1920	0.35
11	基岩	＞70	550	1940	0.36

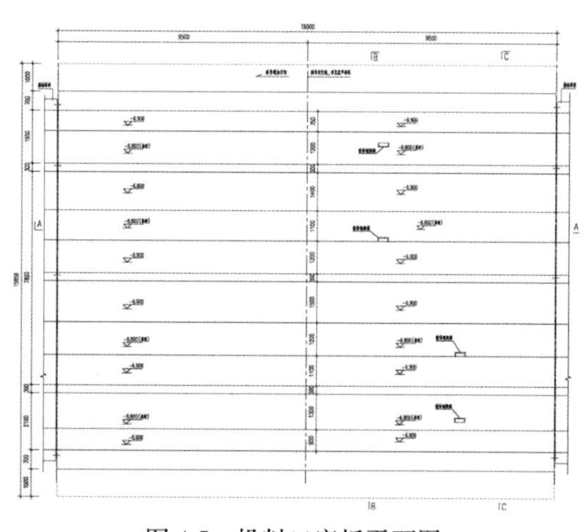
图 4-5　投料口底板平面图

通过查询地质剖面图，本投料口工程的持力层在第 4 层，其地基承载力为 140kPa。

4.3.1.2　项目信息概况

本综合管廊投料口工程为四舱室，上下两层，其具体布置如图 4-5～图 4-10 所示。

上述图中标注的长度单位是 mm，标高单位为 m。本工程选用 C35 防水混凝土，其底板厚度为 750mm，中板厚度为 500mm，顶板厚度为 300mm。

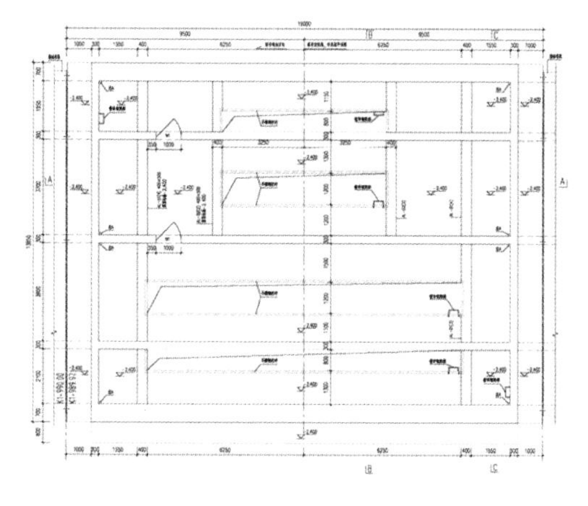

图 4-6　投料口中板平面图

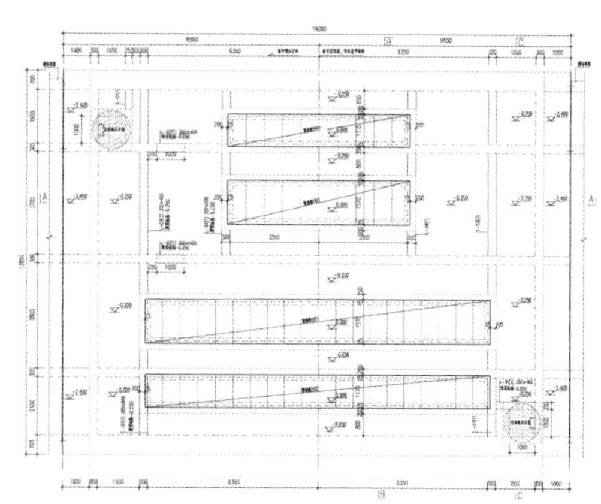

图 4-7　投料口顶板平面图

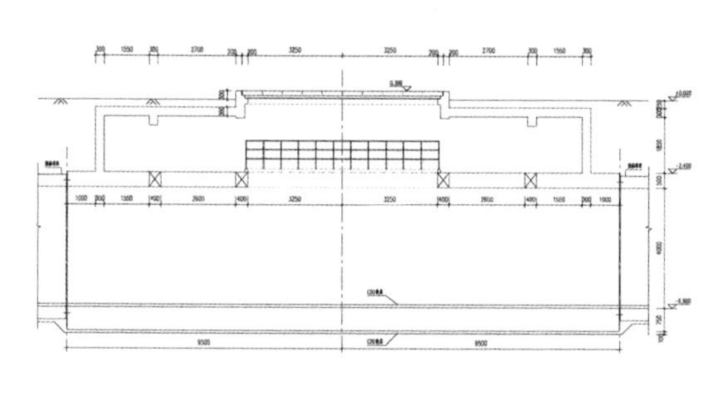

图 4-8　A-A 剖面图

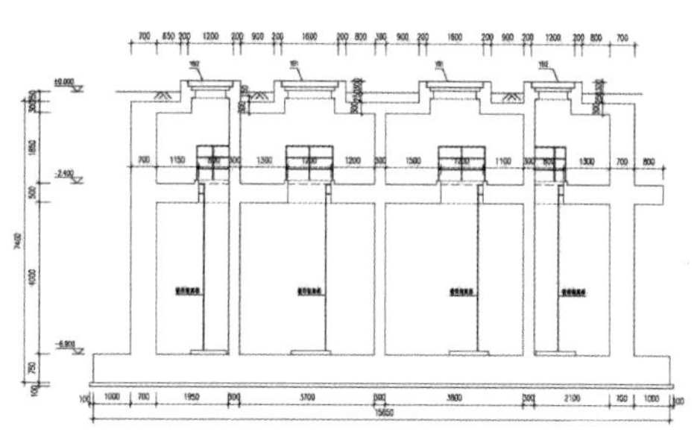

图 4-9　B-B 剖面图

4.3.2　模型建立

反应位移法常用于将管廊区间段简化为闭合框架时的横向水平地震计算，当以三维模型计算时，也具有适用性。将投料口结构布置中墙、板、梁的中心线考虑为计算简图的中轴心，得到的计算简图如图 4-11～图 4-13 所示。

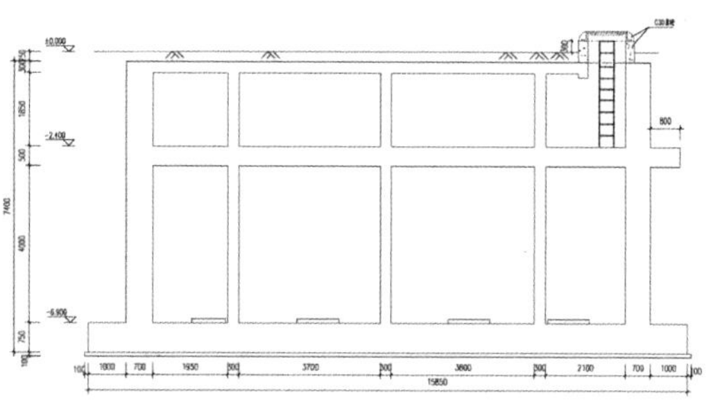

图 4-10　C-C 剖面图

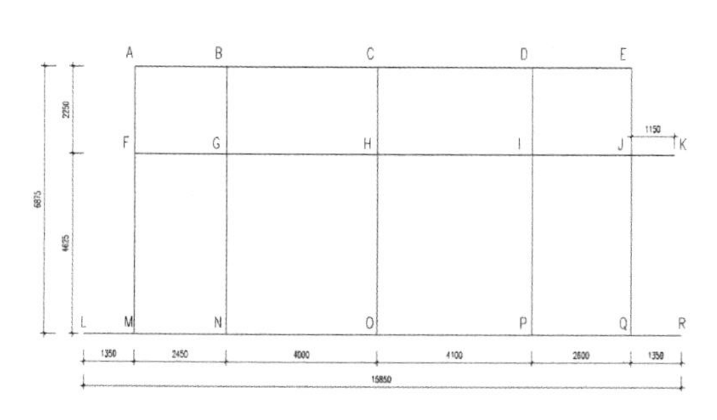

图 4-11　投料口横断面计算简图

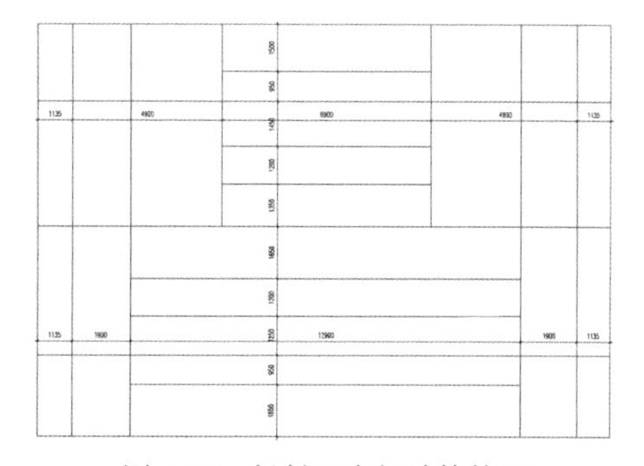

图 4-12　投料口中板计算简图

采用 Midas Gen 建立有限元模型时，建模的正确与否对计算结果的准确性影响很大。本书以投料口实例来详细阐述 Midas Gen 的模型建立、分析结果查看和配筋设计的详细细节。当然此处步骤归纳是以经验为依据，设计者在设计时可以作为参考。

4.3.2.1　模型建立

第一步：设置结构类型

由于本投料是三维建模，故应该将结构类型设置为“3D”（图 4-14），涉及结构惯性力计算的动力分析时，应将自重转化为质量。设置好建模的单位系。

第二步：定义特性（材料和截面（板厚））

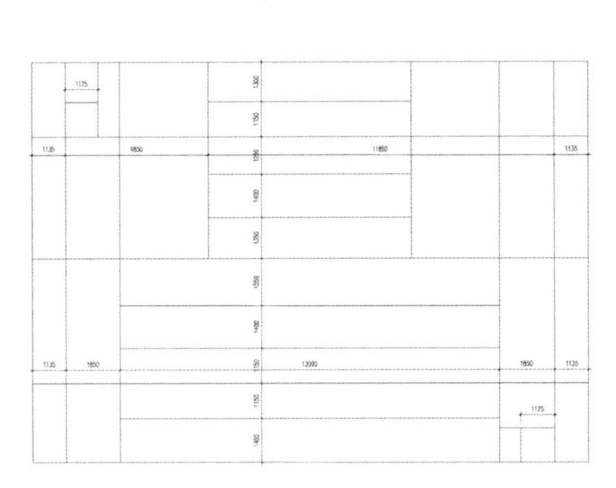

图 4-13　投料口顶板计算简图

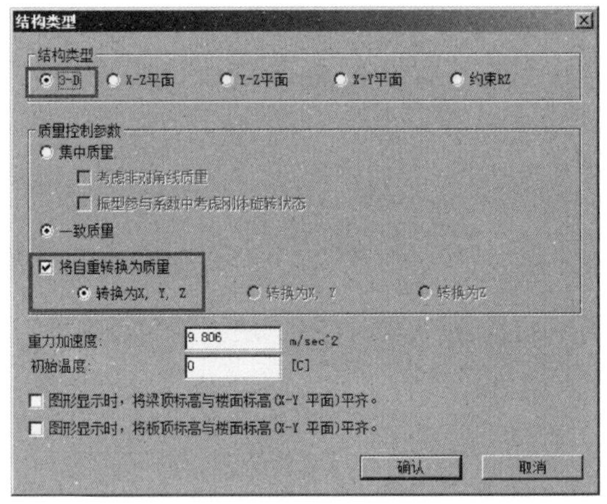

图 4-14　设置结构类型

结构布置好以后，在特性菜单栏中，定义好模型的材料、截面和板厚特性。由于在建立模型的时候，将使用辅助梁，在定义截面的时候，将额外定义一种辅助梁截面，辅助梁截面尺寸可以选为 100mm×100mm（图 4-15）。

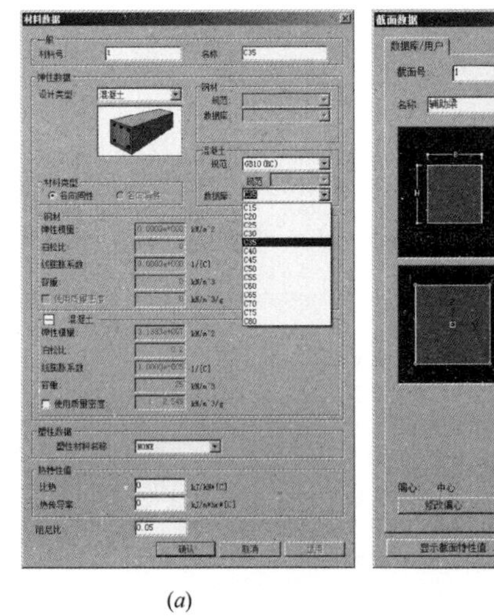

(*a*)

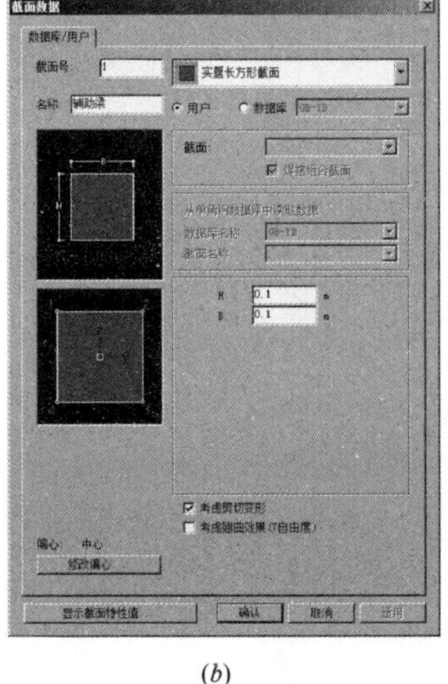

(*b*)

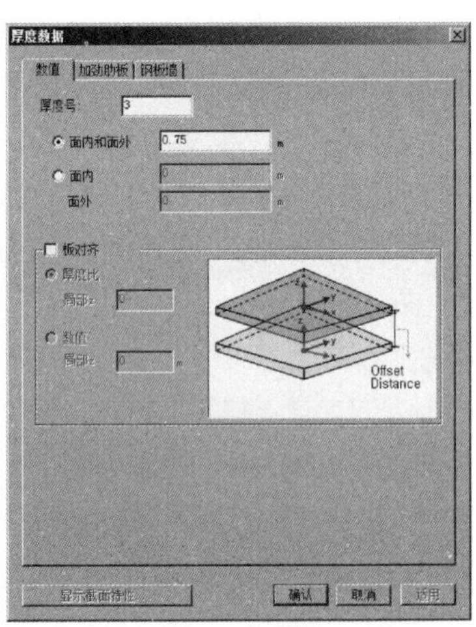

(*c*)

图 4-15　定义材料、截面和板厚特性

(*a*) 定义材料；(*b*) 定义截面；(*c*) 定义板厚

第三步：建立节点和单元

按照计算简图中各节点的相对位置关系，建立节点和单元。为加快建模速度，可充分利用复制节点或复制单元等功能。为避免建立单元时频繁切换截面特性，可以先全部使用辅助梁截面建立单元。

第四步：用辅助梁勾画出三维轮廓

Midas Gen 建立板单元有多种方式，推荐利用程序的自动网格划分功能，采用节点或线单元的方法生成板单元。此时可利用辅助梁单元勾画出所需生成板单元的区域，然后即可依次生成对应的板单元（图 4-16）。

第五步：自动划分网格（边划分边定义结构组）（0.2～0.5m）

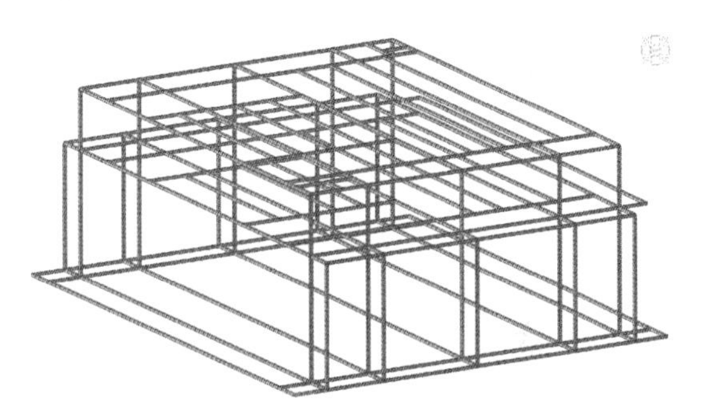

图 4-16　辅助梁勾画出管廊三维轮廓

Midas Gen 的自动划分网格功能在板单元生成的过程中非常便利，通过对不同操作面的激活和消隐功能，对各个板单元区域进行自动网格划分。自动网格划分的方法可采用选择节点方法或选择线单元方法。推荐在自动网格划分时，边生成板单元区域边定义相应的结构组，对每个结构组重命名以便于区分。定义结构组对建模的效率提升有极大帮助，在后续配筋设计中，也方便快速选定不同板单元区域进行配筋设计。网格划分的尺寸越小，模型计算结果越精确，但是网格细分到一定程度时，再加密网格，对计算结果影响不是很大，反而增加了软件的计算负担，对计算机硬件参数要求更高。总体原则是在结构内力变化显著的节点、洞口等位置可以适当加密网格划分，而在普通区域采用常规尺寸即可。建议网格尺寸在 0.2～0.5m 之间，一般选用为 0.3m 即可（图 4-17）。

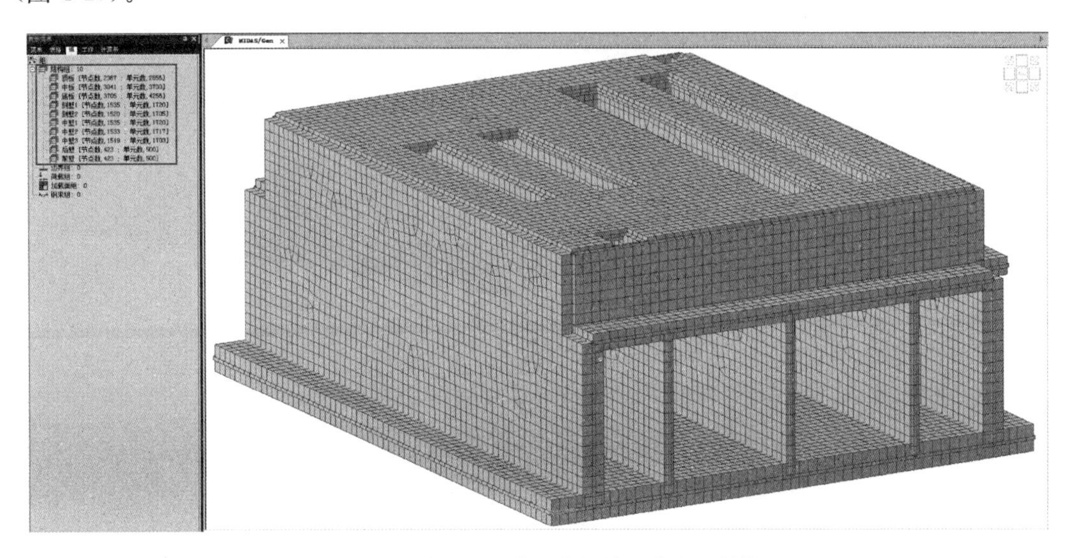

图 4-17　自动网格划分生成板单元并定义结构组

第六步：辅助梁替换成实际梁截面

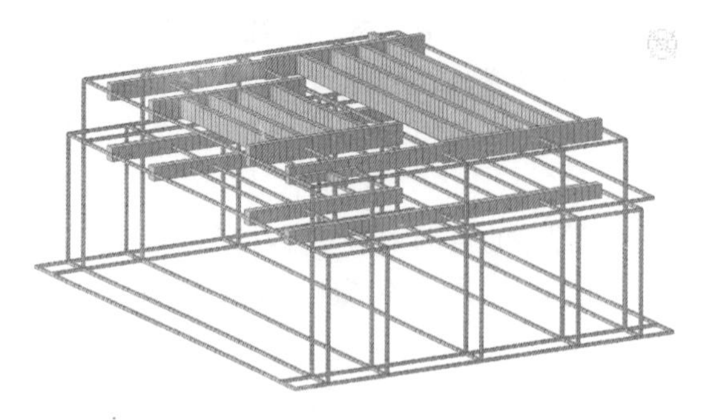

图 4-18　将辅助梁替换成实际梁截面

自动网格划分完毕后，辅助梁的意义不复存在，仅激活全部的梁单元，选中需要布置梁、柱的辅助梁单元，利用 Midas Gen 的拖放功能，将这些辅助梁替换成所需的已定义的梁或柱截面。至此，项目工程的结构布置工作已经完成，点击工作树的“截面”中的辅助梁截面以全选剩余的辅助梁，在“删除单元”对话框中予以删除。当模型中有一些梁或柱没有被自动网格划分而细分为多个单元时，需人工细分这些梁或柱单元（图 4-18）。

第七步：重复单元和检查局部坐标轴（统一侧壁正方向）

建模过程中，可能因操作问题产生一些重复的单元或多余的自由节点，可能干扰后续操作。为此，可以检查结构重复单元，如有则应删除，全选模型，删除自由节点。

检查板单元局部坐标轴（图 4-19），可以使板单元的单元坐标轴法线方向按照设计人员的要求进行指定。后续施加边界及荷载时，常是按照板单元指定的法线方向进行施加，有利于提高建模效率。为了使有限元计算的整体刚度矩阵的带宽减小，可以紧凑单元节点编号。

图 4-19　检查板单元局部坐标轴

第八步：施加边界

当以反应位移法计算地下结构的地震作用时，结构的边界条件对计算结果的影响非常大，故设计者应该引起重视。针对表 4-7 中的地下各土层的物理力学性质，按照前文公式（4-8）～（4-10）等效计算方法，将其等效计算为一个土层的参数。具体计算如下所示。

设计剪切波速：

$$c_{sd}=\frac{\sum_{i=1}^{n}h_i}{\sum_{i=1}^{n}\frac{h_i}{c_{si}}}=278(\text{m/s})$$

设计密度：

$$\rho_d=\frac{\sum_{i=1}^{n}\rho_i\cdot h_i}{\sum_{i=1}^{n}h_i}=1893(\text{kg}\cdot\text{m}^{-3})$$

设计泊松比：

$$\mu_d=\frac{\sum_{i=1}^{n}\mu_i\cdot h_i}{\sum_{i=1}^{n}h_i}=0.32$$

得到等效单一土层的参数后按照前文公式（4-4）～（4-7）计算底板和侧壁的法向和切向基床系数。

投料口底板法向基床系数：

$$K_{n1}=\frac{2\rho c_s^2(1+\upsilon)}{a_1\cdot(B\cdot h)^{b_1}}=\frac{2\times1893\times278^2\times(1+0.32)}{1.1\times(15.85\times62.35)^{0.45}}=15767(\text{kN/m}^3)$$

投料口侧墙法向基床系数：

$$K_{n2}=\frac{2\rho c_s^2(1+\upsilon)}{a_2\cdot(H\cdot h)^{b_2}}=\frac{2\times1893\times278^2\times(1+0.32)}{0.36\times(7.4\times62.35)^{0.57}}=32510(\text{kN/m}^3)$$

投料口底板切向基床系数：

$$K_{v1}=\frac{\rho c_s^2}{a_3\cdot(B\cdot h)^{b_3}}=\frac{1893\times278^2}{0.72\times(15.85\times62.35)^{0.63}}=2640(\text{kN/m}^3)$$

投料口侧墙切向基床系数：

$$K_{v2}=\frac{\rho c_s^2}{a_4\cdot(B\cdot h)^{b_4}}=\frac{1893\times278^2}{0.39\times(15.85\times62.35)^{0.57}}=7364(\text{kN/m}^3)$$

Midas Gen 将土体约束模拟为面弹性支撑。其中侧壁的面弹性支撑可转化为弹性连接，考虑弹性连接的只受压特性，将反应位移法的土体强制位移施加于弹簧的远离结构端。对于底板，可以将面弹性支撑转化为节点弹性连接。对于弹簧远端的节点，为了后续方便施加强制位移，也可以定义为一个或多个结构组（图 4-20）。

第九步：施加荷载（一是防止加重或漏加，二是注意单位系）

荷载转化成质量据前文所述，静力荷载计算时，土压力系数考虑为静止土压力系数，取为 0.5。地下水作用考虑为永久作用，管廊承载能力计算的控制工况取最高水位工况，历年最高水位为设计路面标高以上 1.9m。管廊的抗浮水位为设计路面标高以下 0.5m。综合管廊位于道路一侧的绿化带下面，可不考虑车辆荷载影响。土容重取 18.93kN/m^3，有效容重取 10kN/m^3。对抗浮有利时，土容重取 18kN/m^3，有效容重取 8kN/m^3。取为植

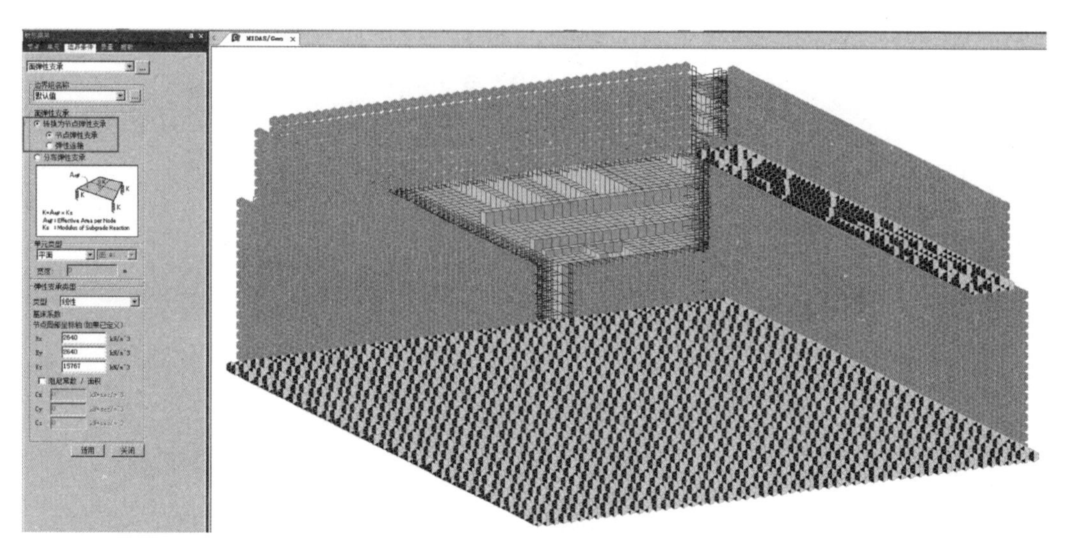

图 4-20 施加结构边界条件

被重取 10kN/m²。

（1）最高水位静力荷载计算

1）永久荷载作用

① 恒载 1

结构自重荷载 G_{g1}：模型计算

中板管线自重 G_{g2}：5（kN/m²）

顶板植被自重 G_{g3}：10（kN/m²）

② 土压力

顶板土压力 $G_{g4}=0.25\times10=2.5(\text{kN/m}^2)$

侧壁顶土压力 $G_{g5}=(0.25+0.3)\times10\times0.5=2.75(\text{kN/m}^2)$

侧壁底土压力 $G_{g6}=(0.25+7.4)\times10\times0.5=38.25(\text{kN/m}^2)$

二层前、后壁顶土压力 $G_{g7}=G_{g5}=2.75(\text{kN/m}^2)$

二层前、后壁底土压力 $G_{g8}=(0.25+0.3+1.85)\times10\times0.5=12(\text{kN/m}^2)$

中板外挑处的土压力 $G_{g9}=(0.25+0.3+1.85)\times10=24(\text{kN/m}^2)$

底板左侧外挑处的土压力 $G_{g10}=(0.25+7.4-0.75)\times10=69(\text{kN/m}^2)$

底板右侧外挑处的土压力 $G_{g11}=4\times10=40(\text{kN/m}^2)$

③ 水压力

顶板水压力 $G_{g12}=(0.25+1.9)\times10=21.5(\text{kN/m}^2)$

侧壁顶水压力 $G_{g13}=G_{K10}=21.5(\text{kN/m}^2)$

侧壁底水压力 $G_{g14}=(0.25+1.9+7.4)\times10=95.5(\text{kN/m}^2)$

二层前、后壁顶水压力 $G_{g15}=G_{g13}=21.5(\text{kN/m}^2)$

二层前、后壁底土压力 $G_{g16}=(0.25+0.3+1.85+1.9)\times10=43(\text{kN/m}^2)$

中板外挑处的水压力 $G_{g17}=G_{g16}=43(\text{kN/m}^2)$

底板左侧外挑处的水压力 $G_{g18}=(7.4+0.25+1.9-0.75)\times10=88(\text{kN/m}^2)$

底板右侧外挑处的土压力 $G_{g19}=4\times10=40(kN/m^2)$

中板外挑处的水浮力 $G_{g20}=(0.25+0.3+1.85+1.9+0.5)\times10=48(kN/m^2)$

底板底水浮力 $G_{g21}=G_{g14}=95.5(kN/m^2)$

2）可变荷载作用

顶板堆载 Q_{k1}：$5(kN/m^2)$

中板活载 Q_{k2}：$2(kN/m^2)$

底板活载 Q_{k3}：$2(kN/m^2)$

（2）抗浮水位静力荷载计算

1）恒载 2

结构自重荷载 G_{g22}：模型计算

2）土压力

顶板土压力 $G_{g23}=0.25\times18=4.5(kN/m^2)$

中板外挑处的土压力 $G_{g24}=0.5\times18+(0.25+0.3+1.85-0.5)\times8=24.2(kN/m^2)$

底板左侧外挑处的土压力 $G_{g25}=0.5\times18+(0.25+7.4-0.75)\times8=64.2(kN/m^2)$

底板右侧外挑处的土压力 $G_{g26}=4\times8=32(kN/m^2)$

3）水压力

顶板水压力 $G_{g27}=0(kN/m^2)$

中板外挑处的水压力 $G_{g28}=(0.25+0.3+1.85-0.5)\times10=19(kN/m^2)$

底板左侧外挑处的水压力 $G_{g29}=(7.4-0.25-0.75)\times10=64(kN/m^2)$

底板右侧外挑处的土压力 $G_{g30}=4\times10=40(kN/m^2)$

中板外挑处的水浮力 $G_{g31}=(0.25+0.3+1.85-0.5+0.5)\times10=24(kN/m^2)$

底板底水浮力 $G_{g32}=(7.4-0.25)\times10=71.5(kN/m^2)$

（3）地震荷载计算

1）弹簧支座点位移计算

在 E2 地震作用下，设计基本加速度为 $0.1g$，考虑Ⅲ类场地影响时，地震动峰值加速度为 $a_{max}=0.1\times1.25=0.125g$，地震动峰值位移 $u_{max}=0.07\times1.2=0.084m$。埋深 70m，$H=70m$。根据本章 4.2.2.3 第 3 点的论述，按照公式（4-1）考虑不同深度位置处弹簧远端节点的水平横向强制位移，注意此处的位移是结构底部的参考点的相对位移。其在模型中的方式是利用 Midas Gen 与 Excel 的联动功能进行施加。

2）结构惯性力计算

Midas Gen 对于惯性力的施加较为方便，可以直接通过节点体力的方式施加。本章示例中，以地震动的峰值位移代替了本章 4.2.2.3 节第 3 小节公式 4-13 中最大位移时刻的加速。

3）土层剪力计算

依据本章 4.2.2.3 第 3 点公式（4-14）和公式（4-15）对管廊结构顶、底板及侧壁的土层剪力进行计算。由本章 4.3.1.1 表 4-7 可知，综合管廊顶板处的剪切波速 $v=120m/s$，底板处的剪切波速 $v=174m/s$。

顶板处埋深 $Z=0.25m$，底板处埋深 $Z=7.65m$，将上述数值分别带入公式（4-14）和公式（4-15）中，算出顶板处的土层剪力为 $\tau_{顶}=1.4\ kN/m^2$，底板处的土层剪力为 $\tau_{底}=89.7\ kN/m^2$，侧墙处的土层剪力为 $\tau_{侧}=46.3\ kN/m^2$。

（4）模型中荷载施加

静力荷载和地震荷载值计算完毕后，便可以在模型中予以施加各个荷载。施加荷载时，首先应该定义好静力荷载工况，本例题的荷载工况定义如图 4-21 所示。

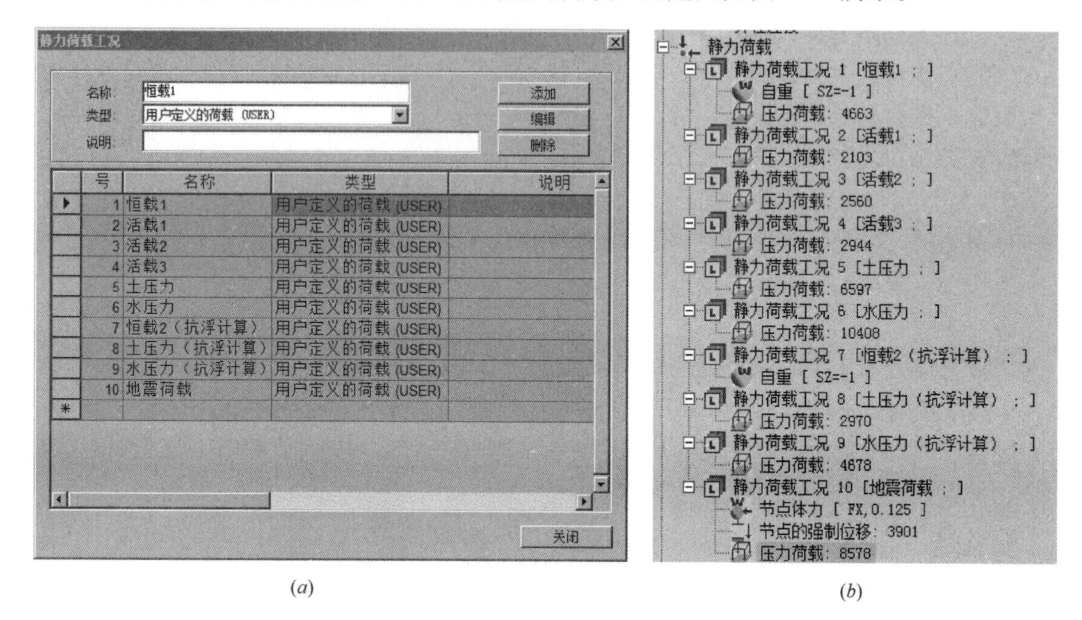

(*a*)　　　　(*b*)

图 4-21　施加静力荷载

（*a*）定义静力荷载工况；（*b*）施加静力荷载

施加上述计算好的静力荷载时，荷载的种类比较多，设计人员施加荷载时应该仔细核查，确保每个施加的荷载对应目标的荷载工况。利用定义好的结构组准确选择要施加荷载的板单元，有助于加快建模速度。

施加地震强制位移时，激活需要施加强制位移的节点，调出节点详细表格，复制到 Excel 表中，利用公式（4-1）计算所有节点的水平横向位移，进一步算出每个节点相对于结构底部节点的相对位移。然后，任意添加一个节点的强制位移，调出强制位移表格，将需施加位移的节点的编号和相应的强制位移替换到此强制位移表格之中，即完成地震强制位移的施加。

第十步：荷载组合及使用荷载组合

按照本章 4.2.2.4 的荷载组合方法，给出如下的荷载组合表格（表 4-8）。

地震反应计算方法　　**表 4-8**

名称	恒载 1	土压力	水压力	活载 1	活载 2	活载 3	X 向地震荷载	恒载 2（抗浮计算）	土压力（抗浮计算）	水压力（抗浮计算）
1	1.35	1.35	1.35	0.98	0.98	0.98	—	—	—	—
2	1.2	1.2	1.2	0.6	0.6	0.6	1.3	—	—	—
3	1.2	1.2	1.2	0.6	0.6	0.6	−1.3	—	—	—
准永久	1	1	1	0.5	0.5	0.5	—	—	—	—
地震变形	1	1	1	0.5	0.5	0.5	1	—	—	—
抗浮	—	—	—	—	—	—	—	1	1	1.05

定义好荷载组合以后，考虑到土体的只受压特性，将上述定义好的荷载组合生成荷载工况，让多种荷载在新生成的单个工况之中同时参与结构计算，然后对这些用荷载组合生成的新工况对结构进行包络设计（图 4-22），这样分析更加符合实际情况。实现这一步可以利用程序中的使用荷载组合功能。

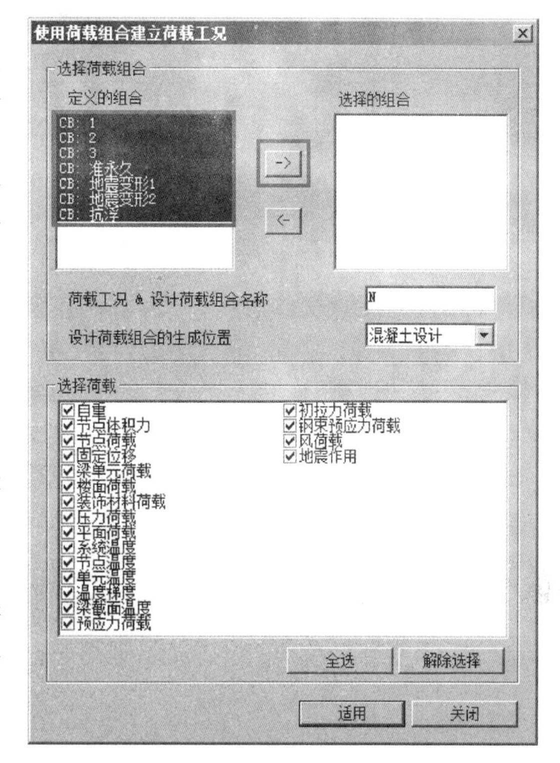

图 4-22　使用荷载组合建立荷载工况

4.3.2.2　分析结果查看

第一步：运行分析

运行分析的时间与结构本身的复杂程度和单元划分粗细有关。当持久不能给出结果或者给出的结果数据明显不合理，则可能是在建模过程出现错误，常见的错误之一是边界条件没有准确施加，此时应返回前处理阶段进行模型检查。

第二步：定义包络组合（图 4-23），改准永久为标准组合

当使用荷载组合生成荷载工况之后，在“荷载组合”的“一般”对话框中，定义的组合默认变成钝化状态，后续查看结果和配筋设计中将不被利用。但是在“混凝土设计”对话框中，重新生成有单一工况的组合，如图 4-24 所示。

在 Midas Gen 的组合中，组合名称后括号内为“ST”代表静力荷载工况，静力荷载工况可以直接定义，也可以由一般荷载组合生成；组合名称后括号内为“CB”代表一般荷载组合；组合名称后括号内为“CBC”代表混凝土设计选项荷载组合；组合名称后括号内为“CBS”代表钢结构设计选项荷载组合。

第三步：查看反力

在承载能力包络组合工况下，查看土压力结果，如图 4-25 所示。

对于土压力的计算结果，在最高水位时，土压力的值不一定有最大值，设计者可以补充常水位和低水位时的土压力计算结果，与此处最高水位计算结果对比，以获得最不利的土压力值。由此处计算结果可知，地基土压力最大值为 62kPa，小于持力土层的 140kPa，地基土不用额外做加强处理。

抗浮工况下，土压力的计算结果如图 4-26 所示。

抗浮工况下，仅少量土压力为正值，整个结构底面土压力与面积的乘积之和为负值，土体抗浮能满足要求。

第四步：查看位移

将坐标系中的 m 改成 mm，查看在地震变形组合和准永久工况下的结构板单元位移值如图 4-27、图 4-28 所示。

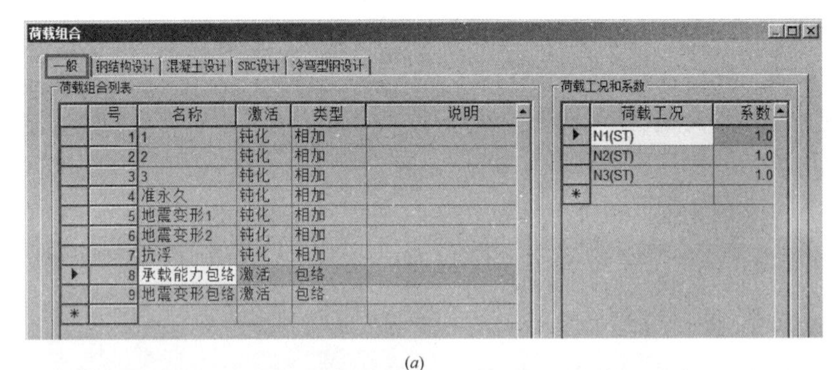

(*a*)

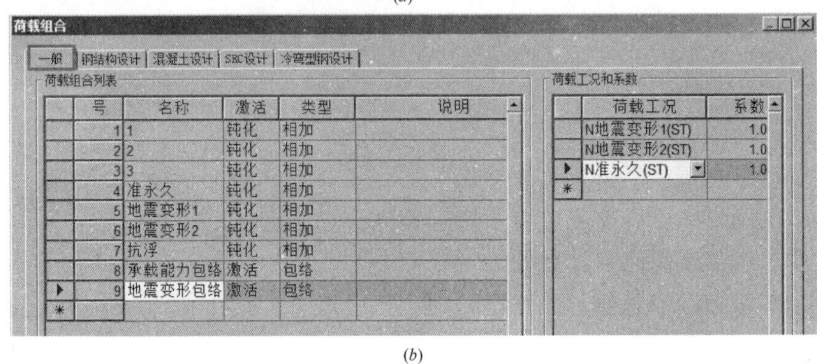

(*b*)

图 4-23　定义包络组合

（*a*）承载能力计算包络组合；（*b*）地震变形包络组合

荷载组合

一般 | 钢结构设计 | 混凝土设计 | SRC设计 | 冷弯型钢设计

荷载组合列表

号	名称	激活	类型	说明
1	N1	基本	相加	
2	N2	基本	相加	
3	N3	基本	相加	
4	N准永久	基本	相加	
5	N地震变形1	基本	相加	
6	N地震变形2	基本	相加	
7	N抗浮	基本	相加	

荷载工况和系数

荷载工况	系数
N抗浮(ST)	1.0

图 4-24　“混凝土设计”选项中单一工况的组合

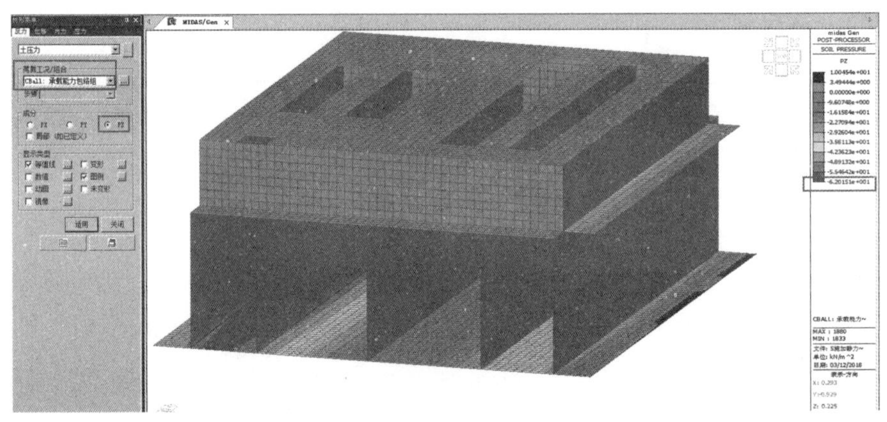

图 4-25　承载能力工况土压力计算结果

注：土压力：承载能力包络工况——地基承载力；抗浮工况——抗浮是否满足。

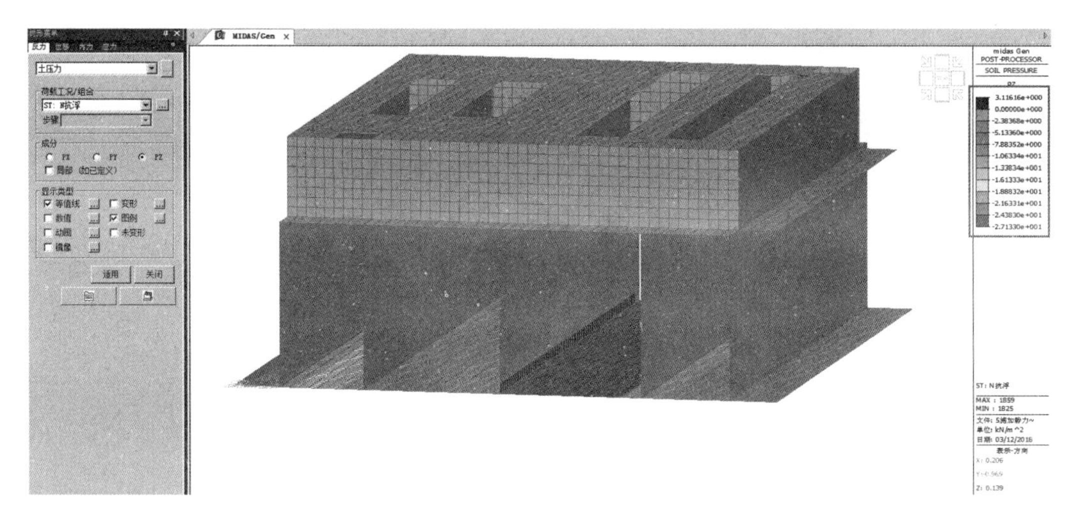

图 4-26　抗浮工况土压力计算结果

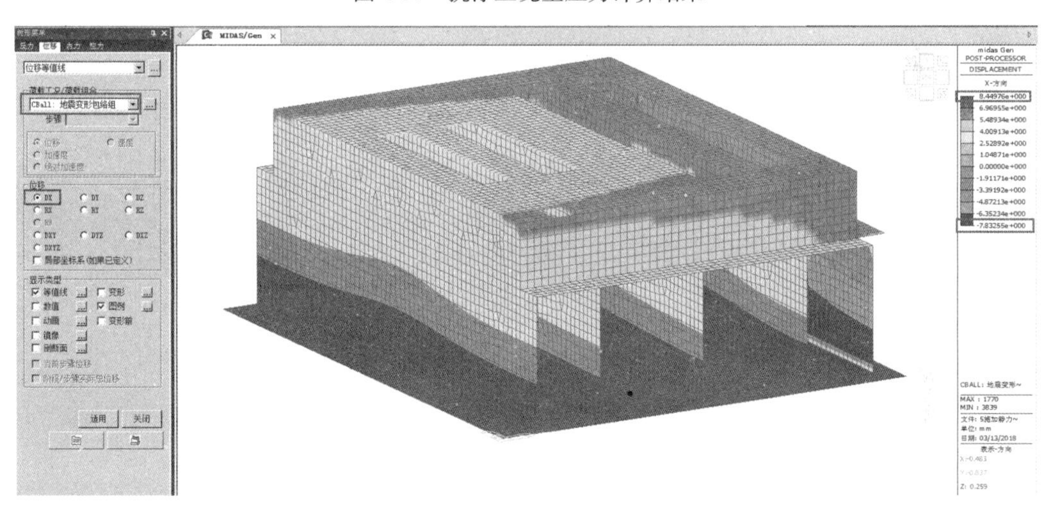

图 4-27　地震水平向变形包络图（1）

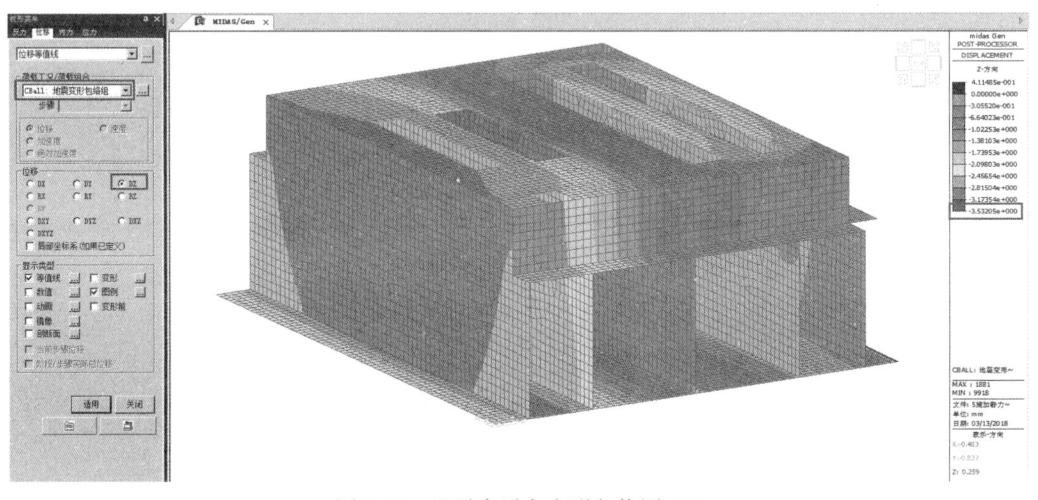

图 4-28　地震水平向变形包络图（2）

包络组合中“CBall”输出的是绝对值最大对应的结果，“CBmax”代表最大结果，“CBmin”代表最小结果。设计者可以分别激活底板、中板和顶板，查看“CBmax”（或“CBmax”）的包络结果 X 轴正（或负）向的层位移，进一步算出弹性层间位移，与规范规定的弹性层间位移相比较。本案例底板和中板的最大弹性层间位移为 5mm，中板和顶板最大弹性层间位移为 2mm。均满足最大弹性层间位移角 1/550 的要求。

第五步：查看内力（一是板局部坐标轴统一，二是节点平均）

可以分别查看梁单元和板单元的内力图，梁单元的内力图如图 4-29、图 4-30 所示。

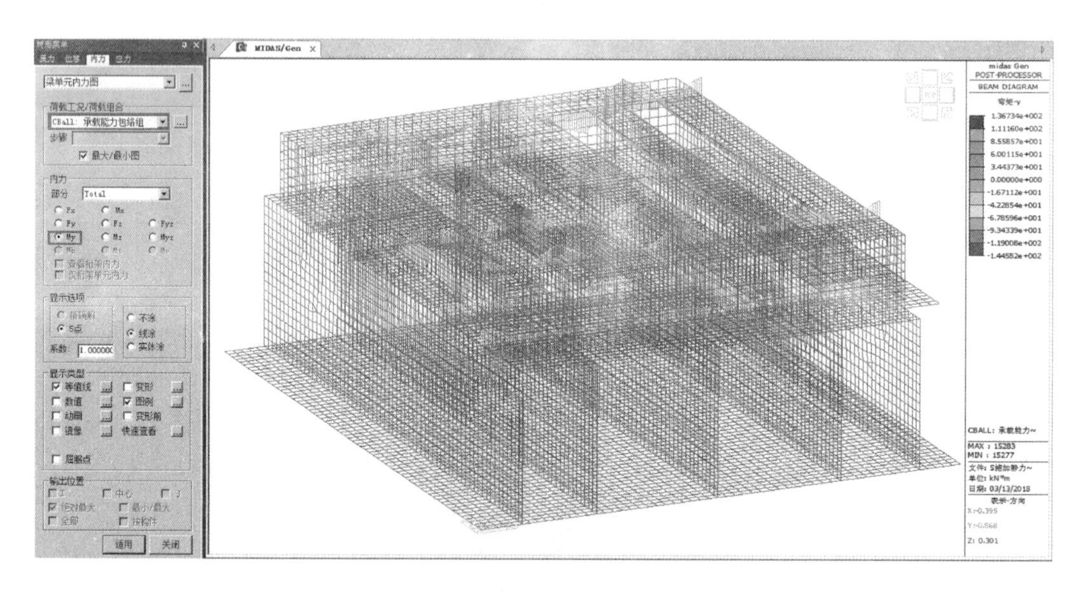

图 4-29　梁单元 My 弯矩图

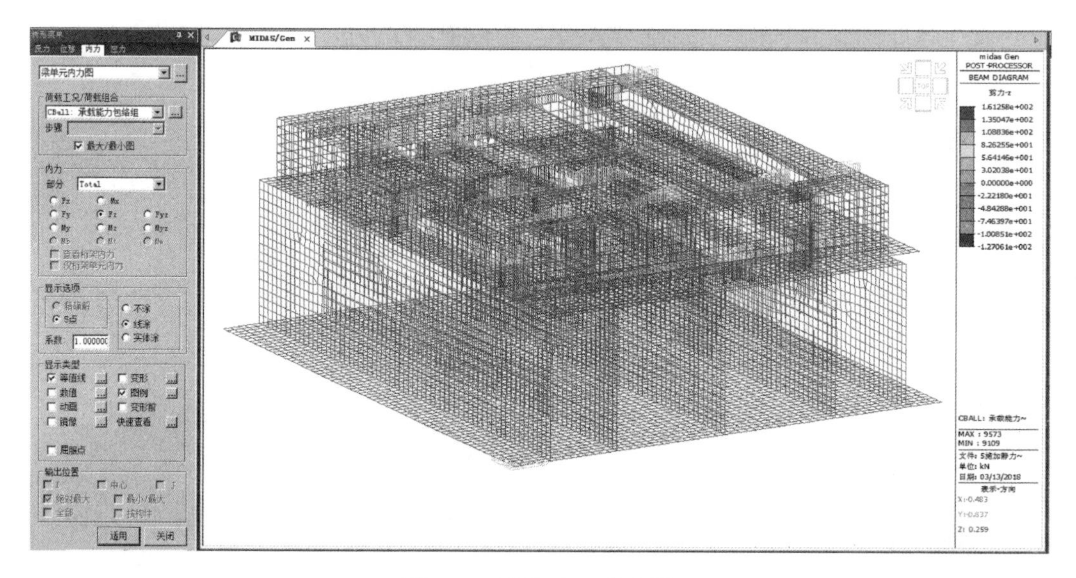

图 4-30　梁单元 Fz 剪力图

由梁单元的内力（弯矩、轴力、剪力）结果，可以直接对每片梁进行配筋设计。

查看板内力时，每一个板区域中可能存在各个子单元的局部坐标轴不一致的情况，需先将板单元局部坐标轴统一。其内力结果如图 4-31、图 4-32 所示。

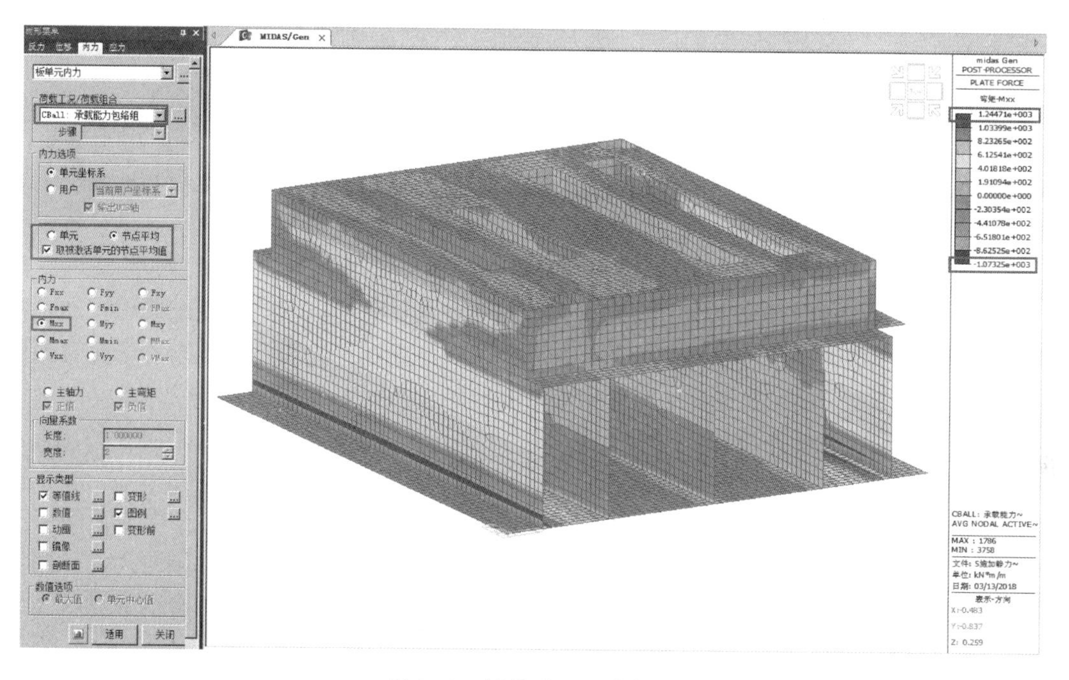

图 4-31　板单元 Mxx 弯矩图

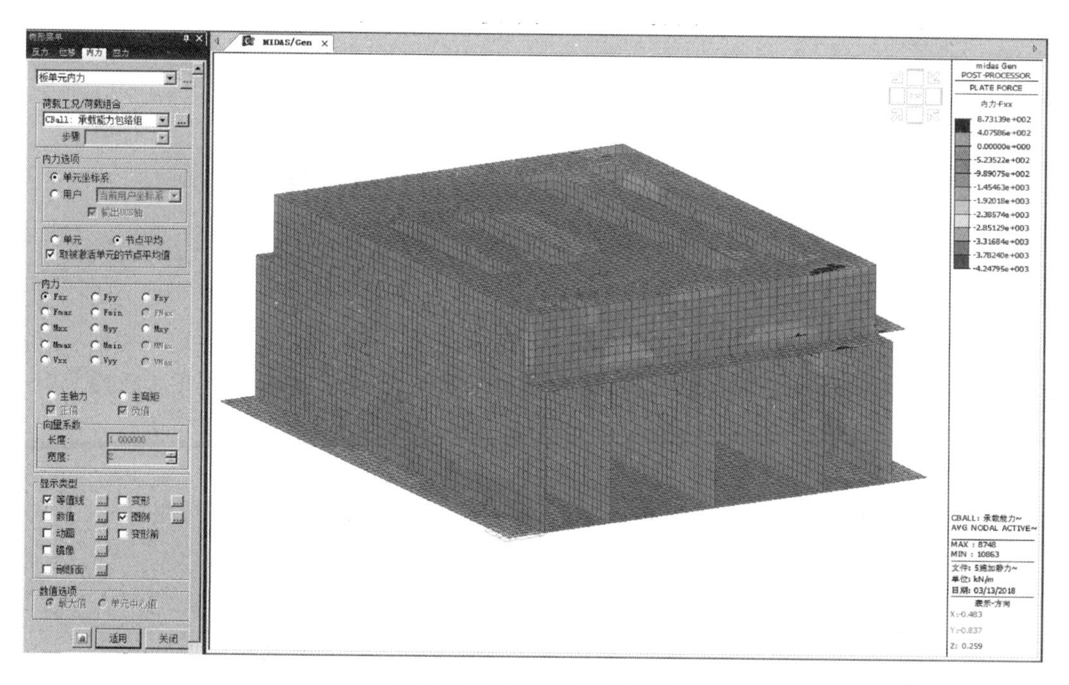

图 4-32　板单元 Fxx 轴力图

Midas Gen 板单元弯矩和轴力符号及其对应的方向，帮助文档中有命名规则的介绍。总体原则是：对板单元 x 方向正截面配筋设计时，利用 M_{xx} 和 F_{xx} 的内力结果；同理，y 方向正截面配筋设计时，利用 M_{yy} 和 F_{yy} 的内力结果。由于板不配置箍筋，其斜截面抗剪由混凝土的抗剪能力承担。查看板单元结果时，建议勾选节点平均选项，与实际情况更加相符。

第六步：查看应力

对混凝土结构设计时，一般直接采用内力结果进行配筋设计，直接采用应力结果不多。可以查看管廊墙板节点部位或洞口部位的应力骤变情况，以加强局部构造措施。

4.3.2.3 Midas Gen 配筋设计功能

对于结构的配筋设计，可以直接利用内力结果，对结构进行承载能力配筋设计和正常使用极限状态的裂缝及挠度验算。同时，Midas Gen 也提供了配筋设计功能。下面对利用 Midas Gen 对管廊结构配筋设计的步骤做简要介绍。

第一步：梁、柱配筋设计

（1）完善混凝土设计用的荷载组合

混凝土设计用的组合后面括号中符号为“CBC”，在前面使用荷载组合生成荷载工况时，程序默认生成了混凝土设计用的荷载组合。设计者需要对默认生成的混凝土设计用组合进行增减或修改，使其全部为混凝土结构设计所需的组合。将准永久组合的类型改为标准（图 4-33）。

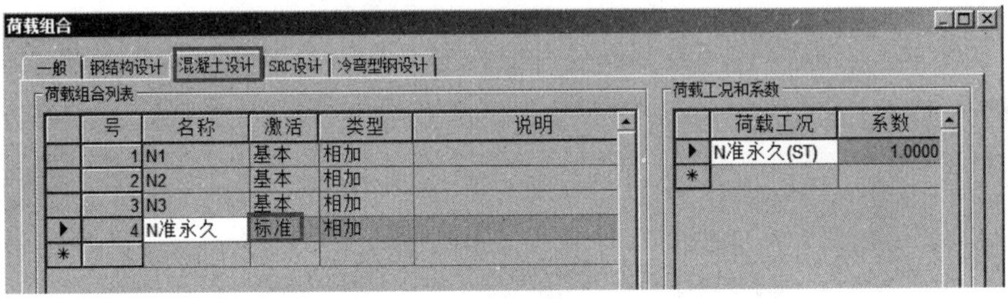

图 4-33　定义混凝土设计用组合

（2）定义一般设计参数

在此步中，定义好结构设计的一般信息。包括定义结构的控制参数、定义构件、定义抗震等级等。本例题选用结构类型为剪力墙结构，采用软件默认的指定构件，抗震等级采用二级。注意，定义抗震等级的时候，可以选定不同的构件定义不同的抗震等级。

（3）选择设计规范

在“RC 设计”的设计规范选项中，选择设计依靠的规范《混凝土结构设计规范》GB 50010—2010，结构安全等级为一级，并选定梁端弯矩调幅系数。

（4）定义设计钢筋级别

在“RC 设计”的混凝土材料选项中，设定混凝土强度等级，主筋和箍筋的等级。本例题选择混凝土等级为 C35，钢筋级别为 HRB400。

（5）定义钢筋直径及保护层

在“RC设计”的定义设计用钢筋直径选项中，设定梁、柱等构件的钢筋直径选用区间，保护层厚度等信息（图 4-34）。

（6）梁、柱配筋设计及结果查看

根据项目特点，可以对“RC设计”选项中其他设计信息进行定义。本投料口中没有柱构件，仅需对梁构件进行配筋。执行混凝土构件设计选项的梁设计，设计完成后，给出梁配筋的结果。本投料口梁构件截面种类较少，相同截面的梁软件给出了一个配筋结果（图 4-35），设计者可以借鉴使用。

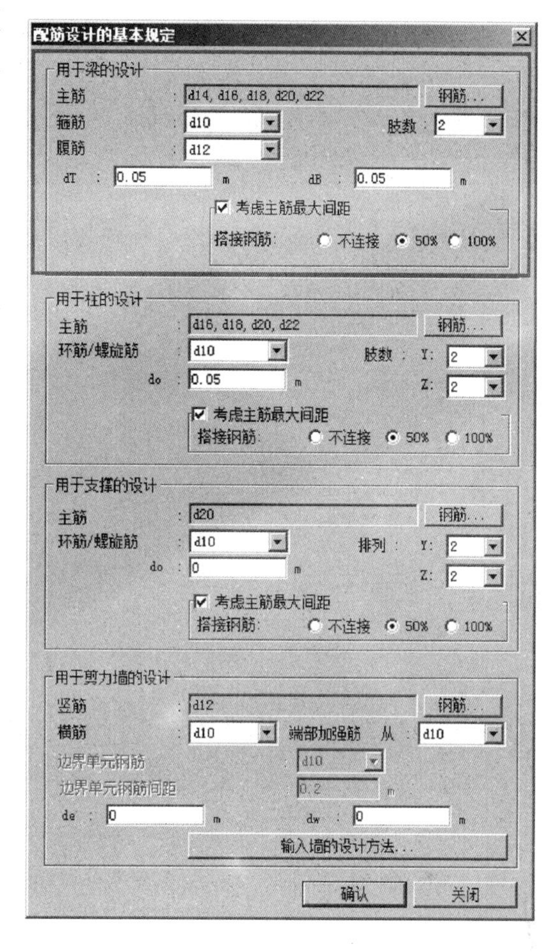

图 4-34　设定梁设计用钢筋直径及保护层信息

第二步：板配筋设计及裂缝验算

（1）定义板配筋区域

定义板配筋子区域，是因为板单元设计文本结果中，是以子区域分类的方式输出的。本投料口子区域的定义与前面定义结构组时相似，分别定义了顶板、中板、底板、侧壁 1、侧壁 2、中壁 1、中壁 2、中壁 3、前壁和后壁十个子区域。

（2）定义荷载组合类型。

在板单元设计选项中分别执行板正常使用状态组合类型和板荷载组合两个子选项，定义板设计用的荷载组合（图 4-36）。

（3）定义板设计用钢筋参数

与梁设计相同，板设计时也需要定义用筋信息。本例题板用筋信息如图 4-37 所示。

（4）板配筋设计

设计信息定义完毕后，运行板抗弯设计，得到抗弯设计结果如图 4-38、图 4-39 所示。

板设计配筋时，分板顶和板底、方向一和方向二的形式输出不同位置和方向的配筋结果。设计者可通过查看 Midas 帮助文档明确板顶和板底、方向一和方向二含义。笔者建议，通过激活不同的板，得到每块板计算所需的配筋面积，然后手动选筋。例如对多舱室标准段管廊手动选筋时，先激活整个顶板，然后分别激活顶板的不同跨的跨中区域和支座区域，查看相应板顶和板底、方向一和方向二的配筋面积，对整个顶板进行合理选筋。同样激活其他的子区域，查看不同位置所需的钢筋面积，对整个结构进行合理选筋。

板单元斜截面的抗剪验算比较简单，直接激活不同板区域，查看最大剪力值，判断混凝土截面抗剪是否满足要求，验算公式参考《混凝土结构设计规范》GB 50010—2010 第 6.3.3 条的规定。

$$V \leqslant 0.7\beta_h f_t b h_0 \tag{4-16}$$

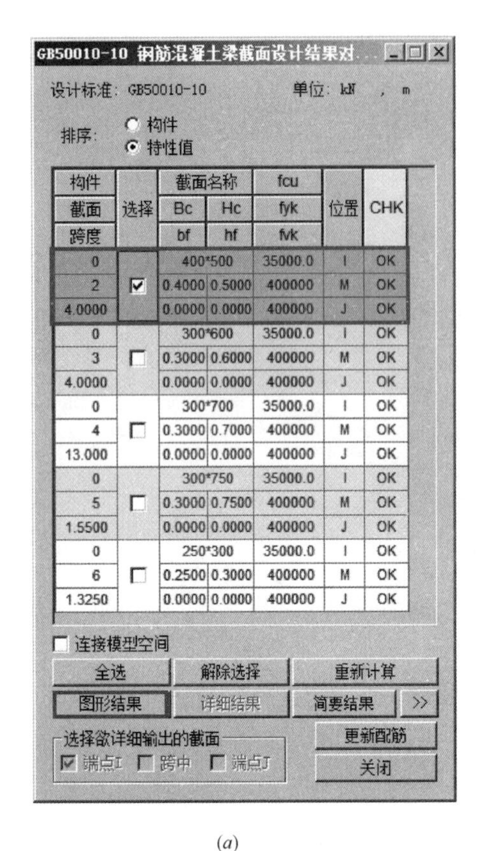

(a)

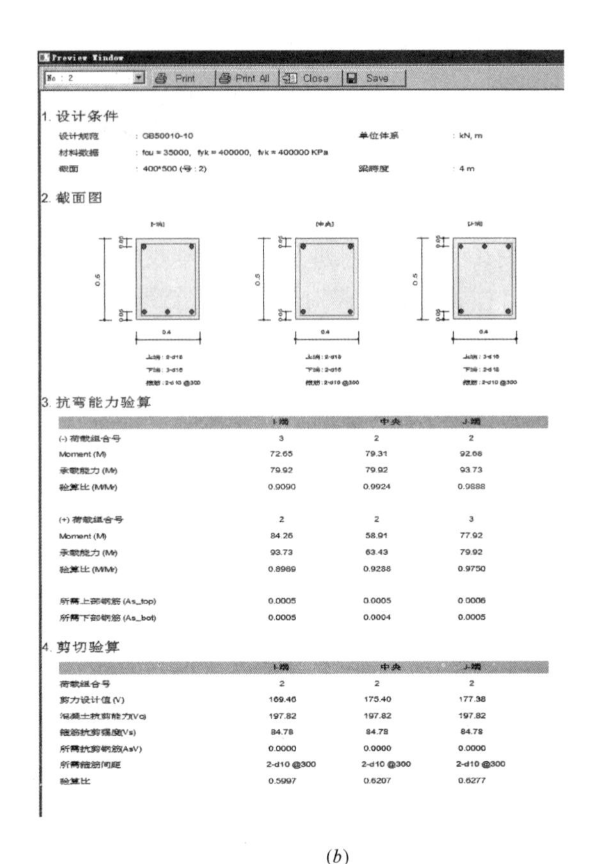

(b)

图 4-35 梁配筋设计图

(a) 梁配筋设计结果简图；(b) 400mm×500mm 截面梁配筋设计结果图

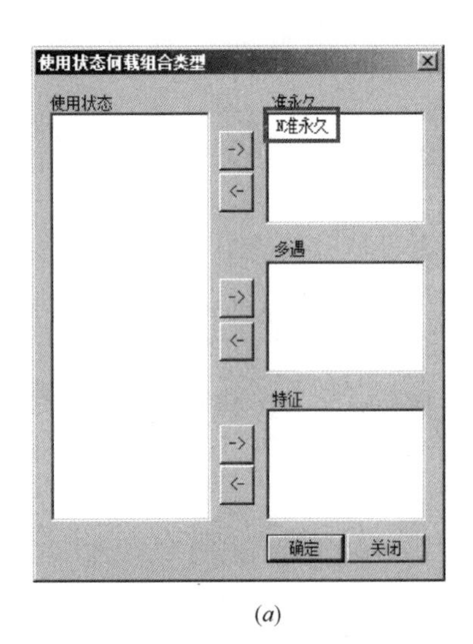

(a)

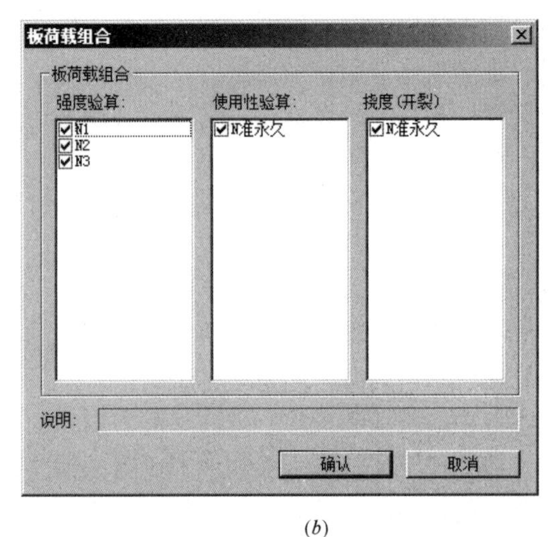

(b)

图 4-36 定义板设计用荷载组合

(a) 定义正常使用状态荷载组合类型；(b) 定义板荷载组合类型

$$\beta_h = \left(\frac{800}{h_0}\right)^{1/4} \tag{4-17}$$

式中　β_h——截面高度影响系数，当 h_0 小于 800mm 时，取 800mm；当 h_0 大于 2000mm 时，取 2000mm。

（5）裂缝宽度验算

《城市综合管廊工程技术规范》GB 50838—2015 规定综合管廊结构构件的裂缝控制等级应为三级，最大裂缝宽度不超过 0.2mm 且不得贯通。所以，在板单元抗弯设计通过后，必须进行裂缝宽度验算配筋。

在 Midas Gen 板抗弯设计完成以后，可以点击更新配筋，软件会将抗弯设计自动选择的钢筋用于板正常使用状态验算。此处不建议点击更新配筋，因为点击后，程序会将一块板不同单元根据实际所需钢筋面积进行配筋，造成配筋区域过多，不符合设计者的要求。

此处建议根据板抗弯设计结果，手动分区域配筋，进一步添加到验算用板钢筋选项中，这样，整个结构验算用板钢筋就布置上

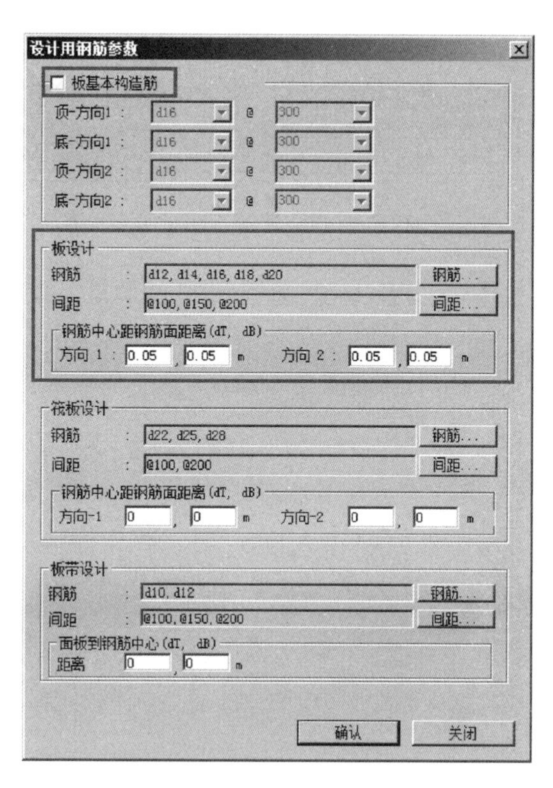

图 4-37　定义板用筋信息

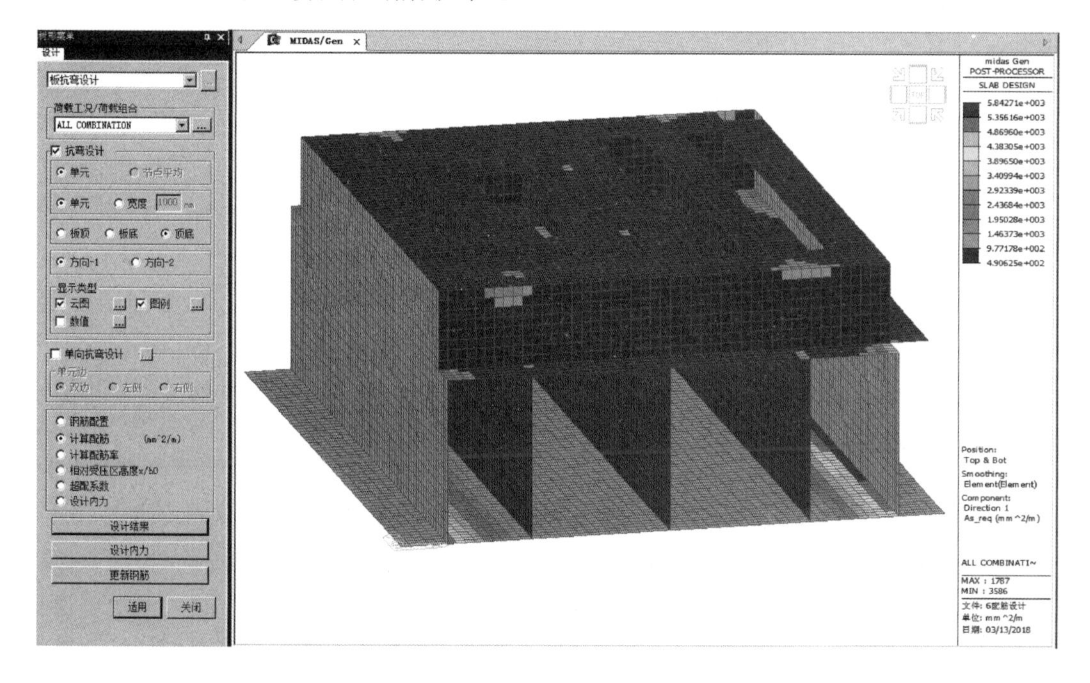

图 4-38　板抗弯设计及配筋图形结果

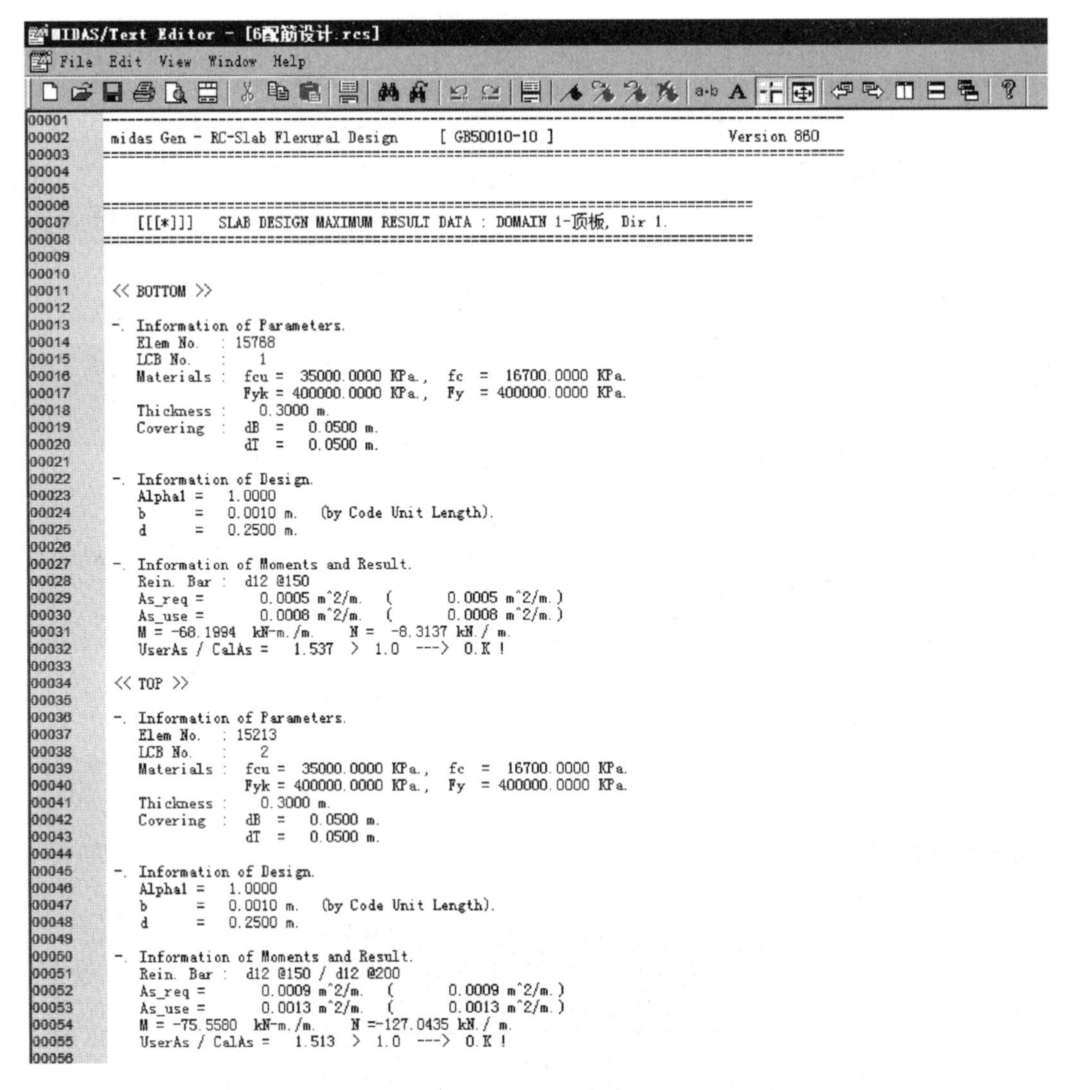

MIDAS/Text Editor - [6配筋设计.res]

File Edit View Window Help

```
--------------------------------------------------------------------------------------------
 midas Gen - RC-Slab Flexural Design      [ GB50010-10 ]                        Version 880
============================================================================================


==============================================================================
   [[[*]]]   SLAB DESIGN MAXIMUM RESULT DATA : DOMAIN 1-顶板, Dir 1.
==============================================================================


 << BOTTOM >>

 -. Information of Parameters.
    Elem No.   : 15768
    LCB No.    :     1
    Materials  :   fcu =  35000.0000 KPa.,   fc  =  16700.0000 KPa.
                   Fyk = 400000.0000 KPa.,   Fy  = 400000.0000 KPa.
    Thickness  :    0.3000 m.
    Covering   :   dB  =    0.0500 m.
                   dT  =    0.0500 m.

 -. Information of Design.
    Alpha1 =    1.0000
    b      =    0.0010 m.   (by Code Unit Length).
    d      =    0.2500 m.

 -. Information of Moments and Result.
    Rein. Bar :   d12 @150
    As_req =          0.0005 m^2/m.   (        0.0005 m^2/m.)
    As_use =          0.0008 m^2/m.   (        0.0008 m^2/m.)
    M = -68.1994  kN-m./m.      N =  -8.3137 kN./ m.
    UserAs / CalAs =    1.537   >  1.0  ---> O.K !

 << TOP >>

 -. Information of Parameters.
    Elem No.   : 15213
    LCB No.    :     2
    Materials  :   fcu =  35000.0000 KPa.,   fc  =  16700.0000 KPa.
                   Fyk = 400000.0000 KPa.,   Fy  = 400000.0000 KPa.
    Thickness  :    0.3000 m.
    Covering   :   dB  =    0.0500 m.
                   dT  =    0.0500 m.

 -. Information of Design.
    Alpha1 =    1.0000
    b      =    0.0010 m.   (by Code Unit Length).
    d      =    0.2500 m.

 -. Information of Moments and Result.
    Rein. Bar :   d12 @150 / d12 @200
    As_req =          0.0009 m^2/m.   (        0.0009 m^2/m.)
    As_use =          0.0013 m^2/m.   (        0.0013 m^2/m.)
    M = -75.5580  kN-m./m.      N =-127.0435 kN./ m.
    UserAs / CalAs =    1.513   >  1.0  ---> O.K !
```

图 4-39 板抗弯配筋设计文本结果（以子区域单位输出）

了板抗弯设计配筋结果。然后分别激活各个板区域，进行正常使用状态验算，发现板某个区域裂缝宽度超限时，调整此区域的配筋，重新验算，直至整个结构的裂缝宽度符合要求（图 4-40）。

整个结构裂缝验算通过后的调整配筋，为最终结构的设计配筋结果。

第三步：设计文件整理

在抗弯正截面配筋、抗剪斜截面验算、正常使用状态验算调整配筋都通过以后，进行设计计算书的整理。计算书须包含工程概况、工程地勘信息、设计依据、设计基本要求与计算方法、承载力强度计算配筋、正常使用状态验算调整配筋等内容。当有结构抗震要求时，设计文件中可以补充抗震的构造措施。最后出具完整的施工图。

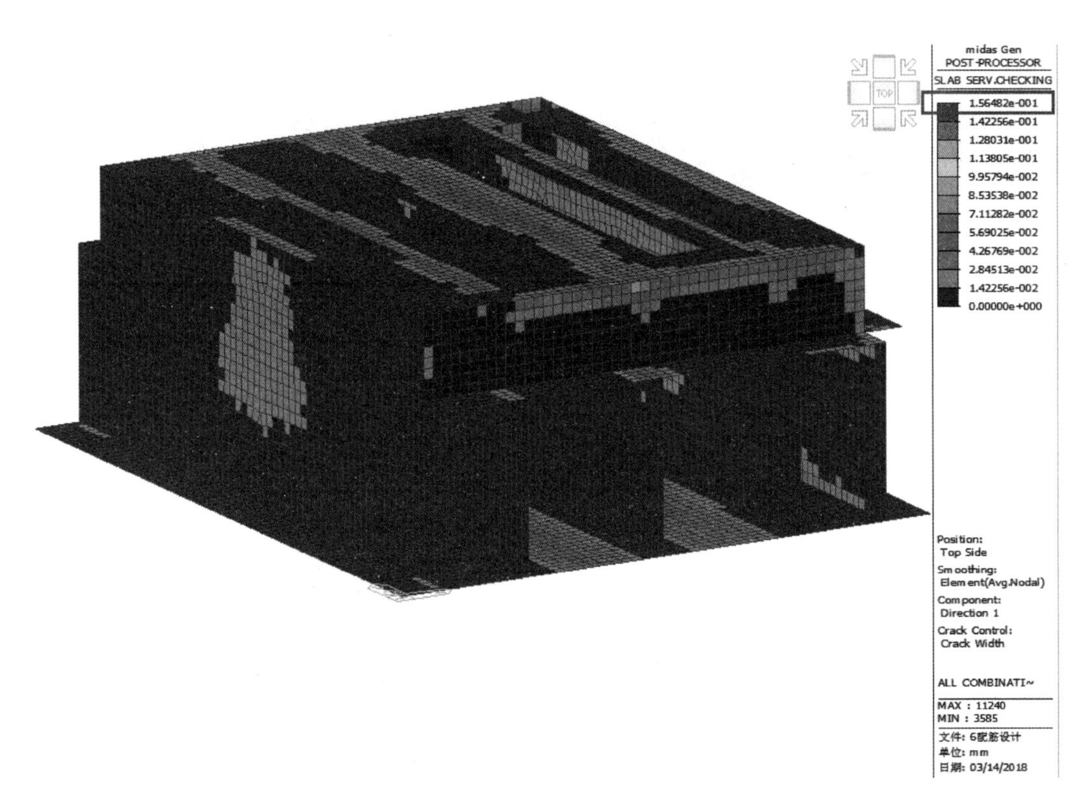

图 4-40　板裂缝验算结果

第 5 章　防水设计

综合管廊作为城市地下综合设施动脉工程对于城市建设具有长远的战略意义，以往渗漏水问题一直是困扰地下建设工程的质量通病，杜绝以往管线长期被渗漏水浸泡现象，解决好防水问题是综合管廊建设必须考虑的技术问题之一。

5.1　预制装配式混凝土管廊防水思路

预制装配式混凝土管廊采用结构自防水＋材料防水，最外层采用现浇结构的材料防水措施，再在叠合墙拼缝处附加一道材料防水，其次是自密实程度高的混凝土预制构件，再次是叠合夹心墙内的现浇混凝土，管廊叠合墙上下连接节点处暗梁和底板、顶板的面筋在整个施工内通长，再结构现浇混凝土使管廊形成一个整体，不会出现管廊局部下沉情况，也不会出现一节一节预制构件干拼装渗水隐患点。预制叠合装配式管廊防水质量结合现浇的特点和预制的优势，并应做到定级准确、方案可靠、施工便捷、耐久适用、经济合理（图 5-1）。

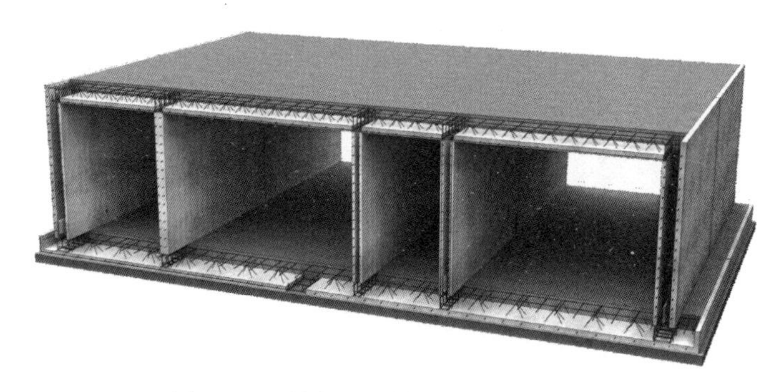

图 5-1　预制装配式管廊结构自防水示意

5.2　防水等级

地下工程的防水等级分为四级（表 5-1）。

综合管廊应根据气候条件、水文地质状况、结构特点、施工方法和使用条件等因素进行防水设计，防水等级标准应为二级，并满足结构安全、耐久性和使用要求。在变形缝、施工缝和预制构件接缝等部位应加强防水措施。

地下工程防水等级 表 5-1

防水等级	防水标准
一级	不允许渗水，结构表面无湿渍
二级	不允许渗水，结构表面可有少量湿渍。 工业与民用建筑：总湿渍面积不应大于总防水面积（包括顶板、墙面、地面）的 1/1000；任意 $100m^2$ 防水面积上的湿渍不超过 2 处，单个湿渍的最大面积不大于 $0.1m^2$。 其他地下工程：总湿渍面积不应大于总防水面积的 2/1000；任意 $100m^2$ 防水面积上的湿渍不超过 3 处，单个湿渍的最大面积不大于 $0.2m^2$；平均渗水量不大于 0.05L/（m^2），任意 $100m^2$ 防水面积上的渗水量不大于 0.15L/（m^2）
三级	有少量漏水点，不得有线流和漏泥砂。 任意 $100m^2$ 防水面积上的漏水或湿渍点数不超过 7 处，单个漏水点的最大漏水量不大于 2.5L/（m^2 · d），单个湿渍的最大面积不大于 $0.3m^2$
四级	有漏水点，不得有线流和漏泥砂。 整个工程平均漏水量不大于 2L/（m^2 · d）；任意 $100m^2$ 防水面积上的平均漏水量不大于 4L/（m^2 · d）

5.3 防水要求

5.3.1 地下工程的防水设防要求

地下工程的防水设防要求，应根据使用功能、使用年限、水文地质、结构形式、环境条件、施工方法及材料性能等因素确定。

5.3.2 施工方法

预制装配式混凝土管廊技术宜适合于明挖法（表 5-2），其材料防水措施也适合于明挖法综合管廊防水工艺，明挖法现浇采用结构自防水加全外包防水层做法。对采用放坡基坑施工，或虽设围护结构，但基坑施工条件比较充足的情况，外墙宜采用外防外贴法铺贴防水层。

在施工条件受到限制、外防外贴法施工难以实施时 ，不得不采用外防内贴防水施工法。

明挖法地下工程防水设计要求 **表 5-2**

工程部位		主体结构							施工缝							后浇带					变形缝（诱导缝）					
防水措施		防水混凝土	防水卷材	防水涂料	塑料防水板	膨润土防水材料	防水砂浆	金属防水板	遇水膨胀止水条或胶	外贴式止水带	中埋式止水带	外抹防水砂浆	外涂防水涂料	水泥基渗透结晶型防水涂料	预埋注浆管	补偿收缩混凝土	外贴式止水带	预埋注浆管	遇水膨胀止水条或胶	防水密封材料	中埋式密封材料	外贴式止水带	可卸式止水带	防水密封材料	外贴防水卷材	外涂防水涂料
防水等级	一级	应选	应选一至二种						应选二种							应选	应选二种				应选	应选一至二种				
	二级	应选	应选一种						应选一至二种							应选	应选一至二种				应选	应选一至二种				
	三级	应选	宜选一种						应选一至二种							应选	宜选一至二种				应选	宜选一至二种				
	四级	应选	—						宜选一种							应选	宜选一种				应选	宜选一种				

5.4 防水混凝土的设计抗渗等级

5.4.1 防水混凝土的设计抗渗等级

见表 5-3。

防水混凝土的设计抗渗等级 **表 5-3**

工程埋置深度 H（m）	设计抗渗等级
$H<10$	P6
$10\leqslant H<20$	P8
$20\leqslant H<30$	P10
$H\geqslant 30$	P12

5.4.2 温度要求

防水混凝土的环境温度不得高于 80℃；处于侵蚀性介质中防水混凝土的耐侵蚀要求应根据介质的性质按有关标准执行。

5.4.3 混凝土垫层

防水混凝土结构底板的混凝土垫层，强度等级不应小于 C15，厚度不应小于 100mm，在软弱土层中不应小于 150mm。

5.4.4 其他要求

防水混凝土结构，应符合下列规定：

（1）结构厚度不宜少于 250mm；

（2）裂缝宽度不得大于 0.2mm，并不得贯通；

（3）钢筋保护层厚度应根据结构耐久性和工程环境选用，迎水面钢筋保护层厚度不应小于 50mm。

5.5 防水设计原则

5.5.1 原则

地下结构的防水设计应遵循“以防为主、刚柔结合、多道防线、因地制宜、综合治理”的原则。

5.5.2 防水体系

确立钢筋混凝土结构自防水体系，即以结构自防水为根本，采取措施控制结构混凝土裂缝的开展，增加混凝土的抗渗性能；以变形缝、施工缝、后浇带、穿墙管、桩头等细部构造防水为重点，辅以全包柔性防水层加强防水。

5.5.3 防水材料

防水材料选用时需注重环保性能，确保无毒、对地下水无污染；同时需考虑工法适用性及成品耐用性。

5.6 设计依据

（1）初步设计文件。

（2）详勘资料。

（3）主要执行规范：

《地下工程防水技术规范》GB 50108—2008；
《地下防水工程质量验收规范》GB 50208—2011；
《混凝土结构设计规范》GB 50010—2010；
《混凝土外加剂应用技术规范》GB 50119—2013；
《混凝土结构耐久性设计规范》GB/T 50476—2008；
《预铺防水卷材》GB/T 23457—2017；
《混凝土结构耐久性设计与施工指南》CCES 01—2004。

5.7 设计标准

管廊主体结构除有种植要求的顶板防水等级为一级外，其余防水等级按二级标准。

(1) 一级防水设计要求：不允许渗水，结构表面无湿渍。

(2) 二级防水设计要求：顶部不允许滴漏，其他不允许漏水，结构表面可有少量湿渍，总湿渍面积不应大于总防水面积的 1/500；任意 100m^2 防水面积上的湿渍不超过 3 处，单个湿渍的最大面积不大于 0.2m^2；平均渗水量不大于 0.05L/ (m^2 · d)，任意 100m^2 防水面积上的渗水量不大于 0.15L/ (m^2 · d)。

5.8 混凝土自防水

5.8.1 一般规定

(1) 防水混凝土的施工配合比、外加剂及掺合料的掺量必须经过符合资质要求的试验单位进行试配试验，经优化比选达到设计要求的指标，并出具试验报告，经有关单位批准后方可使用。

(2) 抗渗等级：混凝土结构抗渗等级为 P8。

(3) 防水混凝土的施工配合比应通过试验确定，试配混凝土的抗渗等级应比设计要求提高一级 (0.2MPa)。

5.8.2 材料

1. 水泥

(1) 应采用符合现行国家标准《通用硅酸盐水泥》GB 175—2007 的普通硅酸盐水泥或硅酸盐水泥；水泥比表面积不应小于 300m /kg，且不宜大于 350m /kg。

(2) 不得使用过期或受潮结块的水泥，水泥存储不宜超过三个月，对存储超过三个月的水泥，应重新进行物理性能检验，并按复验的结果使用；不得将不同品种或强度等级的水泥混合使用。

(3) 水泥的进场温度不宜大于 60℃；混凝土拌合时，严禁使用温度大于 60℃的水泥。

2. 骨料

（1）粗、细骨料应采用符合现行行业标准《普通混凝土用砂、石质量及检验方法标准》JGJ 52—2006 中各项技术指标要求。

（2）粗骨料应选用级配合理、粒形良好、质地坚固的洁净碎石，不宜采用砂岩碎石；粗骨料粒径不宜大于 25mm，含泥量应小于 1%。

（3）细骨料应选用坚硬、抗风化性强、洁净的中粗砂，不得单独使用细砂和特细砂；细骨料应选用河沙，不得使用海砂。

（4）骨料应无潜在碱活性，且碱活性指标满足国家及地方现行有关标准的要求。

（5）骨料不宜直接露天堆放、暴晒，堆场上方宜设棚罩。高温季节，骨料温度不宜大于 28℃。

3. 水

（1）混凝土拌合用水应符合现行国家标准《混凝土用水标准》JGJ 63—2006 的规定。

（2）高温季节施工时，水温不宜大于 20℃。

4. 矿物掺合料

（1）采用的粉煤灰矿物掺合料应符合现行国家标准《用于水泥和混凝土中的粉煤灰》GB 1596—2017 的规定。粉煤灰的级别不应低于Ⅱ级，烧失量应小于 5%。用量宜为胶凝材料总量的 20%～30%。

（2）粒化高炉矿渣粉的品质要求应符合现行国家标准《用于水泥和混凝土中的粒化高炉矿渣粉》GB 18046—2008 的规定。

5. 外加剂

（1）应采用符合现行国家标准《混凝土外加剂》GB 8076—2008 中一等品技术要求的缓凝高效减水剂，减水率不小于 15%。

（2）冬期施工时，宜采用符合现行行业标准《混凝土防冻剂》JC 475—2004 中一等品技术要求的防冻剂。

（3）工作井结构侧墙及顶板防水混凝土中掺加水泥基渗透结晶型防水剂，掺量为混凝土中胶凝材料的 1.5%～2%。

6. 其他要求

防水混凝土中各类材料的总碱量（NaO 当量）不得大于 3kg/m，氯离子含量不应超过胶凝材料总量的 0.1%。

5.8.3 混凝土施工要求

1. 混凝土强度等级

钢筋混凝土结构的混凝土强度等级不应低于 C30，预制混凝土结构的混凝土强度等级不应低于 C35。

2. 防水混凝土配合比

防水混凝土配合比应符合下列规定：

（1）在保证混凝土强度和抗渗等级等其他耐久性指标的前提下，应尽量降低胶凝材料的总用量和水泥的用量，水泥用量不宜小于 260kg/m，胶凝材料总体用量不宜少于

320kg/m 。

（2）水胶比不得大于 0.5；灰砂比宜为 1∶1.5～1∶2.5。

3. 防水混凝土拌制、运输

（1）拌合物应采用机械搅拌，搅拌时间不应小于 2min；掺入外加剂时，搅拌时间应根据外加剂的技术要求确定。

（2）运输混凝土的容器和管道在冬季应有保温措施，夏季气温超过 35℃时，应有隔热措施。

（3）防水混凝土拌合物在运输后如出现离析，必须进行二次搅拌；当坍落度损失后不能满足施工要求时，应加入原水胶比的水泥浆或掺加同品种的减水剂进行搅拌，严禁直接加水。

4. 防水混凝土浇筑

（1）混凝土浇筑前应对支架、模板、钢筋、保护层和预埋件等分别进行检查验收；模板内的杂物、积水和钢筋上的污垢应清理干净；模板如有缝隙、应填塞严密，模板内面应涂刷隔离剂。

（2）不同强度等级、配合比的混凝土不得混合浇筑。当不同强度等级混凝土必须接槎浇筑时，应先浇高强度等级混凝土。

（3）防水混凝土应采用机械振捣，避免漏振、欠振和超振。

（4）防水混凝土应分层连续浇筑，分层厚度不得大于 500mm。

（5）应严格控制混凝土的入模温度，一般情况下不应大于 30℃，夏季高温季节施工时，应尽量利用夜间施工。混凝土的内外温差不应大于 20℃，表面温度与大气温度差值应不大于 20℃，温降梯度不大于 2℃/d。

5. 防水混凝土养护

（1）混凝土的拆模与养护计划应考虑到气候条件、工程部位和断面、养护龄期等，必须达到有关规范对混凝土拆模时强度的要求。

（2）混凝土终凝后应立即进行养护，湿养时间不得少于 14d。

（3）冬期施工时应保证混凝土入模温度不低于 5℃，且应采取保湿保温措施；混凝土养护应采用综合蓄热法、蓄热法、掺化学外加剂等方法，不得采用电热法或蒸气直接加热法。

5.9 管廊结构外防水

5.9.1 防水层设计

管廊结构采用全包防水，防水层宜选用耐老化、耐腐蚀、易操作且适用于潮湿基面施工的材料，底板、侧墙采用单层 1.5mm 厚预铺式高分子防水卷材 P 类，顶板采用涂刷 2mm 厚单组分聚氨酯防水涂料。

5.9.2 单组分聚氨酯防水涂料施工工艺要求

（1）基层表面的气孔、凹凸不平、蜂窝、缝隙、起砂等，应修补处理，基面必须干净、无浮浆、无水珠、不渗水；当基层上出现大于0.3mm的裂缝时，须做灌注化学浆液处理；所有阴角部位均应采用1∶2.5的水泥砂浆做成5cm×5cm的钝角或R大于等于5cm的圆角，所有阳角均应做成1cm×1cm的钝角或R大于等于1cm的圆角，转角范围基层应光滑、平整。

（2）涂料防水层采用满铺满涂粘结，封边材料必须是与此涂料相配套的封边胶或密封胶。

（3）涂料防水层严禁在雨雪天、雾天、五级及以上大风时施工，不得在施工环境温度低于5℃及高于35℃或烈日暴晒时施工。涂膜固化前如有降雨可能时，应及时做好已完涂层的保护工作。

（4）涂料应分层刷涂或喷涂，涂层应均匀，不得漏刷漏涂；接槎宽度不应小于100mm。

（5）聚氨酯涂膜防水层施工完毕并经过验收合格后，应及时施做防水层的保护层，平面保护层采用7cm厚的细石混凝土，在浇筑细石混凝土前，需在防水层上覆盖一层不小于350号纸胎油毡隔离层。

5.9.3 预铺反粘防水卷材施工工艺要求

（1）铺设防水卷材的基层应清理干净，平整度应满足1/20，并要求凹凸起伏部位应圆滑平缓；所有不满足平整度要求的凸出部位应凿除，并用1∶2.5的水泥砂浆进行找平；凹坑部位采用1∶2.5水泥砂浆填平。基面应洁净、平整、坚实，不得有疏松、起砂、起皮现象。

（2）所有阴角均采用1∶2.5水泥砂浆做成5cm×5cm的钝角或R大于等于5cm圆角，阳角做成2cm×2cm的钝角或R大于等于2cm的圆角；在阴阳角等特殊部位，应增设卷材加强层，加强层宽度宜为300～500mm。

（3）平面采用空铺法铺设，立面采用机械固定法铺设；防水卷材采用机械固定法固定于围护结构上时，固定点设于距卷材边缘2cm处，钉距不大于50cm。钉长不得小于27mm，且配合垫片将防水层固定在基层表面，垫片直径不小于2cm。

（4）铺贴里面卷材时，应采取防止卷材下滑的措施；立面卷材铺贴完成后，应将卷材端头固定。

（5）卷材与基面、卷材与卷材间的粘结应紧密、牢固；铺贴完成的卷材应平整顺直，搭接尺寸应准确，不得产生扭曲和皱折；排除卷材下面的空气，并粘贴牢固；接缝口应封严或采用材性相容的密封材料封缝。

（6）底板防水层铺设完毕，除掉卷材的隔离膜，并立即浇筑50mm厚细石混凝土保护层。

5.10 细部构造防水

5.10.1 变形缝

（1）侧墙和底板采用中埋式钢边橡胶止水带、外贴式止水带进行防水处理；顶板采用中埋式钢边橡胶止水带，外侧采用变形缝内嵌缝密封的方法与侧墙外贴式止水带进行过渡连接形成封闭防水。

（2）顶板、侧墙变形缝背水面横向应设置不锈钢板接水盒。

（3）中埋式止水带埋设位置应准确，其中间空心圆环应与变形缝的中心线重合；先施工一侧混凝土时，其端部应支撑牢固，并应严防漏浆；现场对接时，应采用现场热硫化对接，对接接头应不多于两处，且应设置在应力最小的部位，不得设置在结构转角处；中埋式止水带在转弯处应做成圆弧形，半径不应小于200mm。

（4）外贴式止水带埋设位置应准确，其纵向中心线应与变形缝的中心线重合，误差不得大于10mm；止水带安装完毕后，不得出现翘边、过大的空鼓等部位，以免灌注混凝土时止水带出现过大的扭曲、移位；底板处止水带表面严禁施做混凝土保护层，应确保止水带齿条与结构现浇混凝土咬合密实；浇筑混凝土时，平面设置的止水带表面不得有泥污、堆积杂物等，否则必须清理干净，以免影响止水带与现浇混凝土咬合的密实性。

5.10.2 施工缝

（1）管廊结构环向施工缝采用中埋式钢边止水带及遇水膨胀止水胶，并形成封闭圈，设置间距不宜大于16m。

（2）管廊结构纵向水平施工缝采用镀锌钢板止水带及遇水膨胀止水胶，钢板止水带需与变形缝及环向施工缝处的中埋式止水带连为一体。

（3）施工缝表面界面剂采用水泥基渗透结晶防水涂料，用量为1.5kg/m 。

（4）墙体水平施工缝不应留在剪力最大处或底板与侧墙的交接处，宜为1/3～1/4墙高处，应留在高出底板表面不小于300mm的墙体上；墙体有预留孔洞时，施工缝距孔洞边缘不应小于300mm 。

（5）水平施工缝浇灌混凝土前，应先将其表面浮浆和杂物清除，然后涂刷水泥基渗透结晶防水涂料，再铺30～50mm厚的1∶1水泥砂浆，并及时浇灌混凝土。

（6）垂直施工缝浇灌混凝土前，应先将表面清理干净，再涂刷水泥基渗透结晶防水涂料，并及时浇灌混凝土。

5.11 主要防水材料技术指标

5.11.1 预铺高分子类防水卷材

见表5-4。

防水卷材性能指标 表5-4

项目		指标
拉伸性能	拉力（N/50mm）	≥500
	膜断裂伸长率（%）	≥400
钉杆撕裂强度（N）		≥400
冲击性能		直径（10±0.1）mm，无渗漏
静态荷载		20kg，无渗漏
耐热性		70℃，2h，无位移、流淌、滴落
低温弯折性		−25℃，无裂纹
防窜水性		0.6MPa，不窜水
与后浇混凝土剥离强度	无处理	≥2.0
	水泥粉污染表面	≥1.5
	泥沙污染表面	≥1.5
	紫外线老化	≥1.5
	热老化	≥1.5
与后浇混凝土浸水后剥离强度（N/mm）		≥1.5
热老化（70℃×168h）	拉力保持率（%）	≥90
	伸长率保持率（%）	≥80
	低温弯折性	−23℃，无裂纹
热稳定性	外观	无起皱、滑动、流淌
	尺寸变化（%）	≤2.0

注：① 预铺卷材的整体厚度1.5mm，其中胶粘层的厚度不得小于0.5mm。
② 卷材与卷材的粘结性能应符合《带自粘层的防水卷材》GB/T 23260—2009有关要求。

5.11.2 高、低模量聚氨酯密封胶

见表5-5、图5-2。

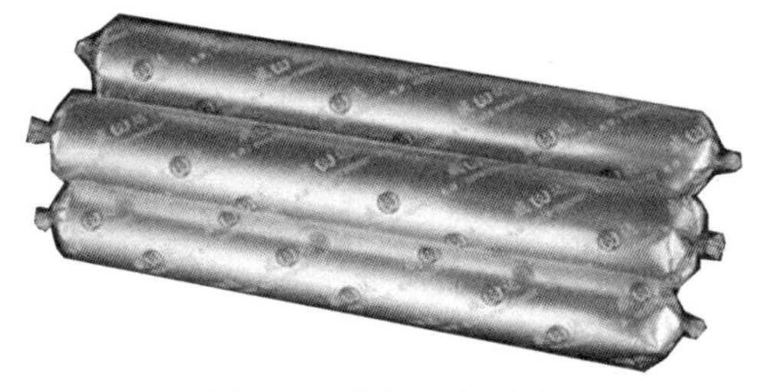

图5-2 聚氨酯密封胶

聚氨酯密封胶性能指标 **表 5-5**

项目		指标	
		高模量	低模量
拉伸模量（MPa）	23℃	>0.4 或>0.6	≤0.4 或≤0.6
	−20℃		
弹性恢复率（%）		≥70	
表干时间（h）		≤24	
下垂度（mm）		≤3	
挤出性（mL/min）		≥80	
定伸粘结性		无破坏	
浸水后定伸粘结性		无破坏	
冷拉-热压后的粘结性		无破坏	
质量损失率（%）		≤7	

5.11.3 （钢边）橡胶止水带

见表 5-6、图 5-3。

橡胶止水带性能指标 **表 5-6**

检测项目		指标
硬度（邵尔）（度）		60±5
拉伸强度（MPa）		≥15
断裂伸长率（%）		≥380
压缩永久变形	（70℃×24h，%）	≤35
	（23℃×168h，%）	≤20
撕裂强度（kN/mm）		≥30
脆性温度（℃）		−45
热空气老化（70℃×168h，%）	硬度变化（邵尔 A）（度）	±8
	拉伸强度（MPa）	≥12
	扯断伸长率（%）	≥300
臭氧老化 50pphm（20%，48h）		2 级
橡胶与金属粘合		断面在弹性体内

5.11.4 单组分聚氨酯防水涂料

见表 5-7。

图 5-3 （钢边）橡胶止水带

单组分聚氨酯防水涂料性能指标 表 5-7

项 目		指 标
固体含量（%）		≥85
抗拉强度（MPa）		≥2
低温弯折性（℃）		−35℃，无裂纹
断裂伸长率（%）		≥500
不透水性（0.3 MPa 、120min）		不透水
潮湿基面粘结力（MPa）		≥0.5
表干时间（h）		≤12
实干时间（h）		≤24
酸处理（2%H_2SO_4 溶液，168h）	拉伸强度保持率（%）	80～150
	断裂伸长率（%）	≥450
	低温弯折性（℃）	−30℃，无裂纹
热处理（80℃，168h）	拉伸强度保持率（%）	80～150
	断裂伸长率（%）	≥450
	低温弯折性（℃）	−30℃，无裂纹
碱处理[0.1%NaOH+饱和 $Ca(OH)_2$溶液，168h]	拉伸强度保持率（%）	80～150
	断裂伸长率（%）	≥450
	低温弯折性（℃）	−30℃，无裂纹
定伸时老化	加热老化	无裂纹及变形
撕裂强度（N/mm）		≥15
加热伸缩率（%）		−4.0～+1.0
粘结强度（MPa）		≥1.0
吸水率（%）		≤5.0

5.11.5 聚合物水泥防水砂浆

见表 5-8。

聚合物水泥防水砂浆性能指标 **表 5-8**

检测项目		指标
凝结时间	初凝（min）	≥45
	终凝（h）	≤24
抗渗压力（MPa）	7d	≥1.0
	28d	≥1.5
抗压强度（MPa）		≥24.0
抗折强度（MPa）		≥8.0
粘结强度（MPa）	7d	≥1.0
	28d	≥1.2
耐碱性		无开裂，剥落
耐热性		无开裂，剥落
抗冻性		无开裂，剥落
收缩率（%）		≤0.15
柔韧性（横向变形能力）（mm）		≥1.0
吸水率（%）		≤4.0

5.11.6 遇水膨胀聚氨酯止水胶

见表 5-9。

遇水膨胀聚氨酯止水胶性能指标 **表 5-9**

检测项目		指标
固含量（%）		≥85
密度（g/m^3）		≥规定值±0.1
下垂度（50±2）℃（mm）		≤2
表干时间（h）		≤24
7d 拉伸粘结强度（MPa）		≥0.4
低温柔性［（−20±2）℃，2h］		≤无裂纹
拉伸性能	拉伸强度（MPa）	≥0.5
	断裂伸长率（%）	≥400
体积膨胀倍率（%）		≥220
长期浸水体积膨胀倍率保持率（%）		≥90
抗水压力（MPa）		1.5，不渗水
实干厚度（mm）		≥2
有害物质含量	VOC（g/L）	≤200
	游离甲苯二异氰酸酯 TDI（g/kg）	≤5

5.11.7 水泥基渗透结晶型防水材料

见表 5-10。

水泥基渗透结晶型防水材料性能指标 **表 5-10**

试验项目		性能指标
外观		均匀、无结块
含水率（%）		≤1.5
细度，0.63mm 筛余（%）		≤5
氯离子含量（%）		≤0.1
施工性	加水搅拌后	刮涂无障碍
	20min 后	刮涂无障碍
抗折强度（MPa，28d）		≥2.8
抗压强度（MPa，28d）		≥15.0
湿基面粘结强度（MPa，28d）		≥1.0
砂浆抗渗性能	带涂层砂浆的抗渗压力（MPa，28d）	报告实测值
	抗渗压力比（带涂层）（%，28d）	≥250
	去除涂层砂浆的抗渗压力（MPa，28d）	报告实测值
	抗渗压力比（去除涂层）（%，28d）	≥175
混凝土抗渗性能	带涂层混凝土的抗渗压力（MPa，28d）	报告实测值
	抗渗压力比（带涂层）（%，28d）	≥250
	去除涂层混凝土的抗渗压力（MPa，28d）	报告实测值
	抗渗压力比（去除涂层）（%，28d）	≥175
	带涂层混凝土的第二次抗渗压力（MPa，56d）	≥0.8

注：基准砂浆和基准混凝土 28d 抗渗压力应为 $0.4^{+0.0}_{-0.1}$ MPa，并在产品质量检验报告中列出。

5.11.8 溶油性聚氨酯灌浆材料

见表 5-11。

溶油性聚氨酯灌浆材料性能指标 **表 5-11**

项目	指标
密度［(g/cm)^3］	≥1.05
黏度（MPa·s）	≤1.0×10^3
凝固时间（s）	≤800
不挥发物含量（%）	≥78
发泡率（%）	≥1000

5.11.9 环氧树脂灌浆材料

见表 5-12。

环氧树脂灌浆材料性能指标 **表 5-12**

序号	项目		浆液（固化物）性能
			N（Ⅱ）
1	浆液密度（g/cm^3）		＞1.00
2	初始黏度（MPa·s）		＜200
3	可操作时间（min）		＞30
4	抗压强度（MPa）		≥70
5	拉伸抗剪强度（MPa）		≥8.0
6	抗拉强度（MPa）		≥15
7	粘结强度	干粘结（MPa）	≥4.0
8		湿粘结[a]（MPa）	≥2.5
9	抗渗压力（MPa）		≥1.2
10	渗透压力比（%）		≥400

注：a 湿粘结强度：潮湿条件下必须进行测定。
固化物性能的测定试龄期为一个月。

5.12 预制装配式混凝土结构防水节点

综合管廊主体外防水的卷材防水层铺贴方式，按其与防水结构施工的先后顺序，可分为外防外贴法和外防内贴法两种。

5.12.1 外防外贴法

外防外贴法是待管廊结构边墙（钢筋混凝土结构外墙）施工完成后，直接把防水层铺贴在廊壁上（即地下结构墙迎水面），可以借助土压力压紧，并可与承重结构一起抵抗有压地下水的渗透和侵蚀作用，防水效果好，最后作主体结构防水层的保护层（图 5-4～图 5-8）。

(*a*)

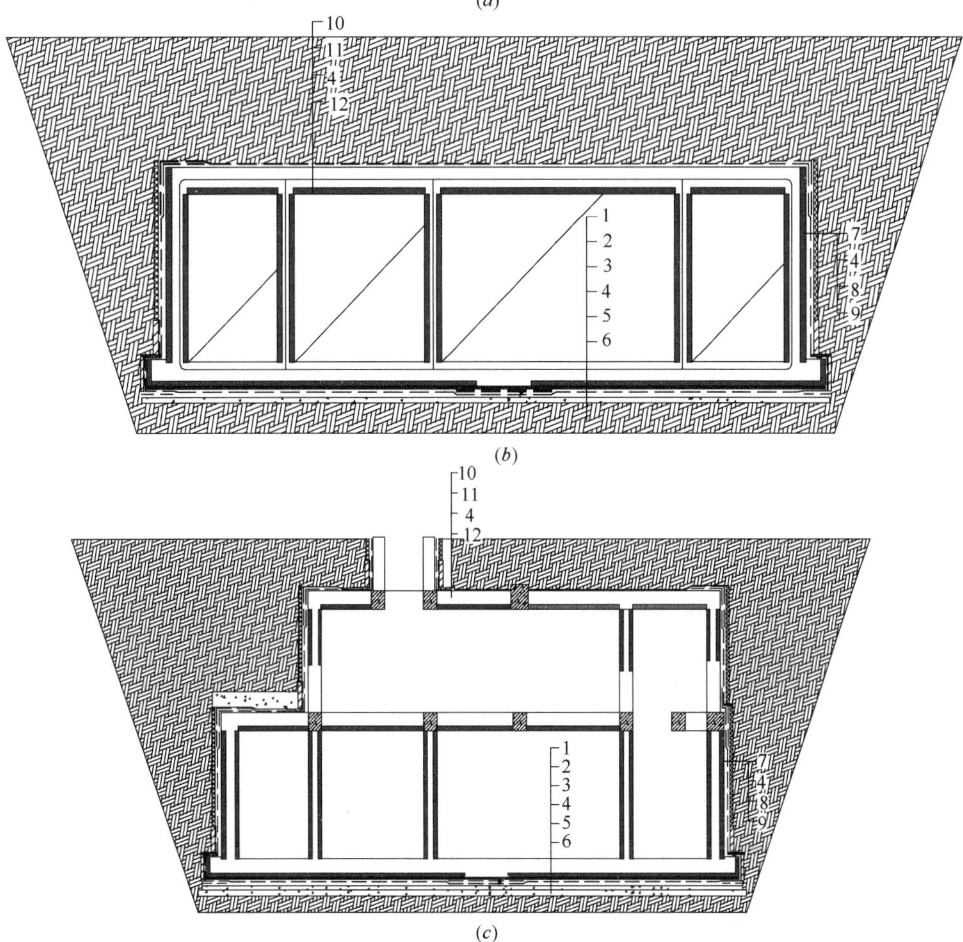

图 5-4　管廊防水示意

（*a*）管廊外防外贴法防水示意；（*b*）标准段预制装配式断面防水示意；

（*c*）非标准段预制装配式断面防水示意

1—钢筋混凝土底板；2—20mm 细沙层；3—30mm 厚 C20 细石混凝土保护层；4—1.5mm 厚 CPS 反应粘结型高分子湿铺防水卷材双面粘；5—100mm 厚 C20 混凝土垫层；6—150mm 厚碎石砂；7—钢筋混凝土侧壁；8—40 厚聚苯乙烯泡沫板；9—回填土；10—50mm 厚 C20 细石混凝土保护层；11—1.5mm 厚 CPS-CL 反应粘结型高分子湿铺防水卷材单面粘（耐根穿刺）；12—钢筋混凝土顶板

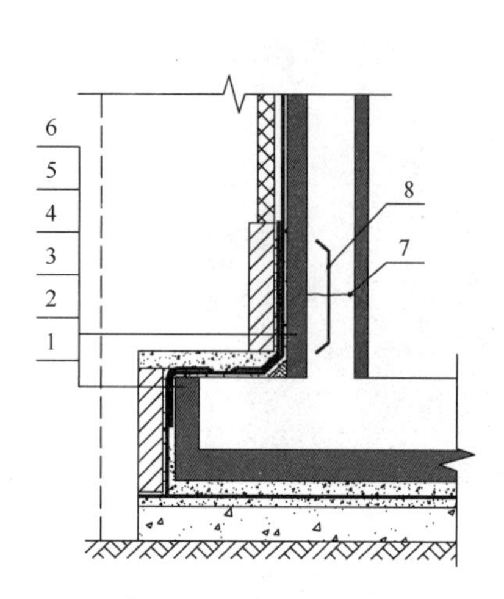

图 5-5 侧墙与底板连接节点防水示意

1—钢筋混凝土侧墙；2—反应粘结型高分子湿铺防水卷材；3—附加宽 1000mm，1.5mm 厚 CPS；4—1.5mm 厚 CPS 反应粘结型高分子湿铺防水卷材；5—60mm 厚砖砌保护层；6—回填土；7—纵向水平施工缝；8—钢板止水带

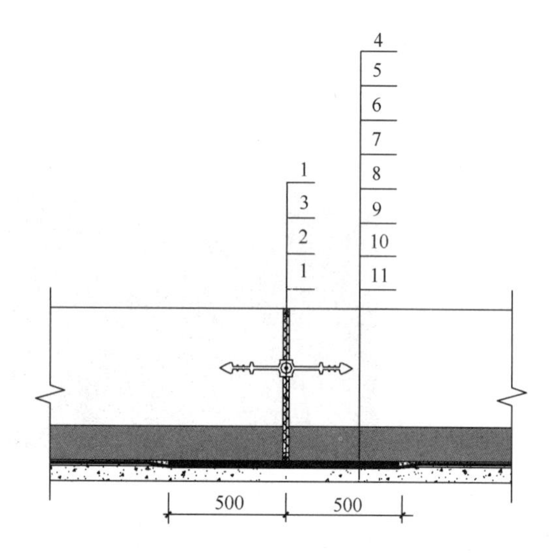

图 5-6 底板变形缝防水示意

1—双组分聚硫密封膏；2—聚苯乙烯泡沫板；3—中埋式带钢边橡胶止水带；4—钢筋混凝土底板；5—20mm 细沙层；6—30mm 厚 C20 细石混凝土保护层；7—1.2mm 厚高分子自粘胶膜防水卷材（撒砂型）（非黑色沥青基）；8—附加宽 1000mm，1.2mm 厚高分子自粘胶膜防水；9—卷材（撒砂型）（非黑色沥青基）；10—100mm 厚 C20 混凝土垫层；11—150mm 厚碎石砂

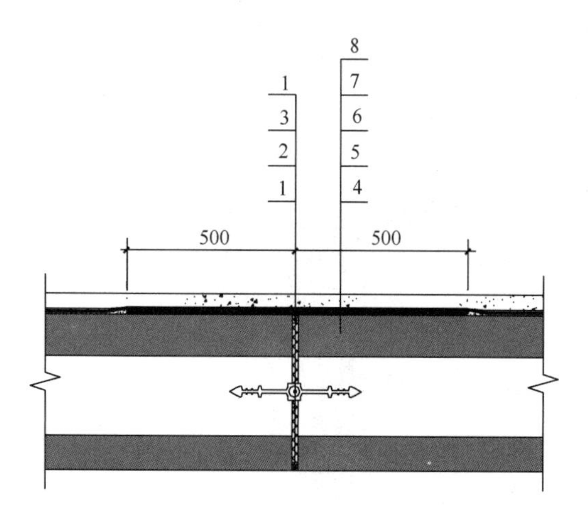

图 5-7 侧墙变形缝防水示意

1—双组分聚硫密封膏；2—聚苯乙烯泡沫板；3—中埋式带钢边橡胶止水带；4—预制混凝土侧墙；5—附加宽 1000mm，1.5mm 厚 CPS 反应粘结型高分子湿铺防水卷材；6—1.5mm 厚 CPS 反应粘结型高分子湿铺防水卷材；7—40 厚聚苯乙烯泡沫板保护层；8—回填土

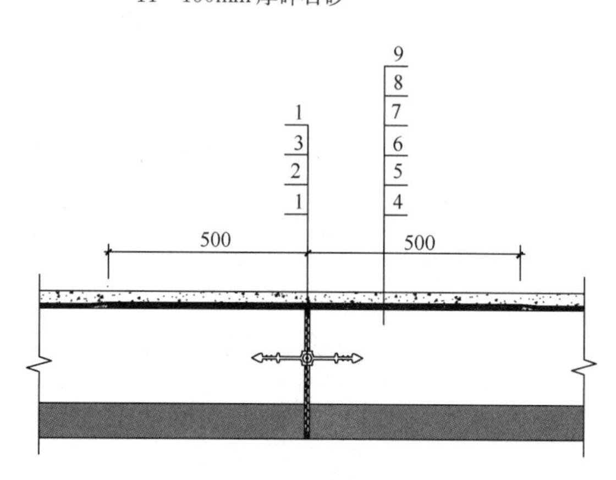

图 5-8 顶板变形缝防水示意

1—双组分聚硫密封膏；2—聚苯乙烯泡沫板；3—中埋式带钢边橡胶止水带；4—预制混凝土侧墙；5—附加宽 1000mm，1.5mm 厚 CPS 反应粘结型高分子湿铺防水卷材；6—1.5mm 厚 CPS 反应粘结型高分子湿铺防水卷材；7—40 厚聚苯乙烯泡沫板保护层；8—回填土

5.12.2 变形缝处防水设计

预制装配式混凝土管廊在施工变形缝处的防水设计原理基本与现已比较成熟的现浇工艺一致，通过工装将带钢边橡胶止水带嵌固在叠合墙中的现浇混凝土内，再根据各舱室的功能布设带钢边橡胶止水带，如图 5-9～图 5-12 所示。

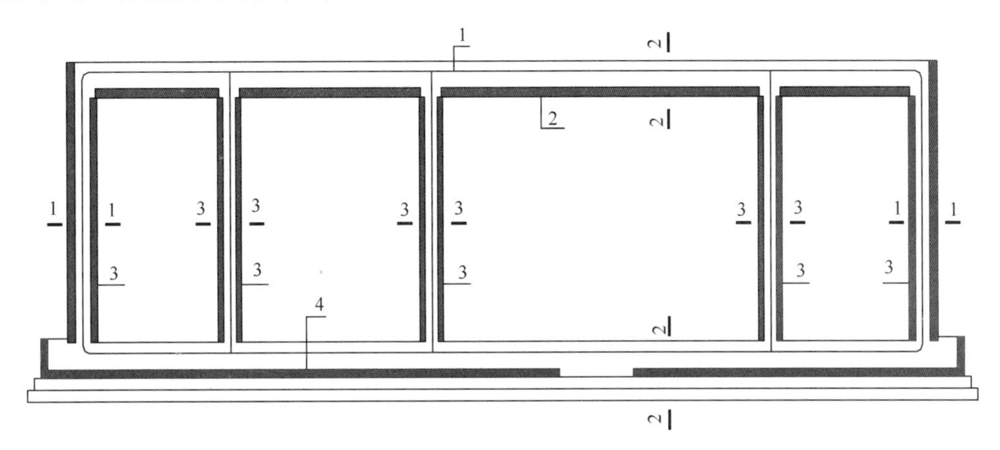

图 5-9 变形缝断面防水示意

1—中埋式带钢边橡胶止水带；2—预制顶板；3—叠合墙；4—叠合底板

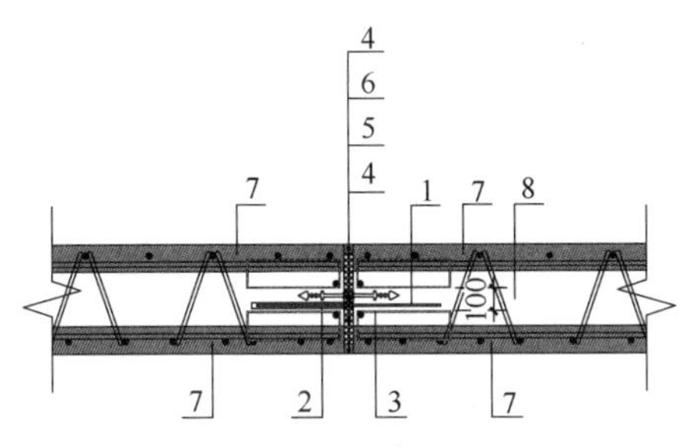

图 5-10 变形缝止水带布设详图

1—传力杆；2—无缝钢管；3—构造嵌固钢筋；4—双组分聚硫密封膏；5—聚苯乙烯泡沫板管；6—中埋式带钢边橡胶止水带；7—叠合墙预制墙板；8—叠合墙现浇混凝土

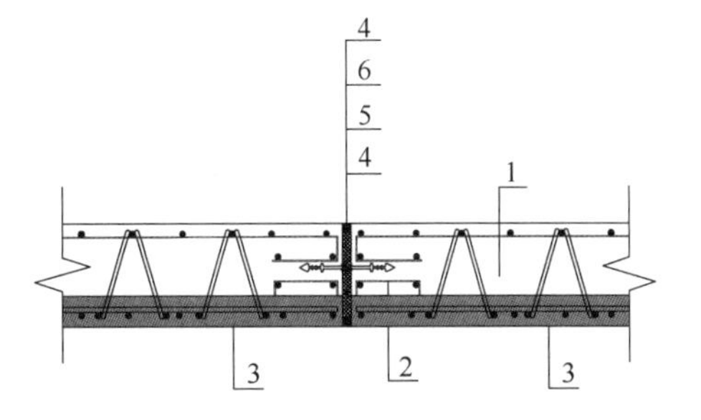

图 5-11 变形缝止水带布设详图

1—叠合顶板现浇混凝土；2—构造嵌固钢筋；3—叠合顶板预制板；4—双组分聚硫密封膏；5—聚苯乙烯泡沫板管；6—中埋式带钢边橡胶止水带

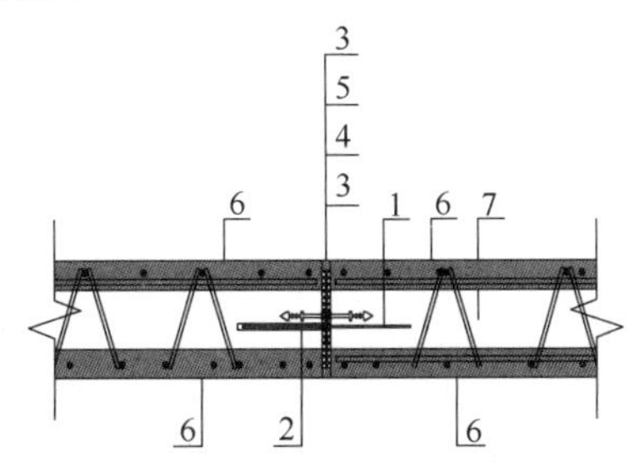

图 5-12 变形缝止水带布设详图

1—传力杆；2—无缝钢管；3—双组分聚硫密封膏；4—聚苯乙烯泡沫板管；5—中埋式带钢边橡胶止水带；6—叠合墙预制墙板；7—叠合墙现浇混凝土

5.12.3 外防内贴法

在施工条件受到限制、外防外贴法施工难以实施时，不得不采用外防内贴防水施工法。外防内贴法是管廊结构边墙（钢筋混凝土结构外墙）施工前先砌保护墙，然后将卷材防水层贴在保护墙上，或直接将卷材挂在围护结构上，最后浇筑边墙混凝土（图 5-13～图 5-18）。

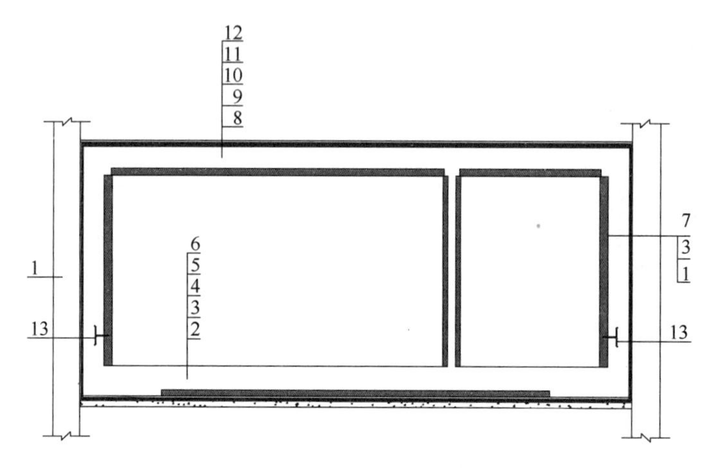

图 5-13　预制装配式外防内贴典型断面防水示意

1—围护结构；2—150mmC20 混凝土垫层；3—1.5mm 厚预铺高分子类防水卷材；4—50mmC20 细石混凝土保护层；5—20mm 细砂层；6—底板；7—侧墙；8—结构顶板；9—2.0mm 厚单组分聚氨酯防水涂料；10—350 号纸胎油毡隔离层；11—70mmC20 细石混凝土保护层；12—填土分层夯实；13—钢板止水带

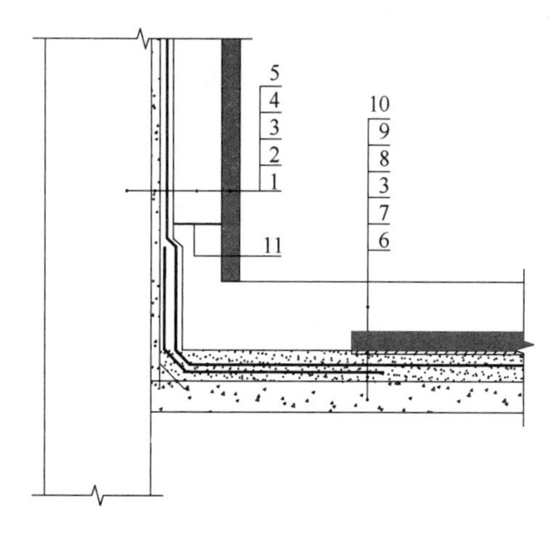

图 5-14　贴侧墙和底板转角处外防内贴防水示意

1—围护结构；2—喷射混凝土找平；3—预铺式防水卷材；4—叠合墙现浇混凝土部分；5—叠合墙单页预制墙板；6—混凝土垫层；7—细石混凝土保护层；8—细砂层；9—叠合底板预制层；10—叠合底板现浇混凝土；11—施工缝

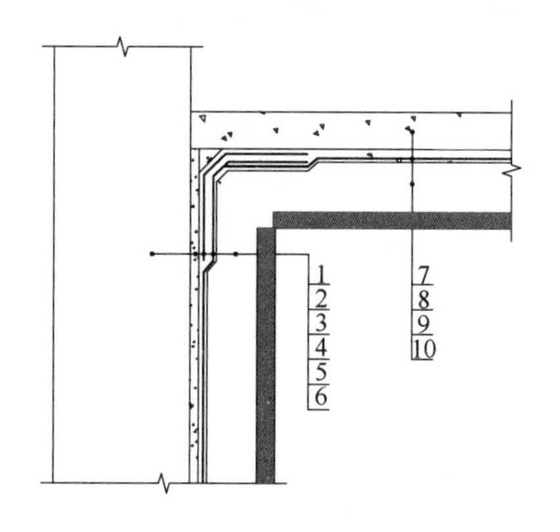

图 5-15　贴侧墙和顶板转角处外防内贴防水示意

1—围护结构；2—喷射混凝土找平；3—防水卷材加强层；4—预铺式防水卷材；5—叠合墙现浇混凝土部分；6—叠合墙单页预制墙板；7—细石混凝土保护层；8—涂料防水层；9—叠合顶板现浇层；10—叠合顶板预制层

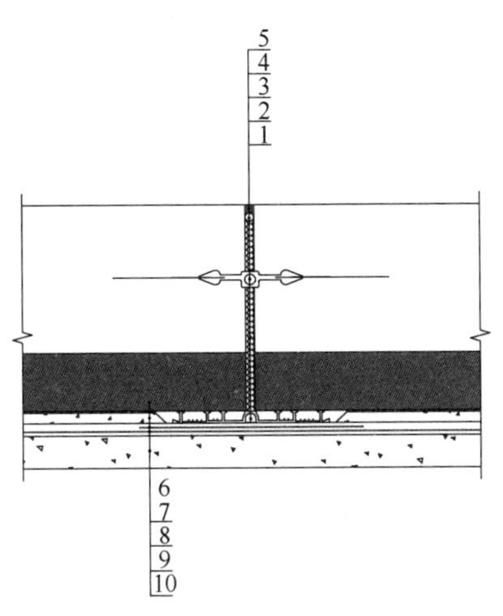

图 5-16 预制叠合底板变形缝构造示意

1—外贴式止水带；2—变形缝衬垫板；3—中埋式钢边橡胶止水带；4—泡沫棒；5—高模量聚氨酯密封胶；6—细砂层；7—细石混凝土保护层；8—预铺防水卷材加强层；9—预铺防水卷材；10—混凝土垫层

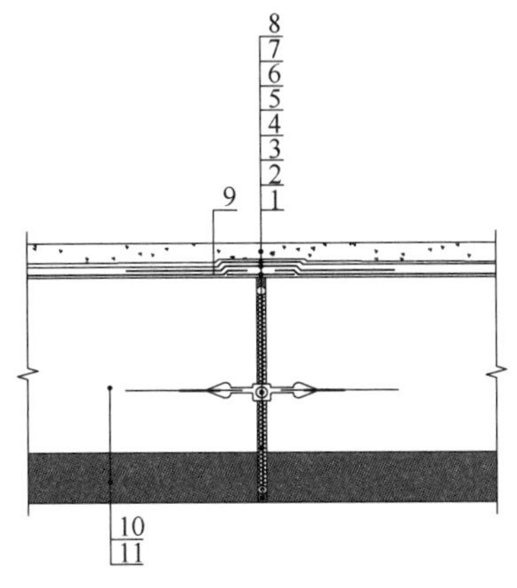

图 5-17 预制叠合顶板变形缝构造示意

1—高模量聚氨酯密封胶；2—泡沫棒；3—变形缝衬垫板；4—中埋式钢边橡胶止水带；5—聚乙烯隔离膜；6—附加涂料防水加强层；7—隔离层；8—细石混凝土保护层；9—涂料防水层；10—叠合顶板现浇层；11—叠合顶板预制层

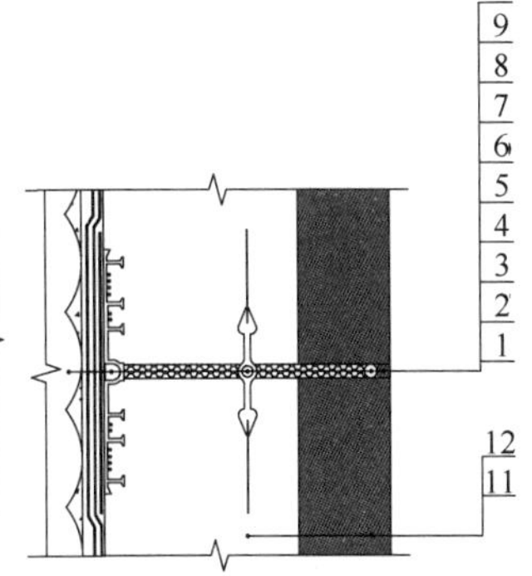

图 5-18 侧墙变形缝构造示意

1—围护结构；2—找平层；3—隔离层；4—预铺防水卷材；5—预铺防水卷材加强层，6—外贴式橡胶止水带；7—变形缝衬垫板；8—中埋式钢边橡胶止水带；9—泡沫棒；10—高模量聚氨酯密封胶；11—叠合墙现浇部分；12—叠合墙预制部分

5.12.4 外防内贴变形缝处防水设计

预制装配式混凝土管廊在施工变形缝处的防水设计原理基本与现已比较成熟的现浇工艺一致，通过工装将带钢边橡胶止水带嵌固在叠合墙中的现浇混凝土内，再根据各舱室的功能布设带钢边橡胶止水带，如图 5-19～图 5-22 所示。

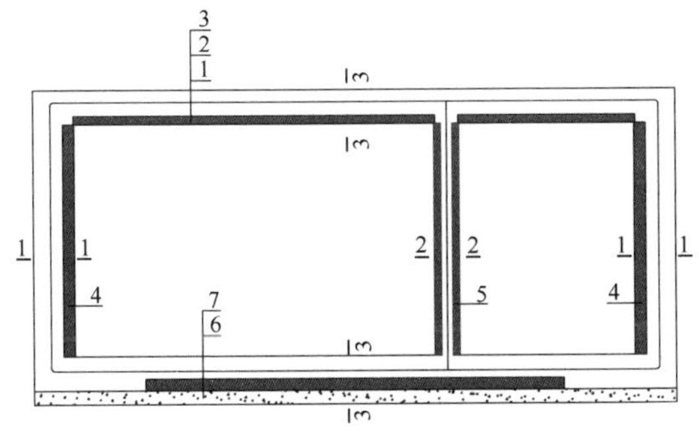

图 5-19 变形缝断面防水示意

1—中埋式带钢边橡胶止水带；2—现浇混凝土；3—顶板预制板；4—单面叠合墙；5—双面叠合墙；6—混凝土垫层；7—底板预制板

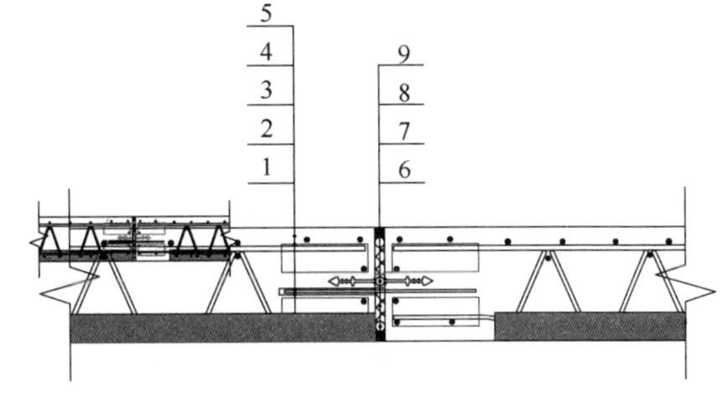

图 5-20 1-1 变形缝止水带布设详图

1—单面叠合墙预制板；2—构造嵌固钢筋；3—无缝钢管；4—传力杆；5—叠合墙现浇混凝土；6—高模量聚氨酯密封胶；7—泡沫棒；8—变形缝衬垫板；9—中埋式钢边橡胶止水带

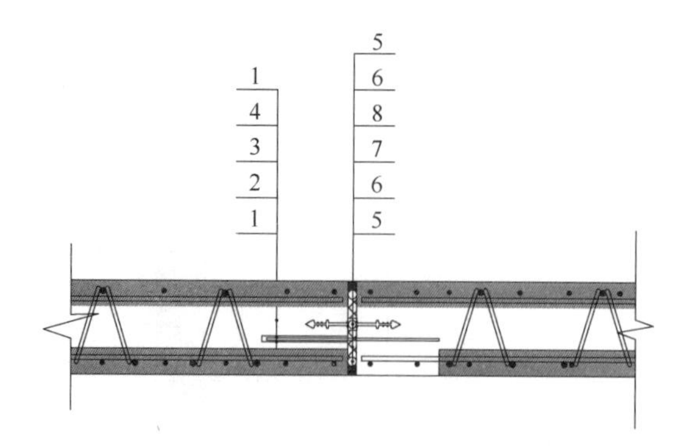

图 5-21　2-2 变形缝止水带布设详图

1—叠合墙预制板；2—无缝钢管；3—传力杆；4—现浇混凝土；5—高模量聚氨酯密封胶；6—泡沫棒；7—变形缝衬垫板；8—中埋式钢边橡胶止水带

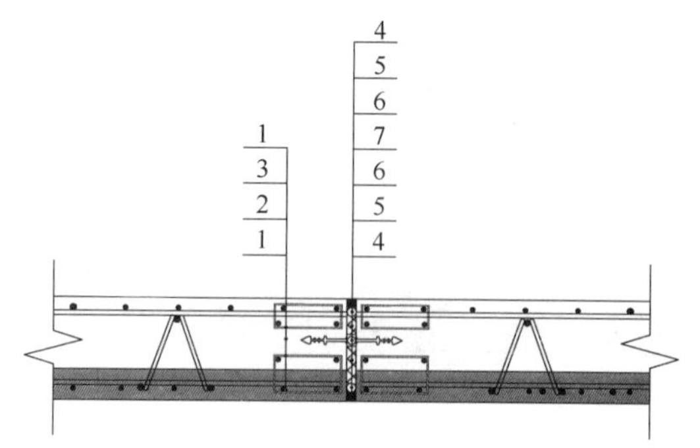

图 5-22　3-3 变形缝止水带布设详图

1—叠合预制板；2—构造嵌固钢筋；3—现浇混凝土；4—高模量聚氨酯密封胶；5—泡沫棒；6—变形缝衬垫板；7—中埋式钢边橡胶止水带

5.13　主体结构防水效果案例对比

综合管廊在我国正处于试点阶段，是城市地下工程建设的革命，对于城市的发展，地下空间的有效利用有着长远的战略意义。做好防水工作是保障基本使用功能的前提，传统现浇工艺防水质量存在难以克服的“质量通病”，管廊内漏水、渗水问题难以有效杜绝；全预制节段拼装干拼缝较多，吊装精度难以有效控制，存在渗水的隐患；预制装配式工艺，综合现浇和预制混凝土的特性，既发挥了预制、现浇混凝土的优势、特点，使两者完美结合，做到了防水优于现浇和全预制阶段拼装工艺，如图 5-23～图 5-29 是现场图片对比。

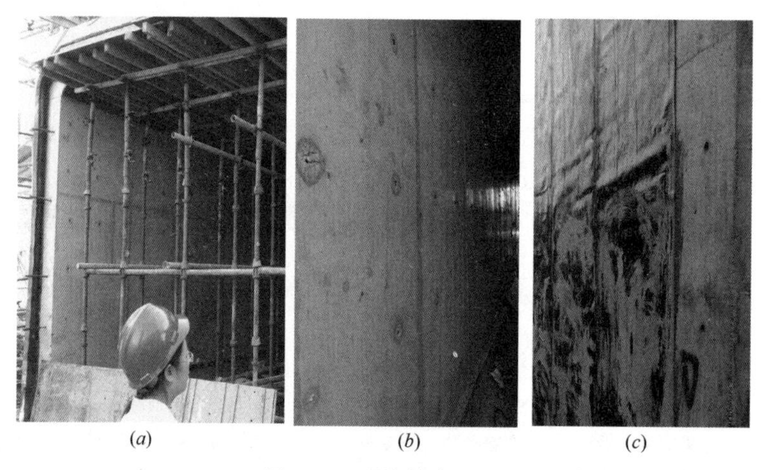

(*a*)　(*b*)　(*c*)

图 5-23　现浇管廊（1）

(*a*) 外墙内侧带止水拉杆孔；(*b*) 中隔墙带止水拉杆孔；(*c*) 外墙外侧带止水拉杆孔

图 5-24　预制装配式管廊（1）

图 5-25　现浇管廊（2）

图 5-26　预制装配式管廊（2）

图 5-27　现浇管廊（3）

图 5-28　预制装配式管廊（3）

图 5-29　现浇、预制管廊外墙

上述图片管廊的廊壁上布满了现浇工艺所需估计模板的止水对拉螺杆。

5.14 防水工程主要通病

5.14.1 主体部分

（1）转角部位、卷材接缝及收口的部位未铺贴严密、焊好密封，后浇筑主体结构时，此处卷材被破坏。

（2）阴阳角、转角等卷材受力较大部位未按规定增补附加增强层卷材。

（3）所选的卷材韧性较差，转角处操作不便，为确保转角处卷材铺贴严密。

（4）管道周围渗漏，管道表面没有认真进行清洗、除锈。穿管处周边呈死角，使卷材不宜铺贴。

5.14.2 防治措施

（1）阴阳角等处做成圆弧形，接缝、焊口、收口处施工完毕后要精心操作，认真检查。

（2）转角处应先铺附加增强层卷材，并粘贴严密，尽量选用延伸率大、韧性好的卷材。

（3）在立面与平面的转角处不应留设卷材搭接缝，卷材搭接缝应留在平面上，距立面不应小于600mm。

（4）穿墙管道处卷材防水层铺实贴严，避免出现张口、翘边现象，而导致渗漏，对其穿墙管道必须认真除锈和尘垢，保持管道洁净，确保卷材防水层与管道粘结牢固。穿墙管道周围抹找平层时，应将管道根部抹成直径不小于50mm的圆角，卷材防水层应按转角要求铺贴。

5.14.3 空鼓现象

1. 原因分析

（1）基层潮湿、找平未干、含水率过大、连接不牢，形成空鼓。

（2）未认真清理表面，立面铺贴、热作业时操作困难而导致铺贴不实不严。

2. 防治措施

（1）卷材防水施工前，应对基层含水率进行测试，符合要求后方可施工。

（2）地下水位较高时，应把地下水位降到垫层以下500mm，防止由于毛细水上升造成基层潮湿。

（3）铺贴卷材防水前，处理好基层，使卷材铺贴密实、严密、牢固。

（4）铺贴卷材时气温不宜低于5℃。施工过程应确保胶结材料的施工湿度。

5.14.4 卷材搭接不良现象

1. 原因分析

（1）搭接形式以及长、短边的搭接长度不符合规范要求。

（2）接头处卷材粘结不密实，有空鼓、张嘴、翘边等现象。

（3）接头甩槎部位损坏，甚至无法搭接。

2. 防治措施

（1）应根据铺贴面积及卷材规格，事先丈量弹出基准线，然后按线铺贴；搭接形式应符合规范要求，立面铺贴自上而下，上层卷材应盖过下层卷不少于150mm。平面铺贴时，卷材长短边搭接长度均应不小于100mm，上下两层卷材不得相互垂直铺贴。

（2）施工时确保地下水位降到垫层以下500mm，并保持到防水层施工完毕。

（3）接头甩槎应妥善保护，避免受到环境和交叉工序的污染和损坏，衔头搭接应仔细施工，满涂胶粘剂，并用力压实，最后粘贴封条口，用密封材料封严，宽度不应小于20mm。

（4）临时性保护墙应用石灰砂浆砌筑以利拆除，临时性保护墙内的卷材不可用胶粘剂粘贴，可用保护隔离层卷材包裹后埋设于临时保护墙内。衔头施工时，拆除临时性保护墙，拆去保护墙隔离层卷材，即可分层按规定搭接施工。

第二篇 制 造 篇

第6章　预制装配式混凝土综合管廊工厂制造

6.1　PC工厂概述

PC构件工厂作为装配式建筑系统内不可缺少的组成，是制约装配式建筑高速发展的一个重要环节。如果说建筑设计及深化是灵魂核心，装配集成施工是融合过程，那么工厂产出的构件就是组合材料，只有材料源源不断地提供，建造的“航空母舰”才会得以按工按期完成，工厂产出如何能达到“源源不断”，我们需要花费大量时间、精力去创新摸索。

时至今日，在装配式建筑规模不断发展壮大的同时，装配式建筑中的生产PC构件的工厂也在不断更新换代、软硬件升级，使工厂信息化、智能化程度越来越高，以保证工厂的产出达到“源源不断”。工厂由以前的杂乱无序的手工作坊变成现在的整洁有序的流水生产线（图6-1），并且为流水线配以现代化机械设备，如是流水轨道线、横移车、布料机、养护窑、翻转台、轨道运输车等电气设备，如是自动清模机、自动划线机、自动喷涂机、网片焊接机、自动弯曲机等自动化设备，实现了生产的智能化，为我们的生产管理及操作人员均配以生产辅助软件及硬件，以需求去驱动产能的自驱动生产方式，以条形码或二维码贯穿设计、采购、工艺、生产、运输等各个环节，实现了生产的信息化。信息化、智能化的手段已经开始去挖掘工厂自身的潜能，以满足装配式建筑的生产需求。

图6-1　手工作坊与PC构件工厂

PC构件工厂各项设施、设备已趋向完善，并逐渐向标准化工厂靠拢，只有标准化工厂才可以完整复制，减少地域上的技术限制。而且标准化工厂还可以简化工厂的运营模式和优化工厂各部门衔接，协同合作，技术创新，保证工厂运转地更顺畅、更高效。

标准化PC构件工厂由原材料供用模块、构件生产模块和构件仓储运输模块组成，各模块之间相互配合、相互衔接（图6-2）。

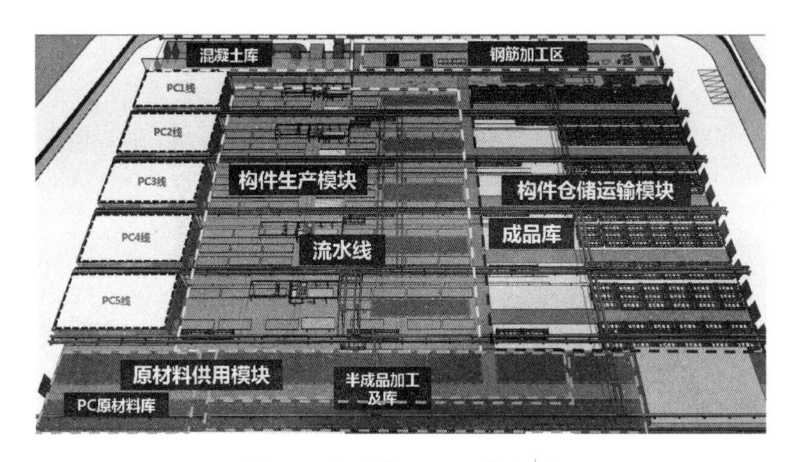

图 6-2　标准化 PC 工厂规划图

6.1.1　原材料供用模块

原材料供用模块指的是构件生产前期原材料从采购准备到生产使用或从采购准备到预加工后再生产使用的一系列活动，由采购系统、仓储系统、预加工系统、配送系统组成(图 6-3)。

采购系统指的是原材料的集成采购。装配式建筑工艺深化设计完成后，设计单位设计系统生成装配式构件原材料物料 BOM 清单，当确定生产指定时，BOM 清单转化生成原材料采购清单，原材料采购清单经相关人员审批后流到长期合作的原材料供应商，供应商根据清单执行供货。采购流程核心在于清单流转的顺畅、及时，一系列工作在采购软件上执行，方式简便、高效。

其中原材料采购的关键就是需要供应商提供正规单位出具的合格报告或型检报告，如有需求工厂实验室要参与原材料进厂检验，保证原材料供用的质量。

仓储系统指的是采购回厂的原材料在工厂存储的系列活动。其活动地点在于工厂物料仓库或生产待存放区等，方式一般有入库、出库、清盘等。

预加工系统指的是原材料出库使用时，预先对其加工的系列系统。因为构件生产中，部分材料是无法直接使用，需预先对原材料进行粘接、焊接、裁切等。如墙体中预埋的线管长度裁切、线盒四周接头组装、保温材料裁切、预埋铁安装紧固焊接、箍筋笼绑扎等，此类加工完成所得材料工厂统称为原材料半成品，其目的是减少线上加工、安装时间，缩短产线生产节拍时间，提高效率。

配送系统指的是原材料半成品批量输送至生产线的系列动作。配送使用的工具一般有小型电动拖车、组合式的滑动托盘等，配送原则有齐套装盘、整盘装车、打包配送等，其核心思想是调整产线工作任务，减少人员寻找物料或工具的动作，增强工作专注程度。

原材料供用模块虽不直接参与工厂构件的产出，但是它直接影响到工厂生产的效率，所以原材料供用模具也是工厂后勤保障服务模块。

(a)

(b)

(c)

图 6-3 原材料供应

(a) 工厂物料仓库；(b) PC 半成品加工区；(c) 钢筋半成品加工

6.1.2 构件生产模块

构件生产模块是构件直接产出的环节，直接涉及工厂生产，所以此模块是整个工厂运作的核心模块。构件生产模块由流水线系统、搅拌站系统、钢筋加工系统组成（图 6-4）。

1. 流水线系统

流水线系统具体又可以分为拆脱模、清装模、置筋/预埋、布振养四大工作中心，对应拆模、吊装、清模、装模、置筋、预埋、浇捣、后处理、养护等 9 个常用生产工序。流水线采用环形闭合的方式，线上流转台模，单个台模标准尺寸为 12m×3.5m，台模底部采用电机驱动，采用液压横移车进行转向，形成闭合式回路，连续不断的循环式生产。

流水线常用的设备有：立体养护窑、翻转台、横移车、布料机、振动台、刮平机、抹光机、拉毛机等。

立体养护窑：将混凝土构件在养护窑中存放，经过静置、升温、恒温、降温等几个阶段使水泥构件凝固强度达到要求。

翻转台：模板固定于托板保护机构上，可将水平板翻转 85°～90°，便于制品竖直起吊。

横移车：流水线上台模转向的设备。

布料机：混凝土布料机用于向混凝土构件模具中进行均匀定量的混凝土布料。

(a)

(b)

(c)

图 6-4　构件生产

(a) PC 流水线；(b) 工厂搅拌站；(c) 自动钢筋加工线

振动台：用于振捣完成布料后的周转平台，将其中混凝土振捣密实。

刮平机：将布料机浇注的混凝土振捣并刮平，使得混凝土表面平整。

抹光机：用于内外墙板外表面的抹光。抹平头可在水平方向两自由度内移动作业。

拉毛机：对叠合板构件新浇注混凝土的上表面进行拉毛处理，以保证叠合板和后浇注的地板混凝土较好地结合起来。

工厂在不断进化，生产设备也在不断更新，为了追求操作更简便、数据更精确、生产更高效，工厂内创新出智能化程度更高的自动化设备，比如有：划线机、清模机、喷涂机、轨道运输车等。

划线机：用于在底模上快速而准确画出边模、预埋件等的位置，提高放置边模、预埋件准确性和速度。

清模机：模具清扫机将脱模后的空模台上附着的混凝土清理干净。

喷涂机：在底模和模具上均匀喷涂隔离混凝土的隔离剂。

轨道运输车：用于运输成品 PC 板，将成品 PC 板由车间运送至堆放场。

流水线生产设备并不是一成不变的，它会随着科技、技术的进步而快速发展，并且发展的方向倾向智能化，减少人为不可控因素的影响，形成以高度机械化为基础、以智能驱动生产为核心的新模式。流水线系统的生产工序也会因先进的设备、合理的生产方式而变得更加标准、有序，各工序有效的生产节拍将会变得可控制，达到生产时效可控、产能合理的目的。

2. 搅拌站系统

搅拌站系统是混凝土从原材料（水泥、沙、石、粉煤灰、添加剂等建筑材料）搅拌加工而制成的半成品到输送到流水线上的混凝土加工中心，工厂内统称为混凝土生产线。其作用是为生产提供混凝土半成品材料。为了完成预制构件，生产制作时厂区内配置搅拌站，并且配置混凝土输送装置，保证生产的连续性。

混凝土搅拌站型号选择是根据产能大小选用合适的搅拌主机，另外搅拌站还需要考虑生产线的流水节拍、构件设计强度或混凝土标号、运输距离、工厂规模大小以及设计产能的问题。

搅拌站设备主要包含有主机、搅拌站、储料罐、带式运输机、供水系统、污水处理系统、配料系统、混凝土输送系统、空压系统、电气系统、控制系统等。

3. 钢筋加工系统

钢筋加工系统是指构件主要材料中钢筋预先加工的钢筋制作中心，工厂内统称为钢筋生产线。钢筋原材料采购回厂一般形式为盘钢或直条钢筋，通常此类钢筋无法直接使用在构件生产过程中。在使用过程中，钢筋需要进行调直、切断、焊接、弯曲、绑扎等加工，为了提高生产效率和质量，此类加工均采用设备加工，而根据设备自动化程度和加工性质来分，我们又把钢筋加工线分为自动钢筋加工线和手动钢筋加工线。

自动钢筋加工线均采用自动化程度较高的设备，加工过程中，无须人为过多干预机器，只需要人员启动设备，输入数据参数即可，这些设备加工后钢筋半成品部分可直接使用到生产，部分需转运至手动钢筋加工线进行再加工后使用。此类设备比如有：网片焊接机、桁架焊接机、数控弯箍机、数控调直切断机、棒材机等。

网片焊接机：用于建筑工业化 PC 构件钢筋网片批量化生产。

桁架焊接机：建筑钢筋中桁架的专用成型设备，该设备将放线、矫直、弯曲成型、焊接、折弯等一次完成，具有焊接质量好，速度高，工人劳动强度小，生产效率高的特点。

数控弯箍机：用于生产各种规格箍筋以及异形钢筋（如拉结筋、支撑环、马凳筋）。

数量调直切断机：用于将直线度不好的或者圆盘钢筋加工成直条钢筋，并按照设计图纸标示长度进行切断，以便后期的捆扎调用。

棒材机：此设备可将钢筋弯曲成不同形状，它具有弯曲精度高、弯曲成型速度快、自动化程度高的特点。

手动钢筋加工线并不完全是手工加工，也有人工去操作机器加工钢筋，自动化程度比较低而已，其中手动加工设备有：钢筋切断机、钢筋弯曲机、钢筋滚丝机、钢筋对焊机等。

钢筋切断机：此设备是对较粗钢筋进行切断加工，从而达到所需尺寸长度。

钢筋弯曲机：此设备是对较粗钢筋进行弯曲加工，从而达到设计图纸要求。

钢筋对焊机：用于工厂或者工地焊接需要加长的主筋，使其达到设计图纸要求长度。

钢筋滚丝机：用于将需要进行机械连接的钢筋滚轧出螺纹，通过连接套筒连接，从而完成钢筋的加长连接。

手动钢筋加工线中完全手工完成的半成品钢筋主要内容有箍筋笼绑扎、非标或少量钢筋网片绑扎、主筋与灌浆套筒螺纹连接等。主要是针对钢筋成组预制的人为操作，其目的是减少线上钢筋安装的时间，减少生产节拍时间，保证效率。

6.1.3 构件仓储运输模块

1. 构件仓储

构件仓储运输模块是构件生产完成后，构件通过起重设备吊装吊运至存放区（堆场），然后通过平板挂出运输至工地现场的模块（图 6-5）。构件脱模完成后，由轨道运输车转运至成品区（堆场）进行存放，等待发货，其中的产品分为一次合格成品和不合格成品两种情况，所以我们通常会把成品区划分成一次合格成品区（A 库）和不合格成品区（B 库），A 库中可做构件直接发货出厂的区域，B 库中不合格产品经过质量部门判定，不合格产品是否可进行返修，如果可进行返修，那构件在 B 库中进行修补，修补合格后则进入 A 库；如果不能进行返修，那构件直接申报做报废处理。所以按照这种方式执行后，

图 6-5 构件仓储运输

(*a*) 构件库存成品区；(*b*) 墙板类构件存放；(*c*) 板类构件存放；
(*d*) 异形类构件存放；(*e*) 运输发货

又可以在A库中预留出成品发货区，负责成品发货，在B库中预留出成品返修区，负责不合格品返修。无论是A库还是B库，区域职责划分分明，库内井然有序。构件仓储运输模块由成品堆放、运输发货两大板块组成。

构件堆放分为墙板类堆放、板类堆放和其他异形类堆放三种情况。

（1）墙板类堆放

墙板类堆放可理解为竖向类构件堆放。一般竖向构件从吊装工序翻转脱模立起后，吊运至整装货架内，然后由轨道运输车转运至成品区（堆场）进行存放，通常工艺设计人员不仅要对构件放置在整装货架内位置、数量、荷载进行规划，还需要对堆场内整装货架放置位置进行规划，这样一方面出于安全因素的考虑，评估构件存放、运输潜在的风险系数，另一方面是为了精确构件存放的位置，方便后续构件发货。

（2）板类堆放

板类堆放可理解为水平类构件堆放。水平类构件一般直接从台模上水平吊出脱模，存放方式为成垛叠放，底部采用钢制托盘枕垫，整垛吊运。工艺设计人员在生产前需要对水平类构件进行排模、堆码等其他工艺设计，明确生产顺序和整垛构件叠放位置，同样设计人员还需要对堆场进行规划设计，明确堆场堆码位置。

（3）异形类堆放

其他异形类堆放统称为异形构件堆放。异形构件一般在固定台模上生产，堆放方式为单个堆放或极小部分成垛叠放，因为不规则的异形构件成垛堆放易倾倒，存在安全隐患，即使成垛叠放，也需要制作辅助工装进行支撑、绑扎加固等措施。异形构件运输至堆放后，也需要进行存放规划设计，方便构件寻找、发货。

2. 运输发货

运输发货是构件离场的最后一个环节，也是受危险因素影响最大的一个环节。影响安全运输发货的因素有：（1）车辆车型的选择；（2）构件装车的方式；（3）构件装车的重量；（4）运输距离；（5）运输路况；（6）车辆行驶速度；（7）其他。

运输发货同样也分为墙板类运输发货、板类运输发货、异形类运输发货三种情况。墙板类运输发货采用整装货架整体吊运装车，首先平板车上需做整装货架的前后左右限位点，防止运输途中滑出；其次在构件顶部需用绑带或钢筋捆绑在平板车上，并勒紧，转弯行车尤其需要注意，防止货架重心不稳而侧翻。板类运输发货采用托盘整体吊运装车，构件顶部需用绑带或钢筋捆绑在平板车上，并勒紧，尤其注意的是，板类运输过程中，严禁急刹车，防止板向前滑出。异形类运输发货单个进行装车，必要的时候需用工装进行支撑，然后在构件顶部需用绑带或钢筋捆绑在平板车上，并勒紧，防止装车超高或超宽。

无论运输发货是何种情况，构件运输都需要注意安全问题，只有运输安全得到保障，构件从分散的原材料到组合得到的成品，才能体现出它的实用价值。

6.2 生产组织与管理

工厂生产组织与管理是为了保证完成公司生产计划，对生产各环节进行有效的控制和管理，充分利用企业资源，从而达到提高产量、保证效率、降低标准的目的。

6.2.1 工厂组织架构

生产组织与管理的基础就是公司的组织架构和依照组织架构设立的各部门职能，其中组织架构以公司组织架构图体现，生产组织关系细化各部门职能，标准化工厂的组织架构图详细见下图。

根据公司组织架构图，可以明确各岗位人员和职责。按标准化工厂标准配置 5 条 PC 流水生产线（含混凝土加工中心）和 1 条钢筋加工线，其他足够大的配套线下加工区域和成品库存区域，可测算出标准化工厂主要骨干岗位人员数量，岗位设计详细见表 6-1。

PC 工厂岗位人员设计表 **表 6-1**

<table>
<tr><td colspan="4">主要岗位</td><td colspan="2">普通岗位</td></tr>
<tr><td>领导层</td><td colspan="3">管理层</td><td colspan="2">基层</td></tr>
<tr><td>一类</td><td>二类</td><td>三类</td><td>四类</td><td>五类</td><td>六类</td></tr>
<tr><td rowspan="17">厂长级
副厂长级</td><td rowspan="5">生产经理</td><td>PC 生产主管</td><td>生产线线长×5</td><td></td><td></td></tr>
<tr><td rowspan="3">半成品加工主管</td><td>混凝土加工线长</td><td></td><td></td></tr>
<tr><td>钢筋加工线长</td><td></td><td></td></tr>
<tr><td>原材料加工线长</td><td></td><td></td></tr>
<tr><td>设备主管</td><td>维修员</td><td></td><td></td></tr>
<tr><td rowspan="3">资材经理</td><td>仓库主管</td><td>仓管员</td><td></td><td></td></tr>
<tr><td>计划主管</td><td>计划员</td><td></td><td></td></tr>
<tr><td>运输主管</td><td>运输队长</td><td></td><td></td></tr>
<tr><td rowspan="5">技术经理</td><td>工艺主管</td><td>工艺员</td><td></td><td></td></tr>
<tr><td rowspan="2">实验室主任</td><td>试验员</td><td></td><td></td></tr>
<tr><td>资料员</td><td></td><td></td></tr>
<tr><td rowspan="2">品质/安全主管</td><td>品管员</td><td></td><td></td></tr>
<tr><td>安全员</td><td></td><td></td></tr>
<tr><td>采购经理</td><td></td><td>采购员</td><td></td><td></td></tr>
<tr><td>售后经理</td><td></td><td></td><td></td><td></td></tr>
<tr><td>人事经理</td><td>行政主管</td><td></td><td></td><td></td></tr>
<tr><td>财务经理</td><td></td><td></td><td></td><td></td></tr>
<tr><td colspan="6">合计人员数量</td></tr>
<tr><td>2 人</td><td>7 人</td><td>10 人</td><td>18 人</td><td>技工</td><td>普工</td></tr>
</table>

如上表中五级岗位和六级岗位为空白，其原因是装配式建筑项目工程大小或项目季候性变化，工厂对基层操作人员会有所增减，所以人员数量不能数据化，但可以根据工艺设计、生产构件类型、工序节拍等因素测算出人员数量。而此种基层操作人员变动模式虽可以在某些特定时期减少工厂的制造成本，但更易造成工厂基层基础技术力量的流失、

断层。

生产组织是生产过程的组织与劳动过程组织的统一。生产过程的组织主要是指生产过程的各个阶段、各个工序在时间上、空间上的衔接与协调。它包括企业总体布局、车间设备布置、工艺流程和工艺参数的确定等。在此基础上，进行劳动过程的组织，不断调整和改善劳动者之间的分工与协作形式，充分发挥其技能与专长，不断提高劳动生产率。生产管理的目的就在于，做到投入少、产出多，取得最佳经济效益。而采用生产管理软件的目的，则是提高企业生产管理的效率，有效管理生产过程的信息，从而提高企业的整体竞争力。

构件工厂的部门职能包含有领导部门、资材部、采购部、生产管理部、工艺管理部、用户中心、财务部、行政部等，其中领导部门的厂长统管工厂全局工作，负责工厂各项管理和决策工作，建立管理体系，完善各项制度等，其他部门均是服务于生产，部门职能围绕生产开展（图 6-6）。

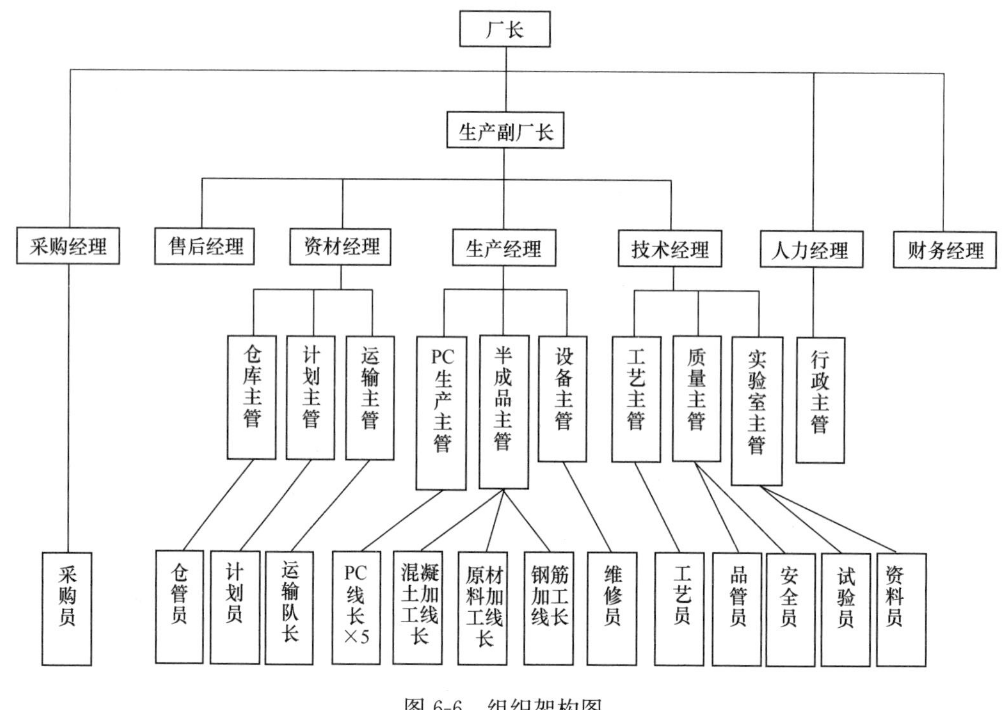

图 6-6　组织架构图

6.2.2　生产组织与管理

生产组织与管理包含：PC 工厂的运营计划、项目的生产计划、构件生产过程的管理（制度、方法、工具）等。

1. 运营计划

一般对于 PC 构件工厂来说，运营计划就是为了保证工厂在本年度内达成预期目标而制定生产经营活动的综合规划，对于企业而言，所有综合规划的目的都是为了盈利，工厂更是如此，所以运营计划的核心就是追求最大利益化。影响最大利益化的因素有构件的销售额、成本、税务等，因此PC工厂运营计划的内容又根据市场需求、环境而制定战略性的方案和战术性的方案，比如年度的销售额计划、工厂产能分配及达成计划、工艺技术改善计划等。合理的运营计划是工厂的主导计划，是把握工厂整体的方向计划，合理的营运计划可以让项目按时、按量达到预期的效果，并使生产项目的工厂高效运转。

2. 项目生产计划

装配式建筑在建筑深化设计时期内，工厂各组织各模块需要与设计单位进行接洽，提取此装配式建筑项目各类信息（比如建筑面积、结构体系、栋数、体积方量、构件类型、防水、保温耐火等级等），然后工厂根据信息内容，进行评估测算，依据评估测算的结果制定项目生产计划，建筑深化设计完成后，工厂开始筹备生产，项目生产计划得以执行。项目的生产计划实施不仅需要在规定时间内达成，更有时间内交货数量限制，所以计划对于生产是按时、按量的控制。制定项目生产计划的主导是资材部（运营中心），其他组织或模块提供参考数据，以数据为指标，贴合生产实际情况，制定计划。

项目生产计划又称为生产主计划，由生产主计划衍生出各部门的专业计划，专业计划形成的计划“树”指导各部门工作。根据生产的不同时期，我们可以将项目生产计划分为三种情况：生产前、生产中、生产后。

（1）生产前

生产前是产前筹备计划，为项目导入生产线做准备。主要包含材料采购计划、工艺设计计划、人员储备计划、产量分布计划、库存计划、运输发货计划等。

（2）生产中

生产中是生产日常指导计划，主要是细化并明确生产前期计划中的内容。比如生产指定单、工艺改进及日常维护、产线员工技能提升、库存及运输等。

（3）生产后

生产后是构件生产完成后的项目收尾计划。主要内容是原材料及成品库存清盘、生产资料归集、项目总结等。

项目生产计划是多种计划的集合体，贯穿整个生产周期，各部门根据各种计划执行，构件生产才更顺畅。

3. 构件生产过程管理

构件生产最重要的一个环节就是构件生产过程中的管理，它是对构件生产的有效控制，是体现一个生产管理者的生产管理水平，同时也是成熟工厂的一个标志。生产中的过程管理细分为管理制度、管理方式、管理工具。

（1）管理制度

管理制度是生产现场管理的制度，包含有定置管理、工艺管理、质量管理、设备管理、工具管理、计量管理、生产管理、能源管理、车间管理九个方面。具体分析为：

1）定置管理

① 安置摆放，构件按区域按类放置，合理使用工位器具。

② 及时运转、勤检查、勤转序、勤清理、标志变化，应立即转序，不拖不积，稳吊轻放，保证构件外观完好。

③ 做到单物相符，工序记录，传递记录与构件数量相符。

④ 加强不合格品管理，有记录，标识明显，处理及时。

⑤ 安全通道内不得摆放任何物品。

⑥ 消防器材定置摆放，不得随意挪作他用，保持清洁卫生，周围不得有障碍物。

2）工艺管理

① 严格贯彻执行工艺规程。

② 对新工人和工种变动人员进行岗位技能培训，并且不定期地进行检查。

③ 严格贯彻执行按标准、按工艺、按构件图纸生产，对图纸和工艺文件规定的工艺参数、技术要求应严格遵守、认真执行，按规定进行检查，做好记录。

④ 对原材料、半成品、模具、进入车间后要进行自检，符合标准或工艺人员确定完成后可投产，否则不得投入生产。

⑤ 严格执行标准、图纸、工艺配方，如需修改或变更，应提出申请，并经试验鉴定，报请工艺管理部确认后方可用于生产。

⑥ 合理化建议、技术改进、新材料应用必须进行试验、鉴定、确认后纳入有关技术、工艺文件方可用于生产。

⑦ 新制作的工装应进行检查和试验，判定无异常且首件产品合格方可投入生产。

⑧ 在用模具、工装夹具应保持完好，尤其是新开发的模具和磁盒。

⑨ 生产部门应建立库存工装台账，按规定办理领出、维修、报废手续，做好各项记录。

⑩ 工艺图纸管理按《工艺图纸管理手册》执行。

3）质量管理

① 各车间应严格执行《构件质量管理手册》中关于“各级各类人员的质量职责”的规定，履行自己的职责、协调工作。

② 对关键过程按相关规定严格控制，对出现的异常情况，要查明原因，及时排除，使质量始终处于稳定的受控状态。

③ 认真执行“三检”制度，操作人员对自己生产的产品要做到自检，检查合格后，方能转入下道工序，下工序对上工序的产品进行检查，不合格产品有权拒绝接收。如发现质量事故时做到责任者查不清不放过、事故原因不排除不放过，预防措施不制定不放过。

④ 车间要对所生产的构件质量负责，做到不合格的材料不投产、不合格的半成品不转序。

⑤ 严格划分“三品”（合格品、返修品、废品）隔离区，做到标识明显、数量准确、处理及时。

4）设备管理

① 车间设备指定专人管理。

② 严格执行《标准化 PC 工厂设备使用、维护、保养、管理制度》，认真执行设备保养制度，严格遵守操作规程。

③ 做到设备管理“三步法”，坚持日清扫、周维护、月保养，每天上班后检查设备的操纵控制系统、安全装置、设备电路系统、油压油位标准，并按要求检查行车、翻转台等危险程度较高的设备，待检查无问题方可正式工作。

④ 设备台账卡片、交接班记录、运转记录齐全、完整、账卡相符、填写及时、准确、

整洁。

⑤ 严格设备事故报告制度，一般事故马上报设备主管或主管领导。

5）工具管理

① 各种工具量具应按规定使用，并按规定摆放，严禁违章使用或挪作他用。

② 精密、贵重工具、量具（如角磨机、电焊机、磁力钻等）应严格按规定保管和使用。

③ 严禁磕、碰、划伤、锈蚀、受压变形。

④ 对于磨损的工具需要报备或修复。

6）计量管理

① 使用人员要努力做到计量完好、准确、清洁并及时记录。

② 严禁用精密度较高的计量工具测量粗糙工件，更不准作为他用。

③ 计量需重复多次测量，以保证计量的准确性。

7）生产管理

① 车间清洁整齐，各表格填写及时，准确清晰。

② 应准确填写交接班记录、交接内容包括设备、工装、工具、卫生、安全等。

③ 室内外经常保持清洁，不准堆放垃圾，生产区域严禁吸烟，烟头不得随地乱扔，车间地面不得有积水、积油。

④ 车间内工位、设备附件、操作台、工作台、工具箱、货架各种搬运小车等均应指定摆放，做到清洁有序。

⑤ 车间合理照明，严禁长明灯，长流水。

⑥ 坚持现场管理文明生产、文明运转、文明操作、根治磕碰、划伤、锈蚀等现象，下班前设备保养或混凝土清理，构件按规定摆放，工具清点后摆放好，并做好原始记录，工作场地打扫干净。

⑦ 严格执行各项安全操作规程。

⑧ 经常开展安全活动，开好班前会，不定期进行认真整改、清除隐患。

⑨ 按规定穿戴好劳保用品，认真执行安全生产。

⑩ 特殊工种作业应持特殊作业操作证上岗。

⑪ 非本工种人员或非本机人员不准操作设备，重点设备，要专人管理，卫生清洁、严禁损坏。

⑫ 加强事故管理，坚持对重大未遂事故不放过，要有事故原始记录及时处理报告，记录要准确，上报要及时。

8）能源管理

① 积极履行节能职责，认真考核，分配专人督查。

② 开展能源消耗统计核算工作，认真执行公司下达的能源消耗定额。

③ 随时检查耗能设备运行情况，杜绝跑、冒、滴、漏，消除长流水现象，严格掌握控制设备预热时间，杜绝空置运行。

9）车间管理

① 车间可据公司制度，具体制定管理细则，奖罚并行。

② 严格现场管理，要做到生产任务过硬、技术质量过硬、管理工作过硬、劳动纪律

过硬、思想工作过硬。

③ 经常不定期开展内部工艺、纪律产品质量自检自纠工作。

④ 积极参加技术或技能培训，努力达到岗位技能要求。

（2）管理方式

管理方式分为现场 OJT 管理、6S 管理、IE、精益化生产四种方式。

现场 OJT（On-the-JobTraining）指的是现场指导。“师傅带徒弟”的有效机制，其核心的技巧在于清楚地理解现场 OJT 的培训职责，科学运用 OJT 的四个阶段与七个步骤。让新员工熟练掌握本岗位的全部操作要领，在此基础上进行岗位轮换，则可以造就多技能员工。“一专多能”的员工可以提高生产效率，增加生产管理的灵活性。

6S 管理指的是整理、整顿、清扫、清洁与素养、安全，在 6S 里面最强调素养，所谓“始于素养，归于素养”。现场的整理、整顿、清扫与清洁相对容易做，尤其在生产的现场与办公的现场，有各级干部在监督执行，通常不担心做不好。难度最大的是素养的形成。

IE 是现场改善最基本的做法，是通过有效的流程分析，找出生产现场的损失与浪费，并努力将其衡量出来，然后遵循 PDCA 的管理循环，制定并实施改善方案，持续地追求现场价值的最大化。

精益化生产是利用杜绝浪费和无间断的作业流程，而非分批和排队等候的一种生产方式。它通过系统结构、人员组织、运行方式和市场供求等方面的变革，使生产系统能很快适应用户需求的不断变化，并能使生产过程中一切无用、多余的东西被精简。

（3）管理工具

管理工具有标准化、目视管理、看板管理三大工具。

标准化就是将企业里各种各样的规范，如：规程、规定、规则、标准、要领等等，这些规范形成文字化的东西统称为标准（或称标准书）。制定标准，而后依标准付诸行动则称之为标准化。那些认为编制或改定了标准即认为已完成标准化的观点是错误的，只有经过指导、训练才能算是实施了标准化。

目视管理是利用形象直观而又色彩适宜的各种视觉感知信息来组织现场生产活动，达到提高劳动生产率的一种管理手段，也是一种利用视觉来进行管理的科学方法。

看板管理是发现问题、解决问题的非常有效且直观的手段，尤其是优秀的现场管理必不可少的工具之一。展示构件生产任务，展示品质改善的过程，展示改善成绩等内容，让大家都能学到好的方法及技巧，营造竞争的氛围和现场活力的强有力手段，明确管理状况，营造有形及无形的压力，有利于工作的推进。

6.3 生产技术准备

预制装配式混凝土管廊设计之初，依据预制装配式结构设计标准进行管廊结构拆分，这里结构拆分不仅有预制装配式管廊整条分段拆分，也有管廊横截面细节拆分。整条分段拆分可以分为标准段、非标段（比如转弯、下沉等）、衔接段三种情况，本章节主要是讲述标准段管廊生产。因 PC 工厂台模尺寸（12m×3.5m）和施工吊装因素影响，标准段管廊单位长度一般 2.8～3m 左右，详见图 6-7。

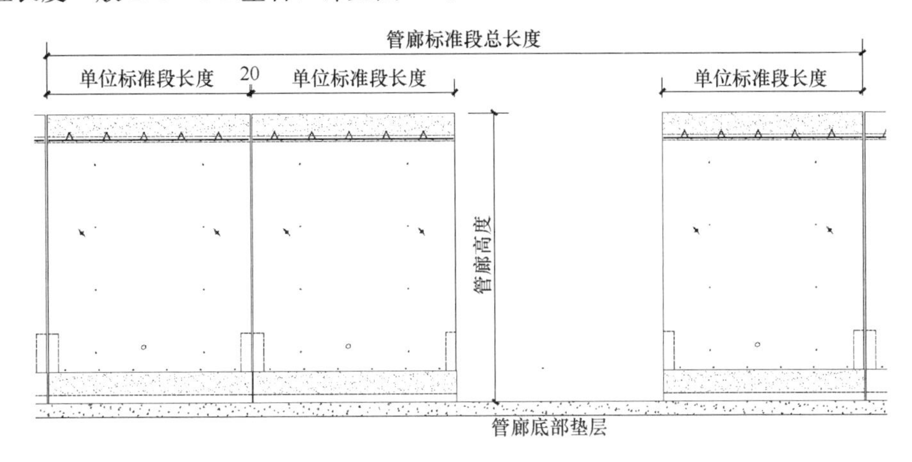

图 6-7　标准段管廊侧面图

管廊横截面拆分大体为预制部分和现浇部分，预制部分为 PC 工厂预制，现浇部分为现场施工浇筑。根据结构设计标准，预制部分拆分为叠合底板、竖向叠合夹心墙板、叠合顶板三种类型构件，拆分详见图 6-8。

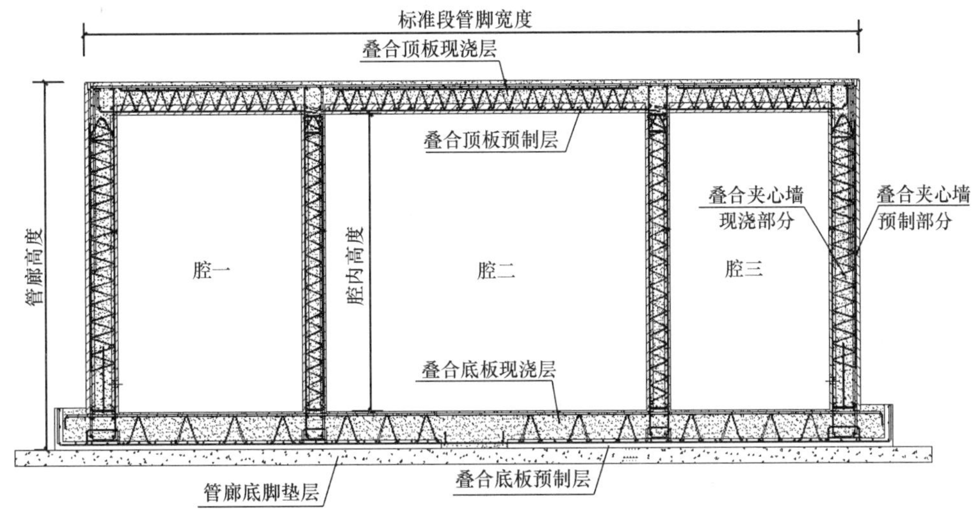

图 6-8　标准段管廊截面图

由此可见，装配式管廊预制部分是多种不同类型的构件的集合体。构件之间通过精确控制而进行装配，再加以现浇混凝土连接组成整体，形成完整的预制装配式管廊。装配精度控制的基础就是组成构件的精度，管廊构件的精度的依据是装配式建筑规范或图集，主要包含有外形尺寸、钢筋规格大小及数量、通孔及沉孔、各类预埋件等构件组成部分，组成部分体现方式为管廊构件的工艺图纸，又称构件详图。在生产过程中，各工序操作人员查询工艺图纸中管廊构件组成部分的各项参数，并把数据通过手工或机械的方式转化成实物，比如装模工序操作人员查询图纸中构件外形尺寸数据，置筋工序人员查询图纸中构件各类配筋数据等。管廊生产技术准备的前提就是管廊构件结构图及详图，且图纸必须是成套的，缺一不可。

6.3.1 工艺图纸准备

管廊工艺图纸由管廊拆分总图、组成节点图、构件详图组成。

（1）管廊拆分总图

管廊拆分总图是根据管廊建筑结构深化设计的工艺总图。总图包含有底板、顶板、叠合夹心墙整体平面布置图，管廊断面结构设计图、廊结构施工图，管廊构造设计图，技术总说明等图纸，图纸的主要作用是明确深化设计及构造，指导管廊生产及施工。

（2）组成节点图

组成节点图是管廊拆分图的局部构造细节组成和说明。工艺总图中不明确的部分或总图中无法体现的部分通过局部放大的方式得以明确展示，让设计以外的人员更易读懂和理解管廊装配结构，对生产和施工具有重要意义。

（3）构件详图

构件详图是管廊预制部分的拆分构件的详细图纸。管廊构件详图由叠合底板详图、叠合顶板详图、叠合夹心墙详图、钢制预埋件详图四大类组成，图纸归集成套。详图信息包含有：构件尺寸，构件配筋种类、规格、数量，水电预埋位置及数量，其他预埋件的位置及数量，构件的技术说明，构件的细部节点等。构件详图针对的对象是PC构件工厂，是整个工厂运转的依据，各个部门的工作也是根据构件详图开展，如原材料采购、工艺设计、生产指定、成本核算等。

管廊工艺图纸是生产技术准备的前提，技术积累的载体。生产准备前期，PC构件生产工厂依据图纸对装配式管廊进行解读和理解；生产过程中，生产操作人员依照图纸能够熟练简便地生产管廊构件。

6.3.2 工厂各部门技术准备

管廊生产技术准备是PC构件工厂各职能部门联动的技术准备，为后续生产提供技术性支撑或功能性辅助。以管廊工艺图纸为基础数据，各个部门进行核算、筹备、设计等。

1. 运营部门

管廊生产前期，设计方面主要是提取管廊的项目信息，比如管廊施工位置、混凝土方量、钢筋和预埋的规格大样等。根据项目信息，资材部提供的技术准备有：

（1）制定运输路线方案，并规避限高、限宽、限载、限时的路段，执行有效运输；

（2）测算管廊项目构件生产量大小；

（3）管廊原材料的储备，储备量根据工厂仓库库存有关；

（4）汇总所有测算结果，计算管廊生产成本，此计算仅做工厂前期生产筹备参考。

施工方面主要是跟甲方或总包单位对接，对接内容有：

（1）咨询管廊项目施工进度，根据项目现场实际情况，计划构件进场时间；

（2）协议管廊各类构件的供货计划和吊装周期时间。一般是施工方把计划吊装构件提前3天报给工厂，工厂1天内按计划清单执行备货并把构件运输至现场，我们把此计划称之为“3+1滚动计划”；

（3）其他对接。

当管廊正式并签字的工艺图纸到达工厂后，以资材部为主导的工厂内各部门协同运作，共同完成管廊项目构件生产。资材部根据项目现场构件吊装时间反推各部门工作完成时间，即编制管廊项目生产主计划，主计划的制定内容以时间为基准，规划工厂在各个时间节点需要达成的目标，最终完成管廊的生产。在主计划内，资材部为生产技术准备提供的内容有：

（1）根据管廊生产工艺图纸，核算管廊各类构件BOM清单；

（2）根据BOM清单，编制各类原材料采购清单；

（3）根据BOM清单，编制各类原材料加工清单，如混凝土加工、钢筋加工等；

（4）根据主计划，制定管廊各类构件生产指定单；

（5）根据发货运输方案，编制各类构件运输车辆、车次等清单；

（6）其他技术准备。

2. 技术部门

技术工艺部门涵盖工厂工艺/IE、实验室、品质/安全三大块。是工厂技术输出的核心部门，所以部门生产技术准备必须是充足的、完善的。

（1）工艺/IE

工艺/IE以生产时间点为分割线，分为生产前、生产中、生产后三个阶段，每个阶段需要的技术准备各不相同，工艺工作重心侧重于生产前期项目整体工艺设计，而IE工作重心偏向于解决生产中现场各类工艺及生产问题，如模具安装、能效、工序节拍等实际类问题，相当于弥补前期工艺设计的不足或对可能出现的问题未充分考虑，当生产结束后，工艺和IE集合在一起，相互检讨，补充不足，技术消化，为下次设计及生产提供不可或缺的经验。

1）生产前

生产前，工艺介入管廊结构及设计方案，主要是以生产角度去建议管廊设计的可行性，避免管廊设计完成后，出现生产难度大和无法批量性生产的局面，避免设计偏离装配式管廊工业化的思想。同时在生产前工艺介入设计，也是为后续工艺设计做方案设想和方案评估，相当于为生产打基础做铺垫。

当管廊正式并签字的工艺图纸到达工厂后，工艺设计工作正式开启，工艺设计主要有：产前产能测算、工艺方案设计、技术交底。

产前产能测算主要是为生产提供可行性的数据参考，指导生产。在工艺介入设计时，工艺收集管廊项目的各类信息，比如：建筑单位、施工单位、设计人员、建筑面积、构件类型、管廊结构、吊装时间、吊装周期等。然后根据项目信息，为达到在额定时间内完成生产进行测算，测算的目标有：管廊各类构件生产线体分布、工厂所需台模数，模具数，构件日生产量，各工序生产人员数量，生产班次，库存所需货架，其他测算等。

工艺方案设计分为装车堆码设计、排模设计、模具设计、工装设计、辅助设计等。前面章节讲述过装配式管廊预制部分由叠合底板、叠合顶板、夹心叠合墙组成，管廊的工艺方案设计也是根据这三种不同类型的构件进行分开独立设计。

装车堆码设计以管廊构件类型进行设计，叠合板与叠合墙虽然均是平放竖向叠合累加装车，但因构件厚度和重量影响，叠合板与墙装车堆码方式是不同的。整体装车堆码原则是施工现场管廊构件的吊装顺序。管廊有叠合底板装车堆码、叠合顶板装车堆码、夹心叠合墙板装车堆码三种装车堆码方式，无论是叠合板还是墙，装车堆码底部均需要工装托盘或硬质材料进行枕垫，叠合累加之间需要木方或其他材料枕垫，避免装车堆码的构件受力不平衡而有开裂风险。根据限高和限重因素影响，叠合顶板单垛装车不超过 6 件，夹心叠合墙板单垛装车为不超过 3 件，叠合底板单垛装车为不超过 3 件。根据垛堆外形尺寸和车辆荷载的影响，车型选择也不尽相同。其他影响管廊装车堆码的因素还有：构件重量，构件外形，吊装顺序、装车堆码方式、运输安全等。

排模设计是根据管廊各类构件装车堆码层次分布而把构件依次排布在台模上的设计，理解为单垛最上层的构件分布在成组台模的最后一个位置，最底层的构件分布在成组台模的第一个位置，这是以构件脱模先后顺序再成垛堆放为原则依据的，管廊的排摸设计具体有叠合底板排模、叠合顶板排模、夹心叠合墙排模。通常排摸设计完成后，工艺都要计算台模的使用率，通过使用率的百分比来判断排摸设计的合理性，台模使用率是构件外框面积之和所占台模面积之和的百分比，使用率越大，说明台模的使用越高，排摸合理，越小，则反之。当然台模使用率并不是排摸合理性的标准之一，合理性有可能跟设备、生产等其他因素有关。管廊的排摸设计还受模具数量、生产产能、装车堆码等因素的影响。

模具设计一般理解为管廊各类构件外内框成形模子设计，但对工艺设计而言，它不仅只是模子设计，还有性能、数量、通用性等综合性设计。管廊的构件数量、特征、分布（吊装顺序）、产能、吊装周期决定模具配比的数量，如单位标准段长度的管廊构件为单元，标准段管廊就是以 n 个单元组成，假设生产周期为 x 天一个循环，要求 y 天内完成标准段构件的生产，那么管廊模具配比的套数为 nx/y，模具配比的套数还需要通过工厂实际产能验证，避免模具过剩造成不必要的浪费。管廊构件模具设计过程为：构件分析—工序分析—模具设计—图纸及清单设计。第一步，根据管廊叠合板及墙构件造型及钢筋伸出位置初步确定模具方案；第二步，配合生产工序特征及节点，调整模具结构及方案，如：管廊夹心叠合墙生产工序中的合模工序，就需要设计两套模具，一套生产 A 面，B 面用于 A 面的合模。思考管廊构件生产各个工序对模具的要求及影响，模具设计过程中解决各个工序的问题，是模具设计方案的基本要求；第三步，设计管廊四周边模，并确定边模材料，一般管廊各类构件比较简单，四周边模采用等同构件厚度的角钢或槽钢，如有钢筋伸出时，边模需要进行开 U 槽或钻孔加工，U 槽深度为构件厚度减去钢筋保护层（钢筋在厚度方向的高度），U 槽宽度为钢筋直径加 10mm，如角钢或槽钢长度过长而出现弯曲、变形时，需要在角钢或槽钢内焊接筋板，筋板一般采用 T6～8mm 钢板，间距@0.3～0.5m；第四步，模具设计完成后，出具模具加工详图，详图绘制按《机械加工手册》执行，所有详图绘制完成后，需要编写加工清单，明确加工数量、模具重量等内容。

工装设计是模具方案的补充设计，一般与模具设计配合进行。管廊叠合板与夹心叠合墙所需的通用工装有：压铁设计、堵浆槽设计、预埋固定工装设计等。其中不通用的工装，是夹心叠合墙特有的工装设计的有：钢筋定位工装、夹心墙板合模及引导工装、吊装翻转合模工装。钢筋定位工装是夹心墙箍筋伸出端部定位，合模及引导工装是合模墙 A

面落下引导及空中定位，吊装翻转合模工装是 A 面翻转及吊装 A 面落下的工装。工装设计要求满足生产需求，保证生产精度及效率。设计完成后，出具工装加工详图，详图绘制按《机械加工手册》执行，所有详图绘制完成后，需要编写加工清单，明确加工数量、工装重量等内容。

辅助设计主要是针对管廊各类构件钢筋加工及预埋工件加工。工艺图纸中钢筋及预埋工件汇总在一起，有可能不明确或不详细，为方便生产，工艺需要做辅助设计，即把详图中钢筋及预埋工件单独复制出来，形成独立的加工图。

钢筋类：桁架加工图、钢筋箍筋加工图、直条钢筋弯曲图、吊环钢筋加工图、其他钢筋加工图。

预埋工件类：斜撑固定预埋件、焊接钢板、止水钢板、预埋支架加工图、其他预埋工件加工图。

技术交底分为管廊设计工艺技术交底和管廊生产工艺技术交底，两者交底内容各不相同，此章节主要讲述的是管廊生产工艺技术交底。生产工艺技术交底是工艺针对管廊各类构件生产工艺所做的技术类文件，交底对象是工厂所有涉及生产的部门，交底内容主要有：项目概括、工艺设计、生产节点。

项目概括：管廊项目的信息，包括构件类型、建筑面积、施工单位、混凝土总量等。

工艺设计：管廊各类构件的装车堆码方案、排摸设计、模具设计、工装设计、辅助设计等，生产工序操作人数、工序节拍、生产优化调整方向等。

生产节点：主要讲述管廊生产过程中的难点，如：装模难点、合模难点、拆脱模难点。

2）生产中

生产中，工艺工作重心向生产转移，主要是为生产提供持续性的技术服务，并且不断地优化、调整生产工艺，使前期的工艺设计更贴合生产。这个阶段，工艺设计工作逐渐转化成 IE 类工作，其技术准备的内容有：

① 工艺类：

a. 管廊模具安装的跟踪，发现并解决模具上的问题。

b. 跟踪管廊的生产过程，发现管廊设计的问题，如：钢筋与预埋干涉、预埋设计无法实现等问题。此时需要沟通设计人员，协商解决问题。

c. 生产顺畅后，编制管廊各类构件《作业指导书》，形成标准化文件。

② IE 类：

a. 工厂规划布局及管廊工序衔接的合理性。

b. 生产人员工作饱和量，工序定员定岗核算。

c. 生产工序节拍的时间测定，从生产角度去优化、调整，提高生产效率。如：人员配置不合理、消极怠工、行走时间的浪费等。

d. 培训。提升生产人员操作技能，提高生产效率。

3）生产后

生产后，即管廊生产完成，此时无论是工艺/IE 还是其他部门，都有一定的管廊生产经验，工厂需要消化本次的管廊生产过程，尤其是消化生产过程中遇到的问题，去其糟粕，取其精华。工艺积累管廊生产的经验，为下次再生产打下基础。

（2）实验室

实验室在管廊批量性生产前期所做的生产技术准备主要有：确定配比、确定试验方案、资料方案等。当工厂接到新订单的时候，实验室应及时介入，应拿到项目的设计总说明，查看总说明中的混凝土和与实验室相关的要求，主要完成以下事情：

1）根据管廊项目信息，收集该项目有几家总包单位、几个工程名称、项目楼栋数层数、PC构件类别，是否指定材料厂家、规定检测项目、限定检测单位，并通过BOM清单统计出所有需要检测原材料的规格型号和使用总量，确定生产配比。

2）完成管廊项目实验方案、资料方案，并报项目方验收。一般来说，实验室的项目实验方案由两种情况：构件结构、性能检测试验和原材料的性能检测，试验具体流程为：数据提取—检测形式—资料形式—构件检测—形成资料。形成资料总的来说可以分为：原材料资料、过程资料（隐蔽资料）、构件检验资料、发货资料等。各项检测符合相关的技术规范或标准后，方才可以报项目方验收。

3）在管廊首件构件验收之前，完成构件各项检测。

（3）品质/安全

1）明确质量检验类项及流程。管廊构件品质检验分构件和材料两大类，而构件检验分为过程检验和成品检验，材料检验分为原材料进场检验和半成品加工检验，各类检验结果整理归集成档，并及时做相应处理。检验流程：管廊构件（材料）报检—检验准备—检验执行—结果记录—数据统计—检验处理，构件检验准备事项有：检验依据（产品工艺图纸、产品布模图、管廊产品（原材料）标准、工艺要求），检验工具（卷尺、靠尺、塞尺、直角尺、其他等），检验记录表。检验结果有合格和不合格两种情况，过程合格即继续下一步工序，产品合格即入成品库，原材料合格即入原料仓库，过程不合格即返工，产品不合格即返修报废，原材料不合格即退货或换批次等。

2）管廊的检验标准作为品质好坏判定的主要依据。PC工厂依据《混凝土结构工程施工质量验收规范》GB 50204—2015、《装配式混凝土结构技术规程》JGJ 1—2014等标准规范，和生产实际情况，形成管廊生产质量模块的企业标准，管廊设计、生产、材料按此类标准执行。

3）设计管廊质量管理的方案，推行全面质量管理（TQM），建立管廊质量体系，服务管廊生产。

3. 生产部门

对生产管理部门而言，管廊生产前生产技术准备的工作主要有生产组织、生产筹备、生产管理。

（1）生产组织

1）计划。资材部编制主计划中衍生的子计划，如：管廊叠合板、墙的生产计划、构件半成品加工计划等。

2）物料。主要是指原材料的进场情况，对于缺失的原材料需要进行跟催。

3）人员。根据管廊的产能评估，估测生产人员数量，并加以工序分配。

4）设备。根据管廊生产设计，确定设备需求，如需特殊设备，需申请设备，并采购，如设备功能不全而无法满足管廊生产，设备需进行改造或维修。

5）方式。工艺设计人员指导生产，跟踪生产。

6）其他。

（2）生产筹备

1）人员筹备。主要是指生产人员及现场管理人员筹备。

2）物料筹备。主要是指主材料和辅材的筹备。

3）技术筹备。管廊从模具初装到生产完成之间所有工艺工法。

4）工具筹备。如：电焊机、角磨机、卷尺、扎勾等工具归集及分配。

（3）生产管理

1）加强计划控制，看板管理。

2）对工序工效分析，加强生产人员培训力度，规范操作。

3）加强生产人员技能提升，组织技能比赛活动，如：工艺图纸的识别、使用工具的熟练度、设备操作的熟练度等。

4）加强生产自我质量意识，降低不合格品率。

5）建立绩效奖惩与薪酬制度，提高员工的积极性。

6）加强员工成品意识，减少物料、能源的浪费。

7）其他类。

4. 其他部门

采购部：采购周期、质量、价格等其他类的控制。

人事部：后勤服务，员工薪酬体系建立，其他等。

财务部：成本控制，财务收入与支出的控制，其他等。

在管廊生产前期，PC生产工厂各部门充分的准备管廊各类生产技术，其最终目的就是保障管廊顺序生产，并在现有准备的生产技术层面上，进行不断优化、不断更新生产技术，提供管廊产能效率，降低管廊生产成本。

6.4 主要工艺说明

6.4.1 管廊各类构件生产工艺流程

根据管廊断面图所示，预制部分拆分成叠合底板、叠合顶板、夹心叠合墙三种类型的构件，其中叠合底板和叠合顶板为水平类构件，夹心叠合墙为竖向类构件，水平类构件和竖向类构件生产方式是不相同的，所以叠合板、叠合墙的生产工艺也是不同的。叠合底板因侧边带有向上的翻边，与叠合顶板的模具是不相同的，但它们的生产工艺是相同的，所以叠合底板、叠合顶板统称为叠合板，叠合板的生产工艺流程图如图6-9所示。

夹心叠合墙中间层是空心的，外叶（A面）内叶（B面）由桁架连接，因它的独特结构，所以夹心叠合墙的生产工艺与一般墙类构件不同，它需要A面预先预制完成后，然后再将A面180°翻转，叠合面朝下，最后吊装落在B面模具上方成型，这里面夹心叠合墙需要两套模具来生产，工序需增加翻转、合模特有工序，叠合墙的生产难度比一般墙类构件要大，夹心叠合墙的生产工艺流程图如图6-10所示。

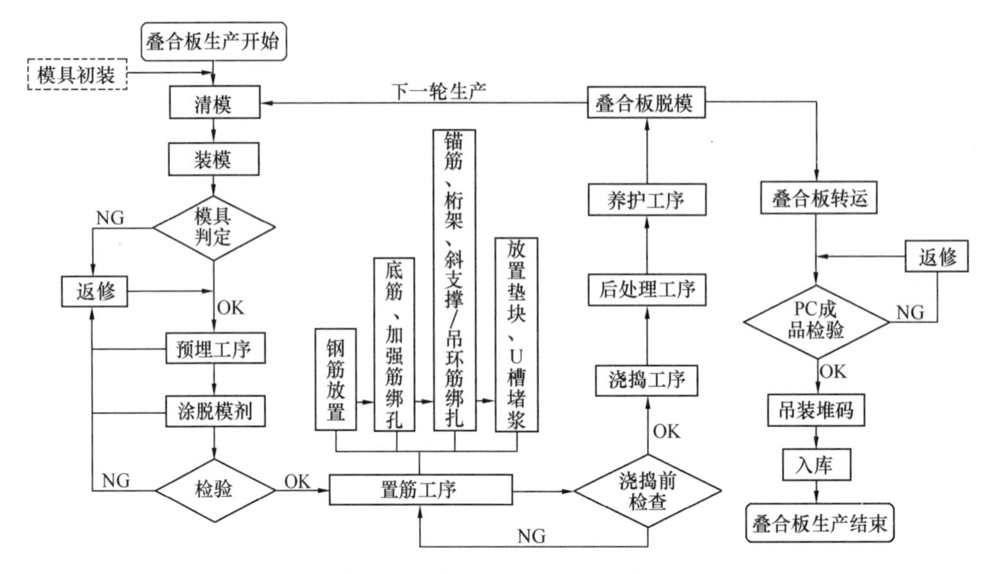

图 6-9　管廊叠合板生产工艺流程

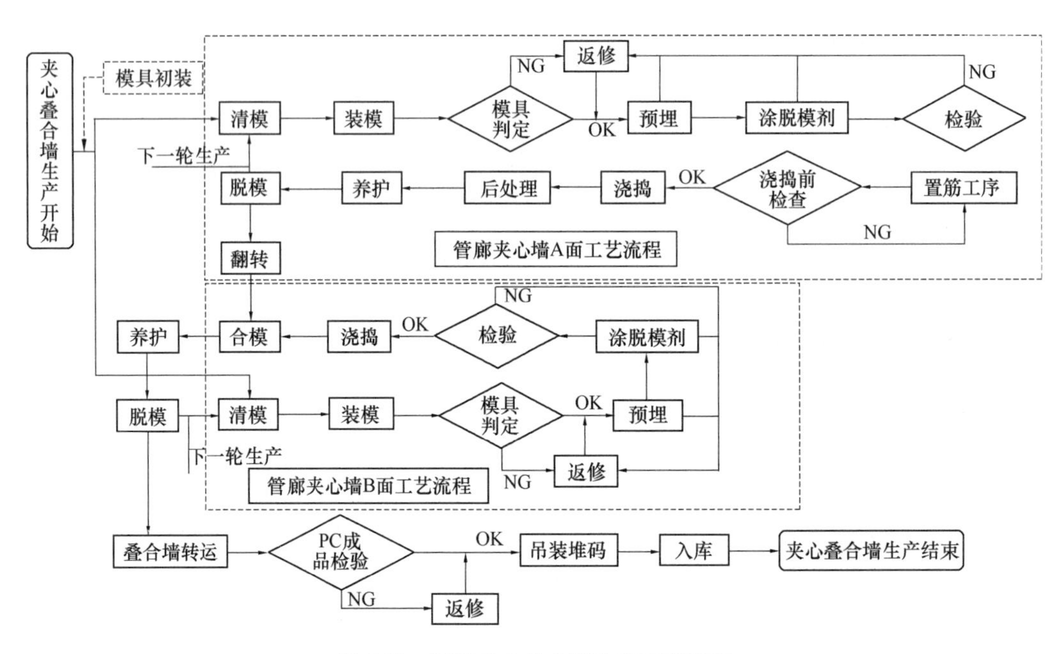

图 6-10　管廊夹心叠合墙生产工艺流程

管廊叠合板类与夹心叠合墙均遵循 PC 构件工厂生产工艺流程，只不过因构件的特殊性，会适当地增减某些工序或某些工序的工艺存在差异，比如夹心叠合墙板工序中的翻转工序、合模工序等，这些工序是根据叠合墙结构造型专门制定的工序，所以管廊在生产过程中会依据实际情况进行工序设计，叠合板与夹心叠合墙的生产工艺流程是两套不同的生产方式。相同工序或类似工序在操作应用上差异不大，有的只是工作量和操作内容差异，但工作性质是相同的。

综合来说，叠合板类与夹心叠合墙的生产工艺流程不同，但流程中的相同工序的工艺是相同的。在管廊生产过程中，PC 工厂内间接或直接参与生产的动作都是需要工艺去指导和规范，“动作”的方式方法就是生产的工艺工法，有些“动作”或许比较常见，工艺工法无法直接展示出来，比如：拧螺栓、清扫、整顿等。但比较复杂或专业性的“动作”参与夹杂时，工艺工法必须形成标准的技术文件，以技术文件去指导生产，此类工艺工法就是本章节讲述的主要工艺说明。根据生产物料来分，有混凝土生产工艺、半成品加工工艺等主要工艺，根据生产工序来分，有模具初装、预埋安装、钢筋安装、浇捣、后处理、养护、拆脱模、翻转、合模等主要工艺；根据生产后来分，有堆码、转运、装车、入库等主要工艺；根据产品质量来分，有检测、修补等主要工艺。

6.4.2 生产材料类主要工艺说明

1. 混凝土

管廊构件主要半成品材料是混凝土，混凝土的标号（强度）根据设计要求确定，并且附带抗冻、防渗等其他性能要求。混凝土的组成材料是水泥、骨料、矿物掺和剂、水、外加剂等，根据机构和设计要求，计算管廊混凝土中各组成材料之间的比例关系，确定混凝土配合比（表 6-2），搅拌站依据混凝土配合比生产，如管廊叠合底板混凝土：采用 C35/C40/C45 防水混凝土，抗渗等级 P6/P7/P8，防冻等级 F150。

管廊 C35 混凝土配合比计算表 **表 6-2**

<table>
<tr><td>设计指标</td><td>设计强度等级</td><td colspan="2">C35</td><td colspan="2">设计坍落度</td><td colspan="2">180mm</td></tr>
<tr><td rowspan="5">原材料品种、规格</td><td>水泥</td><td colspan="6">P·O 42.5</td></tr>
<tr><td>粉煤灰</td><td colspan="6">Ⅱ级粉煤灰</td></tr>
<tr><td>砂</td><td colspan="6">中砂</td></tr>
<tr><td>石</td><td colspan="6">5～20mm 连续粒级碎石</td></tr>
<tr><td>外加剂</td><td colspan="6">聚羧酸高性能减水剂，含固量 10%</td></tr>
<tr><td rowspan="2">配合比</td><td>原材料名称</td><td>水</td><td>水泥</td><td>粉煤灰</td><td>砂</td><td>石</td><td>外加剂</td></tr>
<tr><td>配合比（kg/m³）</td><td>150</td><td>300</td><td>100</td><td>720</td><td>1080</td><td>8.0</td></tr>
<tr><td rowspan="2">设计参数</td><td>水胶比</td><td colspan="2">0.39</td><td colspan="2">掺合料掺量</td><td colspan="2">25%</td></tr>
<tr><td>砂率</td><td colspan="2">40%</td><td colspan="2">外加剂掺量</td><td colspan="2">2.0%</td></tr>
</table>

原材料影响混凝土性能的因素有：配合比、水泥品种、强度等级、实际强度、密度；砂、石子的种类、颗粒级配、密度；以及矿物掺合料和外加剂的品种、规格、性能。

混凝土在布料工序主要应用是浇捣、振动、检测，其中浇捣主要是混凝土从布料机落入模具内浇筑成型，振动是振动台通过高频振动的方式使混凝土内部气泡冒出，从而达到内部密实的作用。控制振动的时间又是设备操作中最重要的一环，振动过短，导致气泡没有完全冒出，振动过长，混凝土会产生离析现象。实验室开发自密实混凝土，就是为了减少设备振动操作的影响，一般PC工厂在布料工序采用点振方式操作，振动时间控制在5～10s。检测是对本批次的混凝土进行性能检测，根据坍落度试验评定该批次混凝土的工作性能是否合适，根据强度试验评定该批次混凝土是否合格。

构件经后处理完成后，流入养护窑进行混凝土养护，通过养护窑内温度、湿度等因素控制，减少混凝土养护时间，保证养护工序的时效及稳定。构件在出窑脱模时需用回弹仪在不同位置进行多次强度测量，测量平均结果不小于设计强度的75%，如管廊叠合底板设计强度为C35，那管廊叠合底板在出窑脱模的强度要≥26MPa，但根据生产实验数据，在水平类构件强度达到20MPa时，构件完成可以水平吊出脱模，所以生产规定，叠合楼板的脱模强度为20MPa，脱模完成后，在成品库存区自然养护至设计强度的75%。PC工厂养护窑对于混凝土标准养护室温度控制在(20±2)℃，相对湿度在95%以上。

2. 钢筋类

管廊构件钢筋归属为半成品加工类，主要分为钢筋网片、桁架、箍筋、拉筋、吊环等，钢筋材质要求均为HRB400（有抗震要求，需采用HRB400E）；吊环或吊具类采用未经冷拉HPB300；钢材采用Q235B。钢筋加工方式有调直、裁切等，钢筋半成品加工方式为绑扎、焊接等。

（1）钢筋网片：因钢筋使用规格为16、18和20，无法直接使用焊接网片，所以底筋、面筋采用调直切断机或切断机调直、切断，然后在模具框内进行手工绑扎。

（2）桁架：根据工艺详图所示，桁架采用桁架机进行加工生产。

（3）箍筋、拉筋、吊环：根据工艺详图所示，箍筋规格ϕ20弯曲成型，无法使用弯箍机机械加工，所以采用弯曲机弯曲成型。

钢筋在管廊模具框内安装，主要控制的内容有：钢筋位置和钢筋保护层。钢筋位置采用卷尺度量，如叠合底板的面筋间距、桁架间距、吊环横竖向位置等。钢筋保护层有底部和侧边，底部采用塑胶垫块进行枕垫，侧边移动钢筋位置即可，保护层特殊部分特殊操作，如夹心叠合墙迎水面（A面）的钢筋保护层为50mm，处理方式为在保护层增设ϕ4@150钢丝网，保证钢筋保护层符合20～30mm的要求。

3. 预埋件

管廊构件中有预埋钢筋、支撑件、斜支撑套筒、斜支撑环、止水钢板、哈芬槽等预埋件，其中大部分预埋件做外协加工制作，小部分可直接生产使用。预埋件中严禁采用冷拉钢筋，按工艺图纸中的预埋件详图执行加工，部分预埋件需要做镀锌处理，如止水钢板、哈芬槽等。

6.4.3 生产工序类主要工艺说明

管廊叠合底板、叠合顶板工序类似叠合楼板工序，工序流程见图6-9，各工序均是常见工序；夹心叠合墙工序流程见图6-10，其中翻转、合模为特殊工序，也是生产的主要控制工序。

1. 模具初装

管廊构件生产的通用工序。工序可以理解为模具在台模上的首次安装，是模具从零散到在台模上组装一体的过程，模具安装的步骤见图6-11。

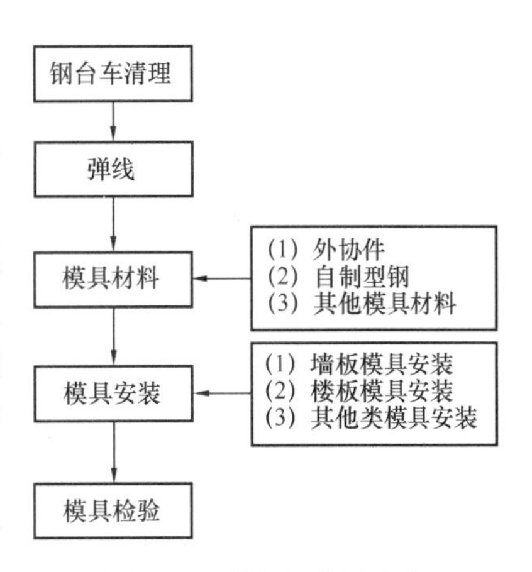

图 6-11　模具初装的步骤

钢台车清理：把台模面的混凝土渣清理干净，并把焊疤或凸起位置打磨平整。

弹线：依据构件的工艺布模图，确定构件在台模上的位置，使用墨斗拉线弹线，其中构件位置采用尺类度量定点，横竖向的直角即可用直角尺判定又可用“勾股定理”计算数据判定，工厂模具安装是以构件外形尺寸弹线，而非模具外框尺寸弹线。

模具材料：在模具库内选择与本构件匹配的模具挡边。

模具安装：把模具挡边按布模图要求摆放至弹线边上，使用压铁紧固模具挡边，其他挡边同样操作完成。

模具检验：模具组装完成后，需由品管员进行检验验收。管廊构件模具安装精度控制有：模具框内长、宽公差－5～0mm；对角线公差0～5mm；挡边垂直度±0.5°；挡边贴台模面0～2mm等其他精度要求。

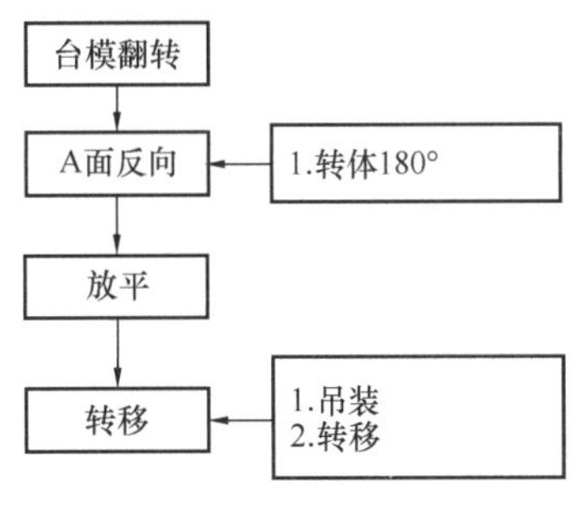

图 6-12　A 面翻转步骤

2. 翻转

管廊夹心叠合墙A面脱模完成后，需进行翻转，翻转操作步骤见图6-12。

台模翻转：将翻转支撑工装固定在模具下挡板，吊具吊爪抓住吊钉，启动翻转台翻转85°（行车、吊具随台模翻转上升），A面板吊出模具框（图6-13）。

A面反向：A面板脱模后，翻转台还是保持撑起状态，不复位，A面旋转180°，桁架钢筋朝台车方向（图6-14）。

图 6-13　台模翻转

图 6-14　A 面反向

放平：将A面板放回立起来的台车，下档边放置在支撑工装上，翻转台慢慢放平，同时行车配合着翻转台慢慢将 A 面板放平（图 6-15）。

转移：将放置在台车上的 A 面板用专用吊具转移至地下，地上需要枕垫软性材料（图 6-16）。

图 6-15　放平

图 6-16　转移

3. 合模

管廊夹心叠合墙 A 面吊装至 B 面模具上方，然后落入 B 面模具内，通过工装引导定位，即完成合模工序。

吊装转移：将 A 侧墙板用专用吊具转移至布料区，准备合模（图 6-17）。

合模准备：将 A 侧墙板吊至 B 侧模具上方，依照导向工装慢慢下放，下放过程中注意构件和工装不要出现碰撞（图 6-18）。

图 6-17　吊装转移

图 6-18　合模准备

就位：A 面板的 4 个侧边都和 B 侧模具对齐，等 A 面构件内侧面和定位工装接触后，松开行车（图 6-19）。

振动：点振，将 A 面板第二层钢筋完全由 B 面模具内混凝土覆盖。

检查：检查构件总厚度是否达标，检查 4 个侧边是否对齐等其他检查（图 6-20）。

图 6-19　就位

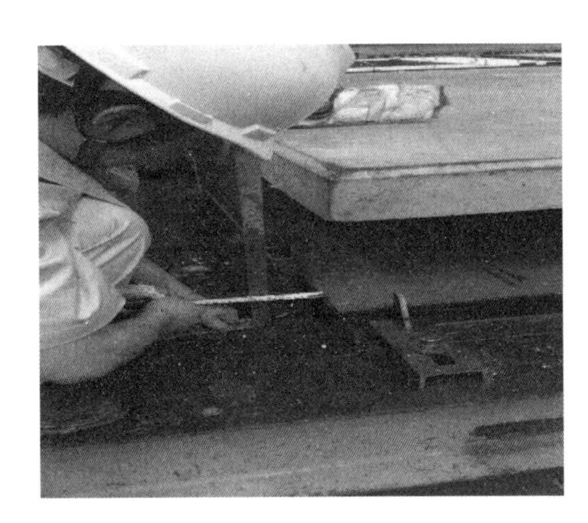

图 6-20　检查

6.4.4　生产操作类主要工艺说明

在管廊构件生产过程中，每个工序都可以分解成更细的操作步骤，而操作步骤还可以分解成详细动作，详细动作就是生产操作。所有操作过程中，主要的有钢筋定位、吊装、检测、修补等主要工艺。

1. 钢筋定位

（1）操作：

1）箍筋闭口端对齐定位工装布置，端头用扎丝绑定，保证平齐；

2）箍筋两两对齐，靠近端部用扎丝绑定一根横向钢筋，保证每根箍筋垂直台车面（图 6-21）。

（2）要求：

1）放置钢筋时左右两端抽头必须保持长度一致；

2）钢筋放置需完全落进模具内，抽头落入对应的左右边模预埋槽内；

3）箍筋必须保证垂直且端面平齐；

4）注意安全。

图 6-21　外露箍筋定位

2. 吊装

本部分主要讲述叠合底/顶板吊装。

管廊叠合底/顶板吊装是指构件脱模，水平起吊脱模，类似于叠合楼板脱模，叠合底/顶板脱模采用楼板吊具脱模，脱模前吊具上吊钩勾住叠合板面上吊环，使用行车提升吊具，直至叠合底/顶板从模具内脱出（图 6-22）。

（1）夹心墙 A 面翻转吊装

步骤一：管廊夹心墙 A 面翻转脱模时，墙板吊具吊爪紧扣住钉，然后随翻转台翻转至 85°，提升墙板吊具，A 面吊离台模，竖直立在空中；

步骤二：将竖直在空中的A面板转体180°，然后将A面板放回立起来的台车，随翻转台放平；

步骤三：使用A面板专用吊具将A面板吊离台模，落置于半成品区（图6-23）。

图6-22　叠合底/顶板起吊脱模

图6-23　夹心墙A面翻转吊装

（2）夹心墙脱模吊装

夹心墙翻转脱模时，使用A面板用专用吊具恰在A面两侧4个点上，提升行车，夹心墙B面即脱出，然后整体吊运夹心墙至成品区进行存放（图6-24），完成生产。

图6-24　夹心墙堆码存放

3. 检测

（1）工序检测

工序自检。在完成本次工序操作后，生产人员依据工艺详图核对实物，核查本工序操作的准确性。

过程检验。主要是品质人员对关键工序操作过程进行检验，如：安装顺序、操作手法等，其中关键控制点为模具初装检验、浇捣前检查和成品检验三个控制点。

（2）成品检验

外形检验。检查项目有管廊构件长、宽、厚、总厚度、对角线、A/B面重合度等（图6-25）。

钢筋检验。伸出筋外露长度和构造梁箍筋等（图6-26）。

预埋检验。关键检验项目有哈芬槽、定位钢板和止水钢板等。

（3）其他检测

原材料进厂检验。检验流程：原材料到厂—采购员（库管）报检—检验员对原材料进行抽样检验并填写结果—交质量负责人判定是否合格并批准同意入库。原材料进厂检验依据《原材料进厂检验标准规程》、外协加工图纸、技术标准和说明执行。

半成品检验。相对于PC工厂来说，主要的半成品有混凝土、直接加工完成钢筋、钢筋绑扎集成、其他预埋件预先制作等。半成品检验流程：生产报检—检验员（实验室）进行抽样检验并填写结果—交质量主管（实验室主任）判定并批准。其中混凝土由实验室按批次进行检验，其他类均有工厂质量部门按要求执行。

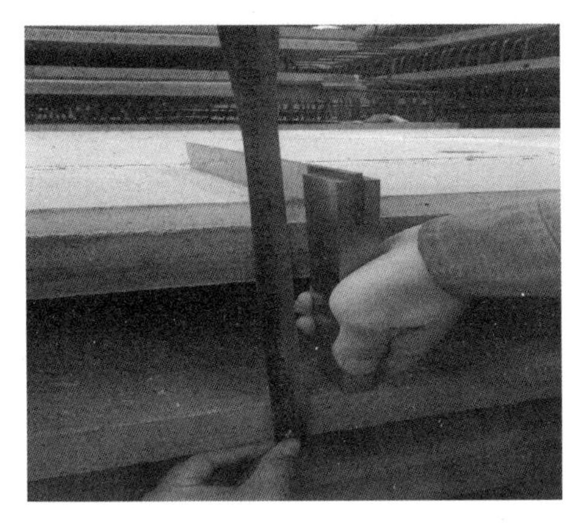

图 6-25　夹心墙外形检验

图 6-26　管廊构件外露钢筋检验

4. 修补

根据管廊构件成品检验报告，判定管廊构件合格与否，对于合格构件做入库处理，对于不合格（有缺陷）构件做缺陷判定处理，并作出处理方案。质量缺陷包括外观质量缺陷和尺寸偏差等，按严重程度分为一般缺陷和严重缺陷，严重缺陷又分为可修复性缺陷和无法修复性缺陷，无法修复性缺陷直接做报废处理。

在对产品的缺陷进行处理前，应先制定技术处理方案并经试验验证后方可实施，对于严重缺陷，技术处理方案应经监理单位认可，对裂缝、连接部位出现的严重缺陷及其他影响结构安全的严重缺陷，技术处理方案尚应经设计单位认可。以下是对于管廊常见缺陷的一般处理方案。

（1）材料准备

水泥胶浆：将普硅水泥、白水泥（或重钙粉）、建筑胶水按一定比例搅拌而成，通过试验调整比例使其黏度和干后的颜色与基底混凝土基本一致。

水泥砂浆：普硅水泥、白水泥、细砂（过 2.36mm 筛）、水、建筑胶水按一定比例搅拌而成，通过试验调整比例使其黏度和干后的颜色与基底混凝土基本一致。

细石混凝土：采用较小粒径粗骨料拌制的混凝土，其性能应与灌浆料相近。

弹性填缝材料：与混凝土的粘结性好、具备高强度、高弹性、高耐候性的填缝材料。

裂缝修补浆液：应具有低黏度、高强度、和混凝土高粘结性的特点。

（2）处理方法

1）表面气孔

现象：混凝土表面局部呈现的小凹坑，一般见于构件浇筑时的侧面。

措施：先将孔内的污垢和表层乳皮去除，然后视气孔的大小，人工用胶皮手套或刮刀将水泥素浆（适用于小气孔）或水泥砂浆（适用于较大的气孔）压入孔内压实压紧，再用刮刀将表面修平整。待干燥硬化后，用刮刀把表面沾染的浆体剔除，必要时还宜用砂纸将表面打磨一遍。

2）麻面

现象：因漏浆或模具表面未清理干净导致的混凝土局部表面出现小凹坑、麻点，形成粗糙面。多见于构件的阳角和浇筑底面。

措施：用钢丝刷将缺陷表面松散的砂、水泥浆刷除干净后，再用清水清理干净。将配置好的水泥素浆用刮刀均匀涂抹在表面，反复进行，直至缺陷部位全部被水泥浆覆盖，再用刮刀将表面修平整。待干燥硬化后，用刮刀把表面沾染的浆体剔除，必要时还宜用砂纸将表面打磨一遍。

3）空洞、蜂窝

现象：因振捣不密实或严重漏浆导致的混凝土结构局部出现酥松、石子密集、石子之间形成空隙或类似蜂窝状的窟窿。

措施：较小的空洞、蜂窝先用水冲洗干净，待表面湿润无明水后，用水泥砂浆修补抹平；较为严重的大空洞、蜂窝要先用铁锤、錾子将松动的石子和突出颗粒凿除，凿坑四周呈方形、圆形或多边形，避免出现锐角，凿除时应垂直混凝土表面施工，避免修补时与保留混凝土成锐角搭接，并控制周边修补厚度不小于 20mm。然后用清水冲洗干净，待表面湿润无明水后，再用灌浆料或比原混凝土高一强度等级的细石混凝土灌注，表面抹平整后进行养护。

4）缺棱掉角

现象：结构或构件边角处混凝土局部掉落，不规则，棱角有缺陷。

措施：将该处松散混凝土块凿除，冲洗，充分湿润无明水后，视破损程度对破损较小的部位用水泥砂浆抹补齐整；缺陷较大时应支设模板，再用灌浆料或高一强度等级的细石混凝土浇筑，表面抹平整后进行养护。

5）表面不平整

现象：因跑模或布料不均导致的混凝土表面凹凸不平，或板厚薄不一，表面不平。

措施：

① 凸出构件基准面的用磨光机打磨平整；或用铁锤、錾子将多余的混凝土凿除，然后将表面清洗干净、再用水泥砂浆抹平整。

② 凹于构件基准面的应先将其表面凿毛，凿除时应垂直混凝土表面施工，避免修补时与保留混凝土成锐角搭接，并控制周边修补厚度不小于 5mm。凿毛后将待修补面用水冲洗干净，待表面湿润无明水后，用水泥砂浆修补抹平。

6）裂缝

现象：混凝土局部表面出现裂纹等现象。

措施：

① 当裂缝被判定为不影响使用功能的无害裂缝（如混凝土表面收缩裂缝和细小沉降裂缝等），将裂缝表面凿毛，清理干净后刮一层水泥素浆，做拉毛或光面处理（与保留混凝土表面一致）。

② 当认为裂缝对结构性能或抗渗性能有影响时，宜根据裂缝类型按以下方案进行修补：

填充密封法：在构件表面沿裂缝走向骑缝凿出 U 形或 V 形沟槽，槽深和槽宽分别不小于 20mm 和 15mm，然后用改性环氧树脂或弹性填缝材料填充，必要时以纤维复合材料封闭其表面。

表面封闭法：利用混凝土表层微细独立裂缝（裂缝宽度 ω 不超过 0.2mm）或网状裂纹的毛细作用吸收低黏度且具有良好渗透性的修补胶液，封闭裂缝通道。

注射法：以一定的压力将低黏度、高强度的裂缝修补胶液注入裂缝腔内；此法适用于裂缝宽度 ω 在 0.1～1.5mm 的独立、贯穿性裂缝以及蜂窝状局部缺陷的补强和封闭。注射前，应按产品说明书的规定，对裂缝周边进行密封。

局部修复法：对于钢筋混凝土预制梁等构件，由于运输、堆放、吊装不当而造成裂缝。这类裂缝有时可采用凿除裂缝附近的混凝土，清洗、充分湿润后，浇筑微膨胀自密实灌浆料或强度高一等级的细石混凝土，养护到规定强度的修补方法。

6.5 构件试制和首轮构件制造评审

管廊预制部分构件在批量性生产期，进行构件首轮打样生产，其目的和意义为：

（1）管廊叠合顶/底板、夹心叠合墙首轮打样生产，打造样板并为后续批量性生产提供指导，避免生产走弯路或错路。通过首件生产，使管廊生产各环节的人员更熟练管廊工艺的特点及关键性的技术要求，熟练掌握新工艺、新材料在管廊构件生产上的应用特性和控制要点，并在生产过程中发现、分析和解决出现的各类问题，不断地提高生产操作水平和工艺水平，全面提高管廊生产效率和质量。

（2）通过管廊构件的首件生产，达到构件生产高效和品质完美的目标，落实标准化、规范化、精益化的生产管理，贯彻以生产各工序质量确保管廊叠合顶/底板、夹心叠合墙的质量，以管廊各构件的质量确保管廊吊装施工的质量，抓好关键性生产工序控制点，保证构件生产质量，将管廊首件生产取得的经验指导后续大批量生产。

管廊构件试制及首轮构件制造评审主要分管廊构件首轮生产和管廊构件试装配两个方面。

6.5.1 管廊构件首轮生产

首轮生产前期，选取首轮生产目标构件。以 3 腔管廊为例，根据标准段管廊节断面图，预制部分由 2 块叠合底板、3 块叠合顶板、4 块夹心叠合墙组成，一般选取 1 个或 2 个标准管廊节为管廊构件首轮生产的目标构件。

管廊生产准备，工厂各部门协同运作，联合筹备。

（1）原材料准备。资材部统计单节标准段管廊各类构件 BOM，依据 BOM 中原材料用量编制采购计划及清单。采购部根据资材部采购计划及清单，编制采购订单，寻求采购，供应商根据订单需求供货，完成原材料采购。

（2）工艺设计。生产工艺依据管廊各类构件详图设计装车堆码方案、排摸方案、模具工装设计、半成品加工等工艺方案，最终形成各类图纸及清单，并下发至资材部，资材部根据需求进行生产下单或外协采购。然后，编制管廊技术交底文件，并组织各部门尤其是直接从事生产的人员参与交底会议。

（3）半成品加工。生产部根据需求计划，进行半成品加工生产。如：钢筋切断、调直、弯曲、钢筋笼绑扎、钢板焊接、套筒安装等。

（4）工具/劳保用品准备。根据生产工序需求，配备必要的生产工具，如：打磨机、扳手、撬棍、扎勾、劳保用品等。

（5）人员准备。根据工序定员设计，配备生产操作人员，且人员需经培训合格后方可上岗操作。

（6）台模准备。根据工艺设计的排模图表，生产部提前准备足够多的台模，且台模面上需清理干净，打磨平整。

（7）库存区域准备。清理库存成品区，规划管廊存放区域。区域面积管廊各类构件装车堆码图表计算存放货架数量及存放使用面积。

（8）其他准备。如工厂设备保养及维护、产线货架整理、现场卫生的清理等直接或间接的活动，均是生产前准备。

管廊生产开始，生产第一步就是模具的初装。装模人员根据管廊工艺图纸和布模图表的要求，进行模具安装，安装操作步骤为：清理—弹线—放置—安装—检验，安装标准按《管廊模具安装标准》执行。

模具初装完成后，管廊生产进入正式生产环节。管廊叠合顶/底板的生产步骤为：清模—装模—置筋—预埋—浇捣—后处理—养护—拆模—脱模—吊装—入库。夹心叠合墙A面生产步骤为：清模—装模—置筋—预埋—浇捣—后处理—养护—拆模—脱模—翻转—吊装—入库，整体成型的生产步骤为：B面清模—B面装模—预埋—浇捣—A面合模—后处理—养护—拆模—脱模—吊装—入库。其中叠合顶/底板与夹心叠合墙在装模后、浇捣前均需要对工序进行检验；在脱模后，均需要对成品或半成品进行检验。管廊生产过程中，附加有混凝土半成品加工和其他半成品加工两个辅助生产步骤。混凝土半成品加工是指搅拌站根据管廊设计要求确定混凝土的配合比，然后根据配合比进行水泥、骨料、掺合剂、外加剂等拌料，加工完成后通过送料至浇捣工序进行混凝土浇捣，其具体步骤为：读取构件混凝土方量及标号—报单—混凝土半成品加工—送料小车输送—落料至布料机—浇捣。其他半成品加工主要是钢筋加工和预埋件，钢筋加工类有桁架生产、箍筋弯曲、现场网片绑扎、钢筋焊接等钢筋半成品生产，预埋件类有哈芬槽、定位钢板、止水钢板和其他类预埋。

管廊生产完后，在成品库存区，对管廊叠合顶/底板、夹心叠合墙进行首轮生产构件验收。

1. 构件首件验收要求

（1）“首件验收制度”按照“预防为主，先导试点”的原则，对首件的各项工艺、技术和质量指标进行综合评价，建立样板工程，以指导后续工程施工，预防后续施工过程中可能产生的质量问题，有效减少返工损失，缩短施工工期。

（2）实行“首件验收制度”着眼于各项工程的质量，以工序质量保构件质量，以构件质量保管廊施工质量，从而确保管廊项目工程质量。

（3）凡未经首件验收的管廊各类构件，一律不得进入施工现场。

（4）实施首件验收的质量详见《管廊首批检验确认表》（表6-3）。

（5）“首件验收制度”为构件生产质量的主要手段，生产单位应提前3天通知各家单位参加首件工程验收。

2. 首件验收实施程序

管廊首件应由生产单位自检合格后，报监理单位，由监理工程师组织构件厂家质量员、生产技术负责人进行验收，合格后由总监理工程师组织建设单位、设计单位、施工单位、构件工厂等参加进行四方检查验收并签字。

3. 首件验收组织

管廊构件验收组

组长：监理工程师；

组员：建设单位代表、施工代表、设计代表、监理、构件生产代表。

如需安监站相关人员，应提前一周通知。

4. 首件验收工具

管廊构件工艺详图、卷尺、直角尺、靠尺、安全帽、笔、纸等。

管廊首批检验确认表 **表 6-3**

<table>
<tr><td colspan="2">工程项目名称</td><td></td><td>建设单位</td><td colspan="2"></td></tr>
<tr><td colspan="2">施工单位</td><td></td><td>监理单位</td><td colspan="2"></td></tr>
<tr><td colspan="2">构件厂家</td><td></td><td>构件类型</td><td colspan="2"></td></tr>
<tr><td colspan="2">构件编号</td><td></td><td>图号</td><td colspan="2"></td></tr>
<tr><td colspan="2">生产日期</td><td>年 月 日</td><td>验收日期</td><td colspan="2">年 月 日</td></tr>
<tr><td colspan="2">执行标准</td><td colspan="4">《湖南省预制装配式混凝土管廊结构技术标准》DBJ 43/T 329—2017</td></tr>
<tr><td>类型</td><td colspan="3">管廊质量验收标准</td><td colspan="2">判定</td></tr>
<tr><td rowspan="3">主要项目</td><td colspan="3">1. 构件标识应标明项目、构件编号、生产日期、品质检验标签等。构件混凝土、预埋件、钢筋等应符合图纸要求</td><td colspan="2">合格 不合格</td></tr>
<tr><td colspan="3">2. 构件外形不应有明显质量缺陷，如崩边、掉角、蜂窝、麻面等。如有，应做技术修补性工作，然后重新验收</td><td colspan="2">合格 不合格</td></tr>
<tr><td colspan="3">3. 构件不应有应用功能上的缺失。如尺寸偏差大、钢筋伸出长度不符合规范、预埋数量不准确等</td><td colspan="2">合格 不合格</td></tr>
<tr><td rowspan="12">一般项目</td><td colspan="2">检查项目</td><td>质量要求</td><td>实测</td><td>判定</td></tr>
<tr><td rowspan="6">外形尺寸</td><td>长度</td><td></td><td></td><td>合否</td></tr>
<tr><td>宽度</td><td></td><td></td><td>合否</td></tr>
<tr><td>厚度</td><td></td><td></td><td>合否</td></tr>
<tr><td>对角线差</td><td></td><td></td><td>合否</td></tr>
<tr><td>叠合总厚度</td><td></td><td></td><td>合否</td></tr>
<tr><td>A/B 侧重合度</td><td></td><td></td><td>合否</td></tr>
<tr><td rowspan="5">钢筋类</td><td>伸出钢筋</td><td></td><td></td><td>合否</td></tr>
<tr><td>构造梁箍筋</td><td></td><td></td><td>合否</td></tr>
<tr><td>桁架钢筋</td><td></td><td></td><td>合否</td></tr>
<tr><td>翘曲钢筋</td><td></td><td></td><td>合否</td></tr>
<tr><td>分布钢</td><td></td><td></td><td>合否</td></tr>
</table>

续表

	检查项目		质量要求	实测	判定
一般项目	预埋类	定位钢板			合否
		止水钢板			合否
		哈芬槽			合否
		套筒			合否
		吊钉			合否
		吊环			合否
	检查		质量要求	实测	判定
	露筋				合否
	蜂窝				合否
	缺棱掉角				合否
	空洞/麻面				合否
	表面平整度				合否
	裂缝				合否

验收数量：1. 主要项目：全部检查；

2. 一般项目：外观尺寸全检，其他抽样检测，一般抽查 $n\%$不小于 x 件

验收规则：构件达到下面验收标准，即评判合格

1. 主要项目必须全部合格；

2. 一般项目的合格率必须大于 $y\%$，且不影响吊装施工及安全

验收意见：

构件厂家： 签字：	设计单位： 签字：	施工单位： 签字：

监理单位： 签字：	建设单位： 签字：

注：表格中间涉及的数据单位均为 mm。

6.5.2 管廊试装配

为了确保管廊各类构件在施工现场顺利吊装，同时保证管廊预制部分构件安装质量，PC 工厂会在首件验收后，在工厂内部做试装配。管廊试装配是以 1 个单节或 2 个单节断面各类构件进行 1：1 的真实吊装模拟，工厂内部试装配主要是验证结构工艺、拆板工艺的准确性和吊装工艺的可操作性，为后续批量复制性生产提供经验和依据。

1. 试装配的准备事项

（1）场地。对于工厂内而言，产品库存区能够满足管廊安装，如在工厂外进行试装配，场地应选择在开阔地带，并且地基需要平整及硬化等基础工作。

（2）设备。工厂内，行车（16t）；工厂外，吊车（20t）。

（3）工具。斜支撑、直支撑、扳手、梯子、横梁、楼/墙板吊具等其他。

（4）人员。技术人员：n 名；操作人员：n 名；质量人员：n 名。

（5）技术。管廊工艺详图、吊装图。

2. 试装配步骤

（1）场地清理

管廊试装安装地面需清扫干净，要求地面平整，无大颗粒的石子或其他凸起物。

（2）叠合底板安装定位

使用行车或吊车平吊叠合底板放置在指定位置，且叠合底板四周使用专用拐角件固定在地面上（图 6-27）。

（3）夹心墙板安装

夹心墙在空中翻转竖直后，吊装在指定位置上，然后再使用斜支撑一端连接在 B 面斜支撑套筒上，一端连接在叠合底板斜支撑环上。控制夹心墙位置及垂直度（图 6-28）。

图 6-27　叠合底板安装

图 6-28　夹心墙安装

（4）直支撑及横梁放置

根据吊装布置图按要求摆放直支撑，然后在直支撑顶部槽内架设横梁，调节直支撑高度，控制横梁顶面标高及水平度（图 6-29）。

（5）叠合顶板吊装

根据管廊吊装施工图，吊装叠合顶板，落在夹心墙中间位置，并且顶板两边底部均要搭接在夹心墙钢筋保护层上（图 6-30）。

管廊试装配是现场管廊各类构件吊装安装施工的缩放过程，试装配过程中，会暴露各种问题，有如钢筋干涉、抗渗防水等设计类问题，有如外形尺寸偏差、夹心墙 AB 面重合度等生产工艺工法问题，更有如构件基准定位问题、支撑系统问题等施工安装问题。诸如此类问题均可以在试装配完成后，形成管廊试装配试验记录报告，各模块根据问题积极寻求解决办法，最终完成从设计到安装的顺畅，保证装配式管廊项目顺利完工（图 6-31）。

图 6-29　支撑体系安放

图 6-30　叠合顶板安装

图 6-31　工厂内管廊试装配最终效果

6.6　管廊预制构件生产

管廊叠合顶/底板、夹心叠合墙完成首件验收及试装配后，且首件验收通过及试装配无问题时，PC 构件工厂依据首件生产经验及过程进行批量复制性生产，即管廊构件正式进入生产环节。

根据 6.4 主要工艺说明章节内管廊叠合顶/底板及夹心叠合墙生产工序流程图所示，管廊构件生产工艺主要分为叠合顶/底板生产工艺和夹心叠合墙生产工艺。具体为：

（1）叠合顶/底板：

清模—装模—置筋—预埋—浇捣—后处理—养护—拆模—脱模—吊装—入库。

（2）夹心叠合墙：

1）A 面：清模—装模—置筋—预埋—浇捣—后处理—养护—拆模—脱模—翻转—吊装—入库。

2）整体成型：B 面清模—B 面装模—预埋—浇捣—A 面合模—后处理—养护—拆模—脱模—吊装—入库。

两种生产工艺在生产准备和生产方式上均相同，在工序上、生产时效上、部分操作手法上有差异，但最终在整体上还是遵循 PC 工厂构件主要生产工艺。

6.6.1 叠合顶/底板生产

1. 清模

使用铁铲清理吸附在边模、工装、预埋件、台模面上的混凝土渣，清理掉落的混凝土渣及灰尘清扫至垃圾箱内，然后用干拖把拖台面，拖去台面灰尘。保证台车面清理干净、所有模具均清理干净并摆放整齐（图 6-32）。

2. 装模

根据台车上的定位螺母，确定每个挡板的位置，并靠紧，用压铁将活动挡边压紧。依据图纸，用卷尺测量模具尺寸，确认边模安装及开槽位置的准确性。然后用抹布将模具四周及底部抹干净，用胶水将倒角条安装在模具挡边四周底部，拼接处缝隙用玻璃胶填平。最后在模具内框及台模面上均匀涂抹隔离剂（图 6-33）。

图 6-32　清模

图 6-33　装模

3. 置筋

（1）预先在模具两侧端部安装钢筋定位工装，保证两端钢筋伸出长度一致。

（2）按图纸要求间距布置桁架，需特别注意桁架距边模的距离，桁架顶部用布料铺塑料布遮挡，防止钢筋外露部分污染及生锈。

（3）布置吊环钢筋，布置横向钢筋。分别根据图纸要求进行布置，如有钢筋干涉时，可适当偏移位置，但不可偏移范围不可过大。

（4）各类钢板安装完成后，需用扎丝进行绑扎，扎丝头朝上，防止外露，绑扎完成后，在网片钢筋放置塑胶垫块，保证钢筋保护层。

（5）检验钢筋规格是否符合图纸要求，钢筋布置无缺漏，无错放，钢筋布置与预埋件

图 6-34　置筋

是否干涉，检查边模 U 槽是否进行堵浆处理。

（6）清理台模及模具面上遗留的废弃扎丝，保证台模干净整洁（图 6-34）。

4. 预埋

（1）在叠合顶板模具框内，把管廊专用型 86 线盒扣在 86 线盒定位橡胶件上，并用扎丝拉结绑紧。

（2）在叠合底板已绑扎好的网片钢筋面上，根据详图预埋位置，按要求绑扎斜支撑环等其他预埋件（图 6-35）。

5. 浇捣

根据叠合板工艺详图提取所需混凝土标号、方量等信息，然后通过对讲机报单至搅拌站，搅拌站进行搅拌加工制成所需混凝土，制成后混凝土通过运输小车输送至浇捣工位，控制运输小车卸货阀门，混凝土落料至布料机，然后可以进行浇捣工作。

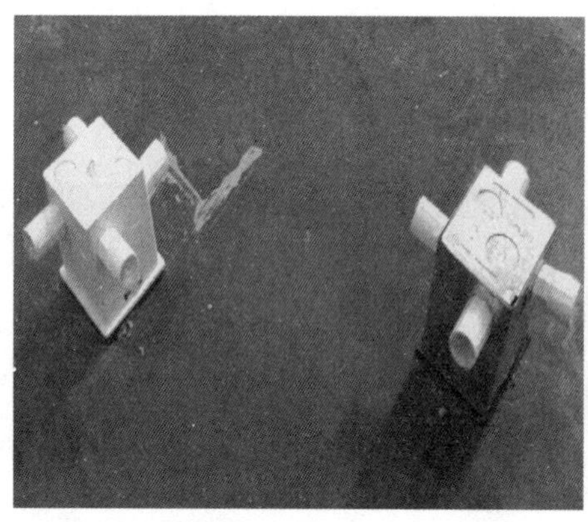

图 6-35　预埋件安装

通过对布料机设备的控制，把混凝土均匀地浇捣在模具框内，布料要做到一次到位，做到饱满均匀，如果控制不到位，需人工进行多次耙料及振动直到混凝土在台车上分布均匀（图 6-36）。

浇捣完成后，启动振动设备，直至混凝土内气泡完全冒出。

6. 后处理

混凝土浇捣完成后，台模流入后处理工序，后处理主要有三个步骤：

（1）表面检查。目视检查构件表面不可有钢筋露出，目视检查预埋件是否移位和倾斜，目视检查浇捣平面是否平整。根据不同情况进行不同的处理。

图 6-36　混凝土浇捣

（2）表面清理。清理表面是否有石子或垫块等凸起物件，并放置筋拉筋箱内。用抹子清理台车、模具、预埋件、边模等散落的混凝土料，将其置于模具内。用抹子将清理的混凝土料适当抹平，保持构件表面的平整。

（3）表面处理。表面平整后，在混凝土达到初凝状态下，进行拉毛，拉毛深度大于等于4mm（按管廊叠合顶/底板工艺详图设计说明要求），严控拉毛的深度和方向（图 6-37）。

7. 养护

台模通过流水线运转，流进养护窑内进行养护（图 6-38）。注意检查台车和构件上没有工具、材料等任何异物，入进窑时注意边摸夹具等任何物件不能伸出台车端面，确保台模顺利进入窑内。其次，控制养护窑内温度、湿度。温度控制在（20 ± 2)℃ ，相对湿度在 95%以上。养护时间以构件混凝土强度为准，需达到设计强度的 75%。

图 6-37　后处理

图 6-38　构件进窑养护

8. 拆模

构件养护完成后，从养护窑内流出，进入拆模工位。

（1）用扳手卸松压铁，靠边放置待流转及清理，然后用铁锤敲松边模，控制力度防止边模变形，最后用小撬棍撬下边模，就近放置在台车非构件区。

（2）强度测试。用回弹仪测试构件的强度，达到 20MPa 以上才能起吊，由于仪器的敏感度和操作方法的差异不同，一般需测试 10 次以上在不同点位（图 6-39）。

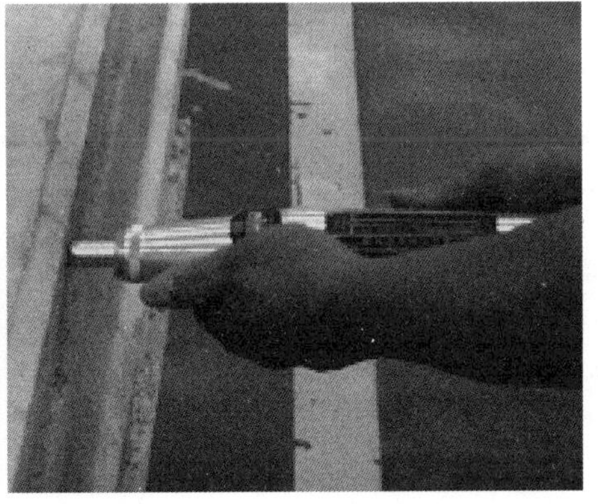

图 6-39　拆边模及强度测试

9. 脱模

确认模具及预埋件有无阻碍构件脱模，如有需立即拆卸。确认好后，使用行车挂钩勾住叠合专用吊具，吊运至台模正上方的位置。然后调整吊具高度，保证吊具吊钩能够触碰叠合板表面上的吊环，吊钩按要求勾住吊环，板面上吊点全部勾住，并确认四周安全后，缓慢提升吊具，构件从模具内拉出脱模。

叠合顶/底板从台模上吊起后，在规定的侧边明显的位置粘贴构件标签及标识吊装方向。

注意控制吊具连接构件的钢丝绳与构件表面的夹角，夹角不宜小于60°，注意吊具连接构件的吊点，吊环必须一一跟吊具吊钩匹配，保证起吊平衡（图6-40）。

10. 吊装

构件脱模后，一般直接吊运至成品检测区，检验合格后，并粘贴合格标签，然后再进行叠堆，整垛叠堆完成后，整体吊运至成品区。

品管员一般按工艺详图检验并记录构件的外形尺寸、伸出钢筋、预埋位置等，对于有明显缺陷（崩边、掉角、蜂窝等）的构件进行记录并上报，管理人员根据缺陷情况酌情处理（图6-41）。

图6-40　脱模

图6-41　吊装

叠堆底部枕垫硬质材料，如工字钢、H钢等强度大的钢材，中间层之间枕垫稍微软性材料，如木方、橡胶板等，保证枕垫平衡，防止因不平而出现开裂的质量问题。

图6-42　入库

11. 入库

管廊叠合顶/底板吊运至成品区，按规划布置的库位进行放置，放置好后，在库位前方粘贴存放标签（图6-42）。

通知仓管员进行签收入库，并做好入库记录。

6.6.2　夹心叠合墙生产

夹心叠合墙分A、B两面，生产时，

先预制A面，然后再将A面翻转合模至B面模具内，最终组合成型。根据夹心叠合墙工艺详图，A面构造与叠合顶/底板类似，所以生产工艺与叠合顶/底板大同小异。

6.6.2.1 A面生产工序

1. 清模

类似叠合顶/底板清模工序。

2. 装模

类似叠合顶/底板装模工序。

3. 置筋

(1) 工装及材料准备。外协钢筋定位工装预先在台模上安装，相应钢筋材料至台车构件区域附近，剪裁合适底层网片放入模具框内。

(2) 箍筋布置。箍筋闭口端对齐定位工装布置，端头用扎丝绑定，保证平齐，箍筋两两对齐，端部恰入工装U槽内，下方放置进边模U槽内，并用扎丝绑扎加固。

(3) 桁架布置。按图纸要求间距布置桁架，需特别注意桁架距边模的距离，桁架顶部用布料铺塑料布遮挡，防止钢筋外露部分污染及生锈。

(4) 吊环布置，横向钢筋布置。按图纸要求布置吊环钢筋，且需垂直台车面。横向钢筋需要穿过桁架V形槽内，间距按照V形槽内依次放置。

(5) 各类钢筋安装完成后，需用扎丝进行绑扎，扎丝头朝上，防止外露，绑扎完成后，在网片钢筋放置塑胶垫块，保证钢筋保护层。

(6) 检验钢筋规格是否符合图纸要求，钢筋布置无缺漏，无错放，钢筋布置与预埋件是否干涉，检查边模U槽是否进行堵浆处理。

(7) 清理台模及模具面上遗留的废弃扎丝，保证台模干净整洁（图6-43)。

图6-43 A面置筋

4. 预埋

(1) 哈芬槽安装。在钢筋安装时，预先在固定位置放置哈芬槽工件，安装时，端模焊接废钢筋头做定位，侧边使用玻璃胶粘结在台模上，防止进浆。

(2) 脱模吊钉或吊环安装。在边模上安装波胶及吊钉，并在吊钉尾部进行钢筋加墙。按图纸要求，将脱模吊具（ϕ12圆钢弯折）穿过边模开缺处，布置在边模内。

(3) 套筒安装。按照设计要求，选择合适的套筒材料，安装时，预先把套筒紧固在圆形磁铁上，然后把磁铁吸附的台模上，吸附点需做定位点。

（4）其他预埋安装。如预埋钢板安装、对穿孔安装等。

（5）预埋检验。检验预埋件数量是否有遗漏或多埋，检验预埋件位置是否准确，检验预埋件是否与钢筋有干涉等。

（6）清理。预埋完成后，把多余的预埋件和工具清理出台模，并分类归集（图 6-44）。

图 6-44　预埋件安装

5. 浇捣

类似叠合顶/底板浇捣工序。

6. 后处理

类似叠合顶/底板后处理工序。

7. 养护

类似叠合顶/底板养护工序。

8. 拆模

（1）类似叠合顶/底板拆模工序。

（2）增设布筋步骤。首先把箍筋垂直度定位的横向钢筋取走，用扎钩松开固定扎丝。然后把横向钢筋穿过桁架，放置在桁架主筋下层，钢筋在桁架倒 V 形区域放置，逐一布置，不可缺漏。最后用扎丝将预先放置的横向钢筋绑扎在桁架上，先紧绑两侧，检查距混凝土表面距离，避免向上紧靠不到位，翻转合模时，B 侧露筋（图 6-45）。

图 6-45　拆模后面层布筋

（3）检查钢筋间距是否合格，检查钢筋保护层是否合格（距离边模方向）。

9. 脱模

（1）拆卸活动边模。用扳手卸松压铁，靠边放置待流转及清理，然后用铁锤敲松边模，控制力度防止边模变形，最后用小撬棍撬下边模，就近放置在台车非构件区。

（2）强度测试。用回弹仪测试构件的强度，达到20MPa以上才能起吊，由于仪器的敏感度和操作方法的差异不同，一般需测试10次以上在不同点位。

（3）启用吊具。行车挂钩勾与墙板吊具用钢丝绳连接，要求钢丝绳无破损，承受拉力不小于15t。

（4）安装吊爪。装吊钩前将吊钉内的混凝土渣清理干净。按正确的安装方向（吊钩开口），将吊钩分别卡入四个（两个）吊钉端头，确认牢固。

（5）翻转支撑工装安装。将翻转支撑工装固定在模具下挡边。

（6）起吊脱模。起吊脱模时应开始向翻转台的角度缓慢提升一定高度后启动行车向垂直90°方向进行脱模，并将构件吊至地面（图6-46）。

图6-46　脱模

10. 翻转

（1）构件反向。构件脱模后，翻转台还是保持撑起状态，不复位，将吊起的构件旋转180°。

（2）贴放放平。将构件贴台模面，构件下缘落在支撑工装或木方上，翻转台慢慢放平，行吊配合着翻转台慢慢将构件放平。

（3）构件转移。构件及相应挡边放在台模上，构件随台模转移（图6-47）。

图 6-47　翻转

11. 吊装

使用管廊 A 面专用吊具分别扣住构件非钢筋伸出面两侧边，行车先提升后移动，转移 A 面构件（图 6-48）。

12. 入库

吊运 A 面构件至构件生产半成品库存区，暂做临时存放或缺陷预先修补，等待下一工序开始时进行吊装转移（图 6-49）。

图 6-48　吊装

图 6-49　入库

6.6.2.2　整体成型生产工序

1. B 面装模

类似叠合顶/底板清模工序。

2. B面清模

（1）类似叠合顶/底板装模工序。

（2）增加合模引导工装安装。在靠近边模外侧安装合模引导工装，工装作用主要是合模时，控制A面空间位置精度及引导下落合模。

3. 预埋

（1）斜支撑套筒安装。按照设计要求，斜支撑套筒采用单横杆套，安装时，预先把套筒紧固在圆形磁铁上，然后把磁铁吸附在台模上，吸附点需做定位点。

（2）其他预埋安装。如预埋钢板安装、对穿孔安装等。

（3）预埋检验。检验预埋件数量是否有遗漏或多埋，检验预埋件位置是否准确，检验预埋件是否与钢筋有干涉等。

（4）清理。预埋完成后，把多余的预埋件和工具清理出台模，并分类归集。

4. 浇捣

类似叠合顶/底板浇捣工序（图6-50）。

图6-50　浇捣

5. 合模

（1）合模准备。将A侧墙板用专用吊具转移至布料工位前一段区域准备，布料完毕的B侧墙板倒回前一段区域，取出堵浆件。

（2）合模就位。将A侧墙板吊至B侧墙板正上方，然后A墙沿导向工装慢慢下移，距边模10mm左右静停。

（3）构件合模。用撬棍微调A墙方位，使钢筋落入边模槽口，同时加入支撑工装，避开钢筋干涉，选构件四角合适位置，用直角尺配卷尺测量偏差，测量三边，符合要求后，缓落行吊，完成合模。

（4）振动。振动台振动，使B侧构件内钢筋完全被混凝土覆盖。

（5）检验。检查构件总厚度是否达标，检查4个侧边是否对齐（图6-51）。

图6-51　合模（一）

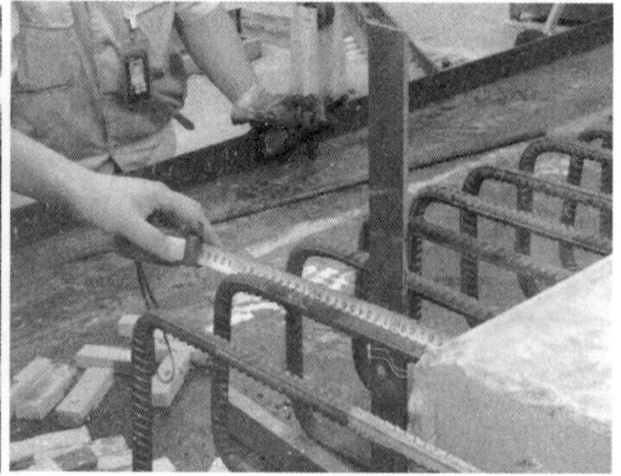

图 6-51　合模（二）

6. 后处理

用抹子清理台车、模具、预埋件、边模等散落的混凝土料，将其置于余料斗内。用抹子将清理的混凝土料适当抹平，保持构件表面的平整。

7. 养护

类似叠合顶/底板养护工序。

8. 拆模

类似叠合顶/底板拆模工序。

9. 脱模

使用夹心叠合墙专用吊装吊具扣在 A 面非钢筋伸出面两侧边，提升行车即脱模（图 6-52）。

10. 吊装

构件脱模后，一般直接吊运至成品检测区，检验合格后，并粘贴合格标签，然后再进行叠堆，整垛叠堆完成后，整体吊运至成品区（图 6-53）。

图 6-52　脱模

图 6-53　吊装

品管员一般按工艺详图检验并记录构件的外形尺寸、伸出钢筋、预埋位置等，对于有明显缺陷（崩边、掉角、蜂窝等）的构件进行记录并上报，管理人员根据缺陷情况酌情处理。

后续还需要依据工艺详图，分别在墙指定位置焊接止水钢板、底部定位钢板，焊接要求按设计说明执行。

叠堆底部枕垫硬质材料，如工字钢、H 钢等强度大的钢材，中间层之间枕垫稍微软性材料，如木方、橡胶板等，保证枕垫平衡，防止因不平而出现开裂的质量问题。

11. 入库

管廊夹心叠合墙吊运至成品区，按规划布置的库位进行放置，放置好后，在库位前方粘贴存放标签。

通知仓管员进行签收入库，并做好入库记录（图 6-54、图 6-55）。

图 6-54　夹心叠合墙成品后加工工艺

图 6-55　夹心叠合墙堆码入库

6.7　管廊预制构质量控制与检验标准

6.7.1　原材料及外协管控

1. 进料检验流程

见图 6-56。

2. 相关方职责

资材接到供应商或客户送料后，核对实物与“送货单”、“采购计划”及物料品名、规格、数量、物料编号是否一致，对包装的完好性及标识的完整性等基本要求进行确认。核对无误后，要求送货员将进料放置待检区进行数量点收。实数与单据相符则开具“报检单”。“报检单”应于收料后 4h 内提交，如紧急需要的物料应立即提交，并在“报检单”上注明“急料”由相关检验人员优先检验。

各物料类别检验责任划分：

1）设备及零配件、电动工具由设备人员签字确认，品管签字入库；

2）办公用品、劳保类由保管员签字确认，品管签字入库；

3）与管廊构件结构及使用功能相关的钢筋、钢筋连接套筒、玄武岩连接件、玻纤连接筋、挤塑板、岩棉板以及混凝土类原材料等由实验室进行检验；

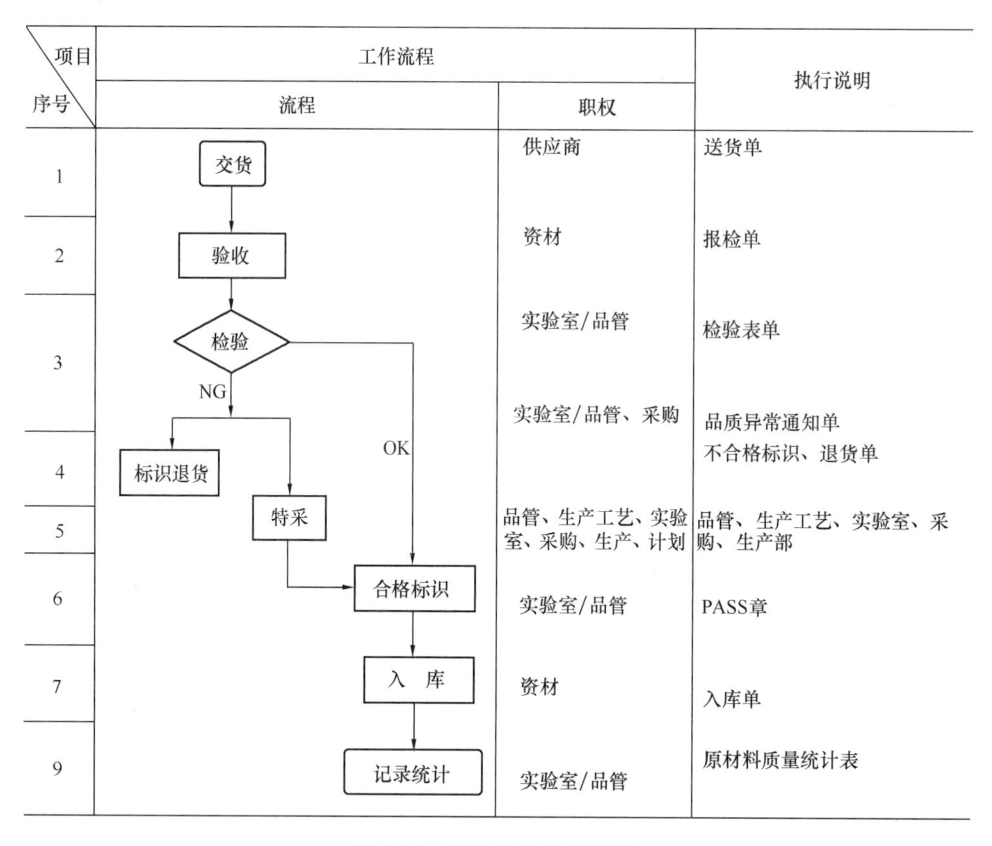

序号	流程	职权	执行说明
1	交货	供应商	送货单
2	验收	资材	报检单
3	检验	实验室/品管	检验表单
	NG	实验室/品管、采购	品质异常通知单 不合格标识、退货单
4	标识退货		
5	特采	品管、生产工艺、实验室、采购、生产、计划	品管、生产工艺、实验室、采购、生产部
6	合格标识（OK）	实验室/品管	PASS章
7	入　库	资材	入库单
9	记录统计	实验室/品管	原材料质量统计表

图 6-56　进料检验的流程图

4）外协模具类由生产工艺确认首批首件，批量来料由品管检验；

5）其他类来料如 PVC 线管、86 线盒、吊钉、套筒等由品管进行检验，如此类物料涉及性能检验，由品管提交给实验室，由实验室负责做性能检测、型式检验或送第三方检测，完成后出具相关报告给品管进行存档管理。

实验室或品管收到“报检单”后，核对“报检单”，对“合格供应商目录”、采购单号、品名、规格进行核对。如核对为新供应商，及时反馈采购进行确认，未经评价纳入合格供应商目录的厂家物料判定不合格。如确认为新物料，及时反馈采购提供新物料的相关资料，样品确认单，并走“小批量试用单”确认质量状况，并跟进使用结果。检验前确认供应商附的出厂产品合格证、产品质量检测报告、使用说明书等相关证明资料，并确认相关资料在有效期限内。

实验室及品管人员按照《×××物料验收标准》进行抽样检验判定。实验室将原材料检验的结果记录在相应的原材料检验单中，并交予主管确认。对检验不合格的物料，按照《品质异常管理规定》对不合格品进行处理。品管来料检验人员将检验结果记录于“外购外协件检验单”且做出初步判定，交品管主管确认。检验合格的物料，由品管人员在物料包装箱或标签上加盖检验印章或贴上合格标签，根据《标识及可追溯性管理规定》执行，对检验不合格的物料，按照《品质异常管理规定》对不合格品进行处理。

生产急需物料，应由品管在“报检单”上进行备注为紧急放行物料，并留取足够的检验样本及时进行检验，当检验结果判定不合格时，品管需上线跟踪实际使用状况，并报告主管采取处理措施（停产、全检下线），已生产的半成品/成品由制程/成品品管进行品质确认，具体按《品质异常管理规定》执行。进料检验人员将检验的记录结果保存，作为后续供应商评鉴的依据。对于持续到货质量稳定，对生产和品质无显著影响的物料，质量部门可以执行免检。

对进料判为不合格的物料，若生产急需时，由相关部门填写《品质异常处理单》，并主导品管、工艺、实验室、采购、生产进行物料评审，必要时请求工艺院协助判定，最后交由厂长核准，并根据处理结果按《品质异常管理规定》进行管控。对经评审特采使用的物料，实验室/品管在其产品标签上注明“特采”字样标识，特采物料不符合项不得影响产品的安全性和可靠性，直接用于产品的物料按《品质异常管理规定》进行管控。

直接用于产品的材料及模具，检验完成后必须形成质量检验记录，并将数据录入“原材料质量统计报表”内，品管部门定期进行后续的汇总、分析、追溯。统计的数据可用于问题的分析解决。

3. 检验要求

品管员在检验前，质量部门必须将各种需检验的材料结合国家标准或行业标准编制成适用本企业的检验标准，在材料进厂时，品管员按照标准内要求的检验项目和标准偏差，进行相关材料的检验和判定。

4. 外协管理

外协管理适用于公司模具加工、钢筋加工、部件加工、PC 生产委外及厂内承包单位或个人的稽核、监督与评价。

外协进厂前，采购需组织生产、工艺技术、品管和实验室等相关部门对外协进行资质评审，评审的内容分以下几种情况：

（1）需模具加工、钢筋加工、部件加工、PC 生产委外工厂（应包括：厂内承包单位或个人）

1）外协工厂必须进行实地考察；

2）实地考察中品管、工艺、实验室应参与评估小组，从技术及质量管控方面审核。同时结合现场实际考察项目，以此决定外协工厂的资质。

（2）厂内承包单位或个人

针对厂内承包单位或个人重点对组织架构及人员能力进行考察，对不符合要求的，根据公司要求进行培训和指导。

（3）考查基本要求

必须具备相应的资质及质量保证基本能力。明确主要的要求场地、设备、人员（主要技术人员、质量管控人员）、质量控制。

外协单位的相关管理均要符合公司的相关质量管理制度及要求。品管负责对外协质量管理制度及相关标准要求进行支持，对制度及标准执行实施监管，根据公司的管理评价制度对外协的过程及产品进行品质评价监督评审。生产工艺负责对外协工艺标准要求进行支持和监管；实验室负责对外协的主要原材料（包括混凝土、钢筋、挤塑板、结构功能连接件等）质量管理进行支持和监管，同时要求提供材料质量证明资料。

外协厂首批生产时，品管、生产工艺、实验室须全程跟进，对制作过程的问题点及时提出并整改。对外协首批生产的产品，品管需进行首件检验确认，并对首批产品进行抽检。

外协单位对于批量生产必须提供相应的质量保证：必须设置专职质量人员对来料、产品过程、成品质量进行管控。对品管人员在过程巡检及成品抽检中提出的质量异常，合理要求时外协单位必须进行整改，达到产品质量标准。对出货后的产品质量负责，涉及由于构件质量问题的返工由外协派人处理，造成的质量罚款及质量损失应由外协单位负责。公司质量部门对于外协所有的过程质量报表要进行存档。涉及的钢筋、混凝土原材料检验资料及混凝土试块等抽样检测报告由实验室存档。

6.7.2 管廊各类构件管控

1. 质量管控总流程

质量管控总流程见图 6-57。

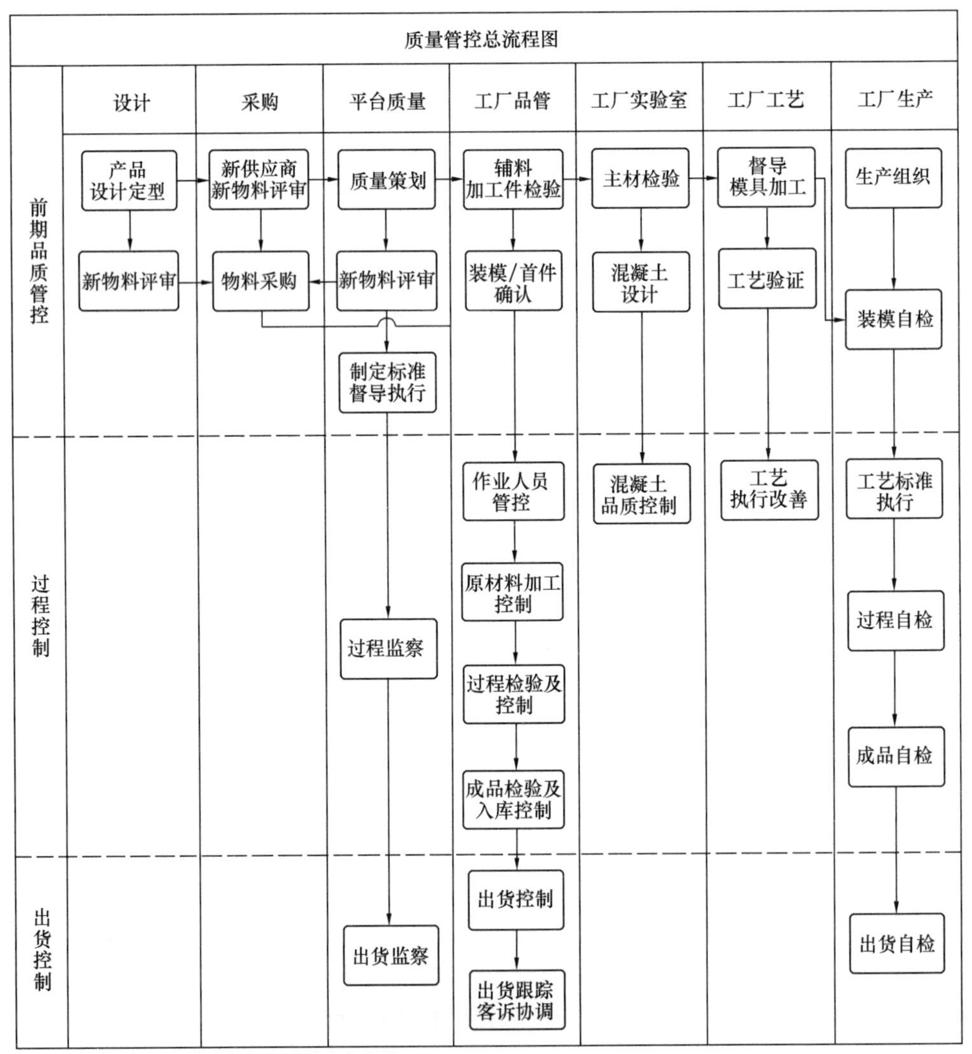

注：生产包括工厂生产部门及委外生产单位。

图 6-57 管廊质量管控总流程图

2. 质量管控规定

（1）应明确与产品实现相关部门质量职责；关键工序必须责任到人。

（2）对原材料进厂、部件加工、产品生产、发货及售后应制定相应规定。

（3）所有质量活动应形成记录，并规范其保存形式。

（4）平台、直营公司、各工厂应定期或不定期地开展质量统计、分析、检讨和改善。

（5）参与产品实现的相关单位、部门、人员（包括小微商），必须遵守质量相关的制度、标准。

（6）质量管理实行逐级监督管理，通过对质量管理的执行及产成品实施实测实量检查制度，验证质量管理结果；验证与评价应制定标准及考核制度。

1）对有影响产品结构安全、使用功能以及安装安全的产品及行为实行零容忍管理。

2）为了保证质量系统及各项质量管理制度的有效执行，应制定相应的激励制度，并坚决执行。

3. 相关部门质量职责

（1）厂长

1）贯彻公司质量方针和质量目标；

2）主导工厂内质量目标实现的规划并监督执行，并对质量目标的实现承担主要责任；

3）监督工厂内质量管理与质量体系运作情况；

4）定期主导或参与品质培训及品质周例会，提高工厂全员品质意识；

5）参与重大品质异常的协助处理；

6）参与工厂的品质改善。

（2）生产管理部

1）负责执行并达成工厂质量管理目标；

2）负责安全生产，并进行全过程安全控制；

3）负责营造全员品质管理氛围，提高全员安全、品质意识，持续改善品质；

4）定期参加品管部质量周、月例会；

5）重大质量异常及项目投诉的处理；

6）严格按工艺要求进行产线作业；

7）执行质量标准；

8）质量异常的反馈、协调处理。

（3）工艺品管部-品管

1）负责监督并达成工厂质量管理目标；

2）工厂内部质量管理日常运作与管控，严格执行质量标准；

3）主导解决工厂内部品质异常及跟进；

4）定期组织并召开品质培训及品质周例会，提高工厂全员品质意识，全面推行质量管理工作；

5）协调工厂与项目工地品质异常及处理；

6）主导工厂内品质改善的推动。

（4）工艺品管部-工艺

1）贯彻与实施公司工艺标准；

2）生产工艺的改善、异常反馈；
3）新工艺、新技术的实施与反馈；
4）协助工厂质量改善、提升。
（5）工艺品管部-实验室
1）落实并执行制度文件及技术标准；
2）解决混凝土生产过程中出现的问题；
3）协助工厂质量改善、提升。
（6）资材部
1）监督下单材料的规格、质量；
2）生产计划下达的准确性；
3）负责产品出货的准确性，确认运输产品防护执行情况。
（7）采购部
1）对采购物料的质量进行监督；
2）负责协调来料质量异常的处理。
（8）外协质量职责
1）严格按工艺要求进行产线作业；
2）执行质量管理规定及产品标准；
3）质量异常的反馈、协调处理。
（9）操作者质量职责
1）严格执行质量标准，按工艺要求进行作业；
2）按标准要求操作设备，安全生产，定期对设备进行保养；
3）自检、互检产品过程质量，并做好产品质量记录；
4）质量异常的反馈、协助处理。

4. 管廊项目品质管控要求

（1）管廊项目品质管控流程
见图6-58。
（2）筹备阶段
1）质量管控收集
客户质量要求：收集新项目客户质量信息，明确客户要求。
设计质量要求：确认设计质量要求。
工艺方案评估：工厂参与对模具、堆码、运输等生产有关的方案进行评估。
2）质量管控方案
为保证新项目客户和设计质量要求，工厂根据收集的相关信息进行分析，编制质量管控方案，指导现场新项目作业，搭建平台进行监督。
方案内容包括：材料、人员、过程工艺方法、产品、交付等。
3）技术交底
交底内容：试生产之前必须有设计、生产工艺方法、质量三大块交底。
交底对象：生产工艺、质量、生产工位长及以上。
交底记录：交底内容、签到表（影像记录）。

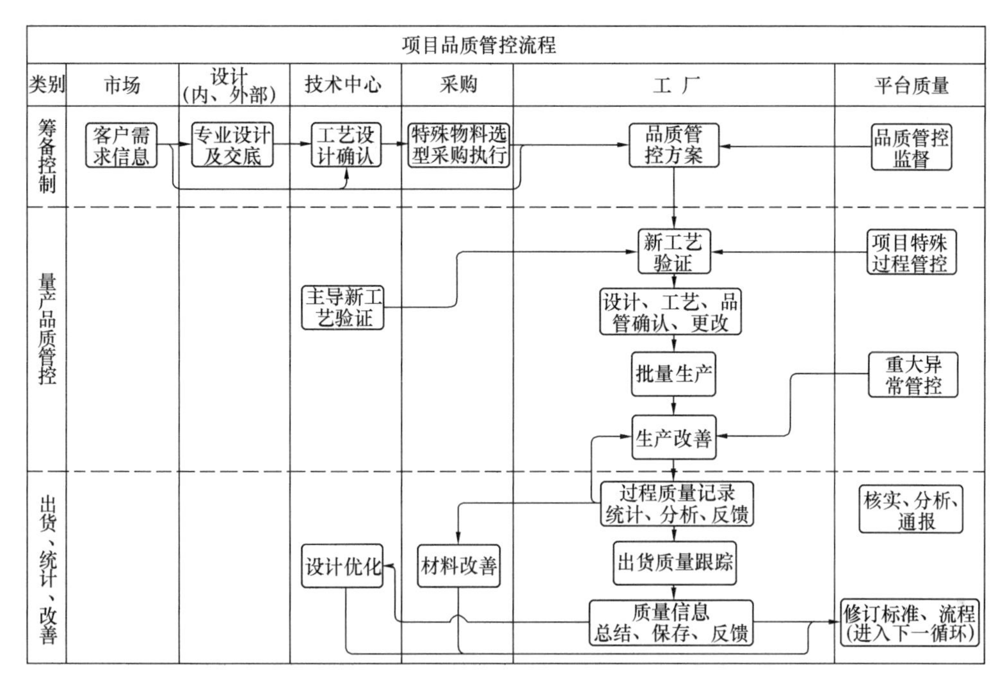

图 6-58 管廊项目品质管控流程图

（3）过程阶段

1）工艺方案验证

技术中心主导新材料、新技术、新产品、新方法的工艺验证。

工厂全力协助配合新工艺验证工作，并提供基础数据。

2）装车/运输方案

新项目要有齐全的装车/运输方案。

装车方案需符合工艺、质量、安全要求，符合项目吊装需求，同时对运输路线进行跟车确认。

不合理的地方及时反馈进行调整。

3）人员确认

工厂生产各岗位根据工艺、生产要求配备对应的人员，完成生产，保证产品工艺质量要求。

5. 半成品质量管控（钢筋加工质量管控）

（1）作业人员要求

钢筋加工及安装关键岗位作业人员必须实行定人、定岗管理，保证结构安全性。

钢筋加工作业定人定岗管理岗位：受力钢筋下料、箍筋成型、钢筋调直等。

钢筋安装作业定人定岗管理岗位：梁/柱钢筋笼安装、楼板/阳台板/挑板钢筋网片安装、外墙板连接筋安装、外墙板剪力墙钢筋安装、楼梯钢筋安装。

特殊岗位持证上岗岗位：钢筋焊接。

（2）品质控制要求

1）钢筋进料控制：

必须满足客户、设计和标准要求，并经检验合格后方可使用，具体操作参考相关规程。

2）钢筋加工控制：

为确保钢筋半成品加工品质，保证PC构件产品质量，需对钢筋机械加工类按单个规格进行首件及过程检验，具体要求如下：

① 工艺验证要求：

上岗人员能力进行确认；工艺参数进行验证确认；设备能力进行验证。

② 生产首件自检要求：

确认时机：当班开机生产，变更型号、更换机台、材料更换厂商或批号、机台故障停机重新生产，均须经首件确认。

确认流程：由现场工位负责人调试制作完成，并确认首件，首件记录可填写在下料计划单上，确认首件无异常后进行批量生产；如首件确认不合格，由工位负责人调试，重新制作，直至确认合格；首件确认完成后，存放在加工位旁（可行时），以利现场比对确认，当班生产完成后，将首件放入批量加工件中。

（3）品管过程巡检

1）每班加工的钢筋，由现场品管进行巡检抽样，一天至少两次，且每次数量不应少于3件。

2）焊接检验：

外观检查：检查数量：全检；检验方法：目测。

工艺检验：检查批量：相同加工条件，相同材料，同连接形式、同规格接头的以500个为一个检验批。

检查数量：抽取3根做抗拉强度试验。

（4）异常处理

在钢筋加工首件、过程巡检、钢筋连接检验中出现异常，根据《品质异常管理规定》进行处理。

钢筋安装使用控制：

按设计、工艺标准、规范要求执行，落实生产自检及品管检验，具体操作参考《制程检验管理规定》及《成品检验管理规定》。

（5）检验记录

1）钢筋进料检验记录参考文件《来料检验管理规定》及当地材料报验要求。

2）钢筋加工：调直切断、受力钢筋下料、箍筋、拉接筋、箍筋笼加工等检验填写“钢筋下料/成型/加工检验记录表”；钢筋连接检验填写“钢筋连接检验记录表”；网片加工检验填写“钢筋焊接网片加工检验记录表”；桁架加工检验填写“钢筋桁架加工检验记录表”。

3）钢筋安装使用检验记录参考文件《制程检验管理规定》中“PC件生产过程检验记录表”。

4）钢筋质量控制要求，参照以下规定执行：

① 国家、地方管理规定；

② 行政部门文件：建设主管部门、工程技术质监站文件；

③ 设计文件：建筑结构图纸、工艺院图纸、工作联系函及更改文件；

④ 甲方及监理要求；

⑤ PC 生产钢筋验收、加工及安装规范。

（6）进厂验收

1）原材料钢筋进厂验收

按照 GB 50204—2015 中 5.2.1 的要求，钢筋进场时，应按国家现行相关标准的规定抽取试件作屈服强度、抗拉强度、伸长率、弯曲性能和重量偏差检验，检验结果必须符合相关标准的规定。PC 件生产所用的钢筋必须进行现场检查验收，合格后方能入库使用。如项目甲方有要求时，应做第三方监督检测。

2）三级抗震等级设计的框架和斜撑构件（含梯段）中的纵向受力普通钢筋应采用 HRB335E、HRB400E、HRB500E、HRBF335E、HRBF400E 或 HRBF500E 钢筋，其强度和最大力下总伸长率的实测值应符合下列规定：

① 钢筋的抗拉强度实测值与屈服强度实测值的比值不应小于 1.25；

② 钢筋的屈服强度实测值与屈服强度标准值的比值不应大于 1.30；

③ 钢筋的最大力下总伸长率不应小于 9%。

3）检查数量：

按进场批次和产品的抽样检验方案确定。

4）检验方法：

检查质量证明文件和抽样复验。

5）验收内容：

查对标牌，检查外观，并按有关标准的规定抽取试样进行力学性能试验。

6）钢筋的外观检查：

钢筋应平直、无损伤，表面不得有裂纹、油污、颗粒状或片状锈蚀。钢筋表面凸块不允许超过螺纹的高度；钢筋的外形尺寸应符合有关规定。

7）钢筋存放：

生产厂家、规格、强度等级、类型、炉号、普通钢筋与抗震钢筋区分存放，做到先进先出。存放时优先采用室内存放，室外堆放时，应采用避免钢筋锈蚀的防雨、防水措施（图 6-59～图 6-61）。

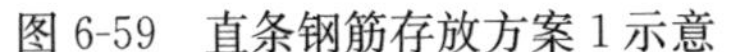

图 6-59　直条钢筋存放方案 1 示意

图 6-60　直条钢筋存放方案 2 示意

检验时须留厂家标牌作为质量证明时，必须重新标识。

6. 钢筋下料、成型规定

（1）总体要求

1）箍筋成型、盘钢调直及裁切、梁主筋下料及弯曲成型、楼梯异形钢筋成型必须固

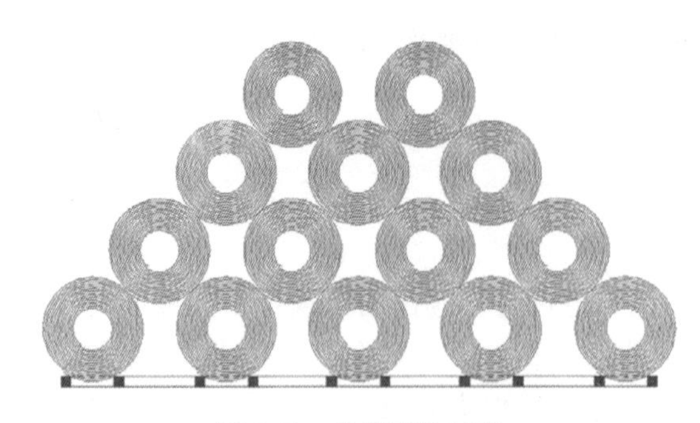

图 6-61　盘螺存放示意

定作业人员，且经培训合格后上岗。

2）下料前必须确认钢筋原材料是否经检验合格，并核对规格、等级以及特殊要求（厂家、抗震等）；钢筋的表面应清洁、无损伤，油渍、漆污和铁锈应在加工前清除干净。带有颗粒状或片状老锈的钢筋不得使用。

3）钢筋除锈后如有严重的表面缺陷，应重新检验该批钢筋的力学性能及其他相关性能指标。

4）钢筋加工宜在常温状态下进行，加工过程中禁止加热钢筋。钢筋弯折应一次完成，不得反复弯折。

（2）钢筋下料

1）直条钢筋裁切：按生产指令单进行裁切，是否变形。

裁切方式：机械剪切。

标准要求：梁受力钢筋及其他钢筋下料长度＝图纸要求长度，偏差±10；叠合楼板伸出钢筋下料长度＝图纸要求长度＋10mm，偏差±10mm（图 6-62、图 6-63）。

(L＝图纸要求或计算长度±10mm)

图 6-62　梁受力及其他钢筋下料长度

(L＝图纸要求长度＋10mm，偏差±10mm)

图 6-63　楼板受力（伸出）钢筋下料长度

2）盘螺调直、裁切：钢筋宜采用无延伸功能的机械设备进行调直。

标准要求：梁受力钢筋及其他钢筋下料长度＝图纸要求长度，偏差±10；叠合楼板伸出钢筋下料长度＝图纸要求长度＋10，偏差±10。直线度 4mm/m（图 6-64）。

（3）钢筋成型

1）箍筋成型

① 箍筋的类型：封闭式箍筋、开口式箍筋。

② 箍筋弯折处尚不应小于纵向受力钢筋直径。

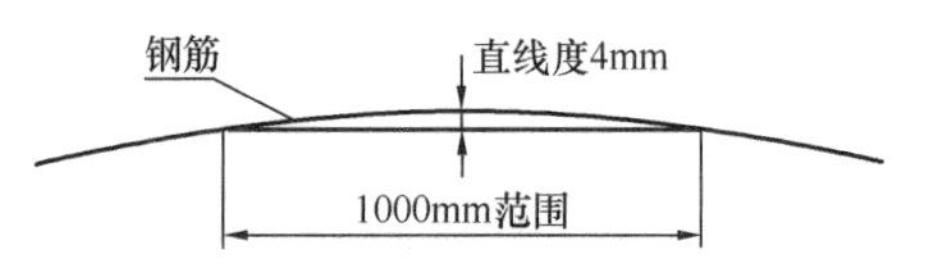

图 6-64　调直钢筋直线度检测示意

③ 箍筋的末端应按设计要求作弯钩，并应符合下列规定：

对一般结构构件，箍筋弯钩的弯折角度不应小于 90°，弯折后平直段长度不应小于箍筋直径的 5 倍；对有抗震设防要求或设计有专门要求的结构构件，箍筋弯钩的弯折角度不应小于 135°，弯折后平直段长度不应小于箍筋直径的 10 倍和 75mm 两者之中的较大值（图 6-65）。

④ 箍筋外形尺寸要求：±5mm。

2）拉筋成型

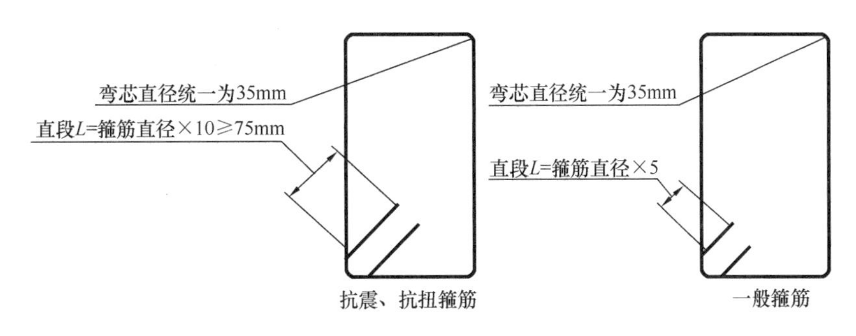

图 6-65　箍筋弯曲示意

① 拉筋的类型：箍筋拉筋、定位拉筋。

② 拉筋用作梁、柱复合箍筋中单肢箍筋或梁腰筋间拉结筋时，两端弯钩的弯折角度均不应小于 135°，弯折后平直段长度应符合对箍筋的有关规定。对固定钢筋位置的拉筋要求一端作 135°弯钩，另一端可作 90°弯钩，弯钩平直部分长度为拉筋直径的 5 倍（图 6-66）。

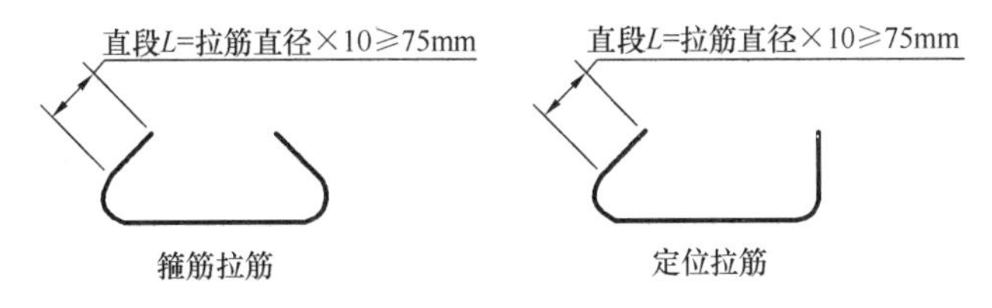

图 6-66　拉筋弯曲示意

3）受力筋弯曲

钢筋弯折的弯弧内直径应符合下列规定：

① 光圆钢筋，不应小于钢筋直径的 2.5 倍（图 6-67）。

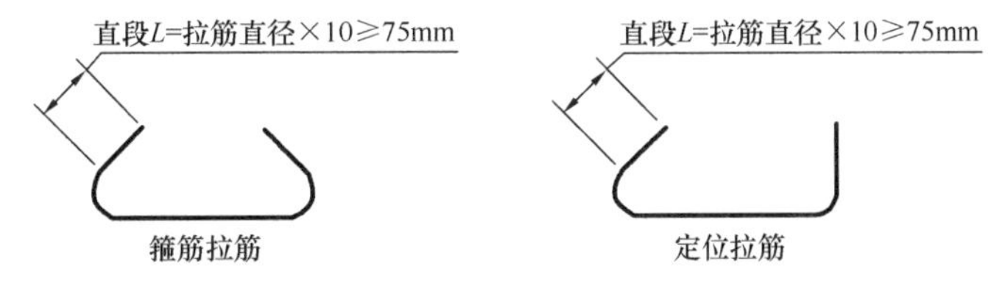

图 6-67　光圆钢筋弯曲示意

② 335MPa 级、400MPa 级带肋钢筋，不应小于钢筋直径的 4 倍。

③ 500MPa 级带肋钢筋，当直径为 28mm 以下（要特别注意）时不应小于钢筋直径的 6 倍，当直径为 28mm 及以上（工厂不常用）时不应小于钢筋直径的 7 倍（图 6-68）。

（4）检查数量

按每工作班同一类型钢筋、同一加工设备抽查不应少于 3 件。

（5）检验方法

尺量检查。

7. 焊接接头《钢筋焊接及验收规程》JGJ 18—2012

（1）焊接方式：电阻焊、闪光对焊、电弧焊、电渣压力焊、气压焊。

（2）接头形式：电弧焊有帮条焊、搭接焊、坡口焊、窄间隙焊等。

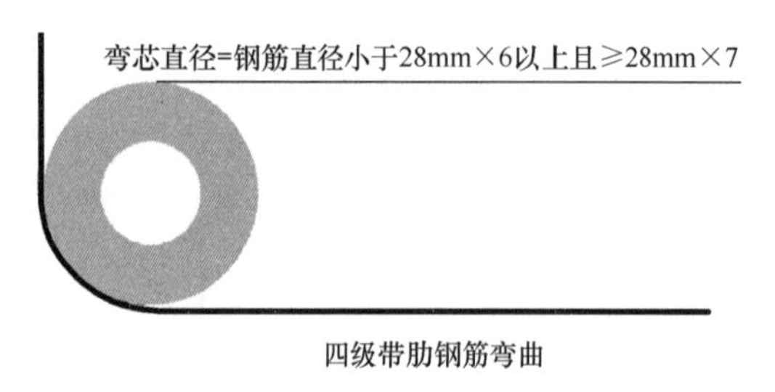

弯芯直径≥钢筋直径×4

≤三级带肋钢筋弯曲

图 6-68　带肋钢筋弯曲示意

（3）焊接材料：与钢筋等级匹配；凡施焊的各种钢筋、钢板均应有焊条、焊丝、氧气、乙炔、液化石油气、二氧化碳；应有产品合格证。

（4）焊接设备：应选用与焊接形式匹配的焊接设备。

（5）焊前处理：在正式焊接之前，参与该项施焊的焊工应进行现场条件下的焊接工艺试验，并经试验合格后，方可正式生产。试验结果应符合质量检验与验收时的要求。

（6）环境要求：在环境温度低于−5℃条件下施焊时，宜增大焊接电流，减低焊接速度。当环境温度低于−20℃时，不宜进行各种焊接。

（7）焊接处理：钢筋焊接施工之前，应清除钢筋、钢板焊接部位以及钢筋与电极接触处表面上的锈斑、油污、杂物等；钢筋端部当有弯折、扭曲时，应予以矫直或切除。带肋钢筋进行闪光对焊、电弧焊、电渣压力焊和气压焊时，宜将纵肋对纵肋安放和焊接。

（8）焊接方法：第一层焊缝应从中间引弧，向两端施焊；以后各层控温施焊，层间温度控制在 150～350℃之间。多层施焊时，可采用回火焊道施焊。

（9）帮条焊、搭接焊（图 6-69、图 6-70）

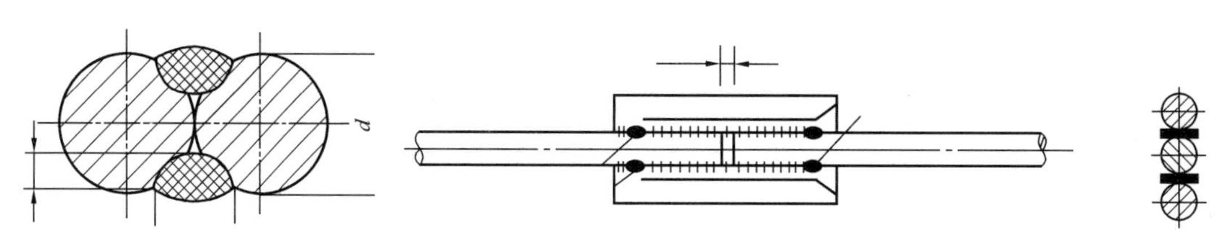

图 6-69　帮条焊接焊接示意　　　图 6-70　搭接焊焊接示意

1）焊接方法：电弧焊（焊条电弧焊和 CO_2 气体保护电弧焊）。

2）搭接长度：双面焊 5d、单面焊 10d，焊缝有效厚度不应小于主筋直径的 30%。

（10）焊接检验

1）外观检查。检查数量：全检；检验方法：目测。

2）工艺检验。检查批量：相加工条件，相同材料，同连接形式、同规格接头的以 500 个为一个检验批。

3）检查数量：抽取 3 根做抗拉强度试验。

8. 钢筋绑扎与安装

（1）一般规定：当需要进行钢筋代换时，应办理设计变更文件。

（2）箍筋笼的绑扎（图 6-71）

1）梁钢筋骨架中各垂直面钢筋网交叉点应全部扎牢，且相邻绑扎点应呈八字形。

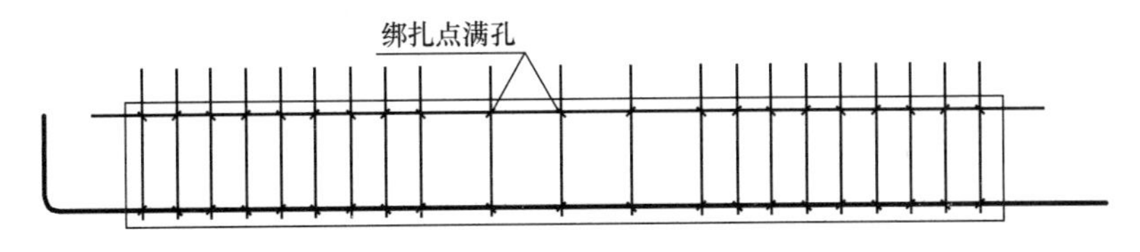

图 6-71　箍筋笼绑扎示意

2）梁的箍筋弯钩应沿纵向受力钢筋方向错开设置。构件同一表面，焊接封闭箍筋的对焊接头面积百分率不宜超过 50％。梁中箍筋距构件边缘的距离宜为 50mm。

3）尺寸要求：梁钢筋安装位置的允许偏差和检验方法。

（3）手扎网片绑扎

板上部钢筋网的交叉点应全部扎牢，底部钢筋网除边缘部分外可间隔交错扎牢。网片间距不超过 150mm，四周为满扎，中间部位可间隔两个点交错绑扎（图 6-72）。

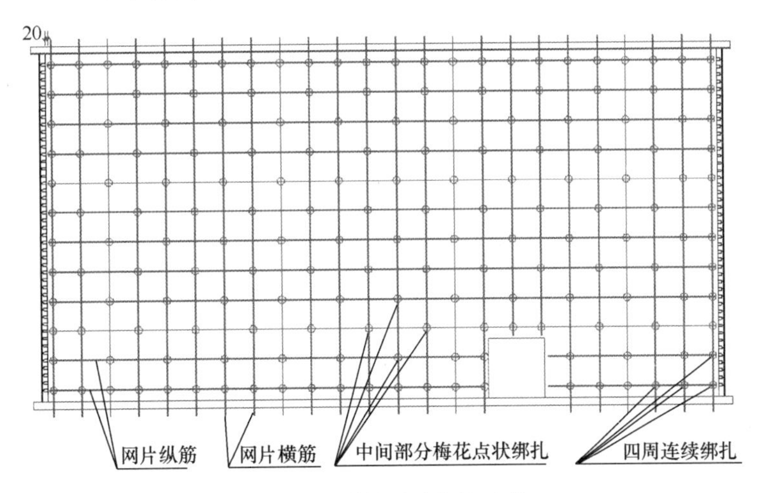

图 6-72　手扎网片绑扎示意

（4）管廊叠合楼板吊环、斜支撑环安装与绑扎

PC 生产安装吊环、斜支撑环时，平直段与楼板网片下层钢筋同层（图 6-73）。

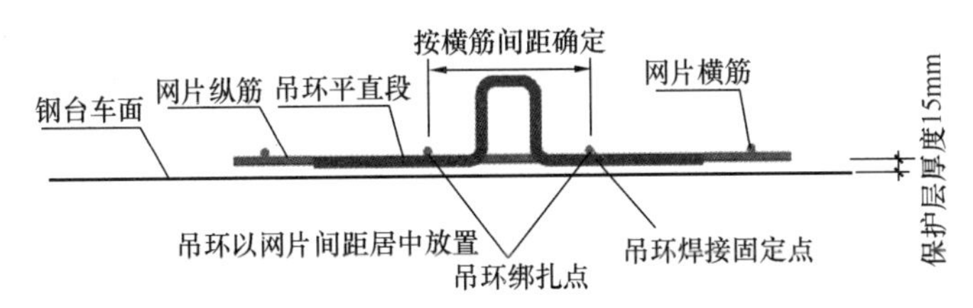

图 6-73　叠合楼板吊环/支撑环绑扎示意

9. 包装与存放

成型钢筋必须按钢筋加工的类型、规格分开包装，避免混淆；做好防雨、防水措施，防止钢筋锈蚀；包装形式及数量根据各工厂及项目需求协商确定。

10. 检验

（1）钢筋委外加工检验项目

品牌、类型（带肋、光圆）、抗拉强度、抗震/非抗震、重量偏差。

（2）工厂加工钢筋

品牌、类型（带肋、光圆）、抗震/非抗震。

（3）共同项目

钢筋加工的形状、尺寸应符合设计及规范要求，其偏差应符合受力钢筋顺长度方向全长的净尺寸±10mm，弯起钢筋的弯折位置±20mm。标识应牢固、清晰、完整。

（4）检查数量

按每工作班同一类型钢筋、同一加工设备抽查不应少于 3 件。

（5）检验方法：尺量检查。

（6）所有检验必须形成记录并保存。

6.7.3 管廊各类构件生产过程管控

1. 产前准备

（1）生产作业人员管控

1）岗前培训

① 所有生产新员工及岗位调整在入职前必须进行岗前培训。

② 新工艺应用必须对作业相关人员进行培训。

③ 培训完成后，进行考核，考核合格后方可独立上岗作业，不合格者不得从事相应岗位作业。

2）定岗定位

① 上岗后的人员，明确岗位职责，并及时登记岗位台账。

② 工厂各线体、班组根据关键控制点要求，对关键岗位人员进行登记。

③ 品管进行监控，抽查核对关键岗位人员登记情况，同时检查关键岗位人员作业是否符合要求。

3）岗位监管与考核

① 品管在过程巡检中重点监控上岗作业人员，是否明确工艺要求、质量标准，按要求执行，对不符合要求者及时进行指导和要求。

② 让合适的人做适合的事，对不符合岗位要求的人员，或连续三次出现同样质量失误的人员实行调岗，情节严重者进行淘汰处理，确保生产作业质量。

③ PC 构件出现质量安全事故，将根据《质量奖惩管理办法》进行处理和追责。

（2）检具、生产设备管控

生产作业人员检查检验所需仪器、设备、治、工、夹具的运行情况是否符合检验要求，做好仪器、设备的点检、标识与保养工作，并将结果记录于相应的《设备保养表》中。

（3）品管人员准备

品管制程人员提前准备检验所需的《检验标准》、产品图纸等检验所必需的资料；根据生产历史记录，提前查阅相关异常、客诉、更改单等以便及时掌握检验要点、重点项目及检验技巧。

2. 作业员自检、互检

(1) 生产使用的原材料必须符合设计、标准要求。未经检验或检验不合格的原材料、半成品不得随意使用。

(2) 生产前，作业员应对前工序作业质量进行检查确认，若发现不合格及时反馈给前工序，要求前工序进行返工或返修处理，进行“互检”动作。

(3) 生产过程中，作业员应依据生产计划单、相关作业指导书、质量标准规范逐一进行自主检查，并在重要岗位填写相应的自检表单。

(4) 为加强品质管控，各工序应设置兼职自检员，在本工序生产完成后，工序自检员将不符合要求的作业及时反馈给本工序操作人员，避免下次出现，同时及时对不合格产品进行返工、返修处理。

3. 首件检查

(1) 新模具初装、生产过程首件检查

1) 新模具初装

① 生产装模人员在放线、模具组装、预埋过程中进行自检，自检合格后送检品管。

② 品管根据《××产品过程控制标准》中模具、预埋预留检验标准及方法进行检验。

③ 模具、预埋预留检验完成后，有异常及时反馈给生产进行改善，改善完成再次送检确认合格方可流入下工序。

④ 同时将检验结果记录于“模具检验记录表”，交品质负责人审核确认。

⑤ 新模具初装，包括模具尺寸，预埋预留项目品管做100%检查。

⑥ 根据工艺装模清单对模具检验的结果统计在“项目装模检验清单”内，进行统计汇总、追溯。

2) 新模具生产过程首件

① 新模具初装检查完成后，品管按项目、户型、构件类型中的类别抽1～2个。

② 生产过程首件检查不合格，应追溯已生产的同类别产品状况，同时对未生产的同类别产品及时进行整改，整改完成后重新进行生产过程首件检验。

③ 按类别检查完成后填写“产品首批检验确认表”。

(2) 模具尺寸、预埋预留变更首件检查

① 由于工程变更，首层、标准层、顶层模具或预埋预留变更的必须100%进行首件检查。

② 主要检查变更部分的模具尺寸、预埋预留。

③ 将检验结果记录于“模具检验记录表”，交品质负责人审核确认。

4. 巡查检验

(1) 确定项目

① 核对生产作业人员是否按《作业指导书》要求进行作业。

② 生产工艺是否符合产品工艺要求。

③ 生产物料是否符合生产图纸要求。

④ 产品是否符合规格要求。

⑤ 发现作业错误，并及时纠正。

(2) 品管根据生产流程的顺序，不定时对生产线每一道工序进行巡查检验，对关键工序、重要工序、品质容易出现问题的工序，将进行岗位定点抽检检验，以监控产品品质，防止批量的不合格品发生。

（3）巡查检验的异常状况根据《品质异常管理规定》进行记录和处理。

5. 循环检验

（1）各线体按项目、户型在一定周期内对所有模具实行循环检验，过程检验与成品检验一一对应，确保在一定周期内 PC 构件过程、成品质量得到有效控制，品管根据“××线过程/成品循环检验记录表”，每天的循环检验数量不低于 2 个台车。

（2）制程检验的结果记录于“PC 件生产过程检验记录表”，成品检验的结果记录于“PC 构件成品检验记录表”或“产品评价记录表”，记录表一一对应。

6. 设计工艺更改质量管控

（1）工厂工艺收到设计及工艺变更后，需按文件发放要求下发给相关单位。

（2）工艺品管根据“设计工艺变更跟踪表”对变更的执行进行确认。

7. 生产隐蔽记录

根据《混凝土结构工程施工质量验收规范》GB 50204—2015 标准质量验收，要求“已经隐蔽的不可直接观察和量测的内容，可检查隐蔽工程验收记录”，故对预制构件在浇捣前需记录隐蔽资料，具体要求如下：

（1）构件隐蔽对象

构件结构性能：受力钢筋、桁架钢筋、钢筋保护层。

构件吊装安全：吊点（吊钉、吊环、套筒）预埋。

构件安装性能：连接软索、连接钢筋、装模套筒。

构件使用功能：水电预埋、永久性预埋连接件、定位/防水钢板。

（2）构件类型验收具体内容（表 6-4）

管廊各类构件类型验收具体内容 **表 6-4**

<table>
<tr><th>构件型号</th><th>验收记录项目</th><th>抽检频次</th><th>记录要求</th><th>备注</th></tr>
<tr><td>叠合顶板</td><td>吊点、水电预埋、钢筋保护层、永久性预埋连接钢板</td><td rowspan="3">按项目/栋号/层数各类型构件总数量 5% 且不少于 3 件</td><td rowspan="3">（1）隐蔽工程验收记录（使用当地区的质监统编表格）；
（2）照片（项目/栋号/层数、生产日期、线体、全景、局部）；
（3）材料型材检验报告、质量报告</td><td></td></tr>
<tr><td>叠合底板</td><td>吊点、水电预埋、钢筋保护层、永久性预埋连接钢板</td><td></td></tr>
<tr><td>夹心叠合墙</td><td>吊点、水电预埋、套筒、定位钢板、止水钢板、钢筋保护层</td><td></td></tr>
</table>

6.7.4 管廊各类构件成品的质量检验

1. 成品自检

吊装脱模人员应进行自检，发现构件异常后及时贴示不合格标签并备注不良情况，同时将构件不良情况记录在“PC 件生产（成品）自检记录表”内。

2. 品管成品品质评价抽检

品管根据《制程控制管理规定》中的循环检验要求，对已检验完的产品进行成品评价检查，将检验的结果记录于“产品品质评价测量记录表”，并加盖“实测实 量检验章”。

3. 品管成品检验

品管对入库前的成品，在构件的可视区域进行外观、钢筋、标识等方面的检查。

4. 成品检验判定

（1）检验和判定时机

产品脱模并完成清理工作后，且产品未修补之前，进行成品检验一次合格的判定。

（2）判定标准及检验方法

1）外观质量成品检验一次合格判定标准要求及检验方法。

2）外形尺寸成品检验一次合格判定标准要求及检验方法。

3）预留预埋质量成品检验一次合格判定标准要求及检验方法。

4）钢筋成品检验一次合格判定标准要求及检验方法。

（3）产品如为允收的合格品，则在产品标签右下方盖上品管合格标识，根据《标识及可追溯性管理规定》执行，并在成品入库单上签名或盖章，由生产部门办理入库。

（4）抽检产品如为拒收的不合格品，则品管人员根据《标识及可追溯性管理规定》在产品标签上方贴示不合格标签，并在标签上注明不合格项，再立即通知当班工位长，同时要求吊装人员将产品放置于不合格区域暂存，最后根据《返工返修管理规定》进行处理。

（5）品管人员根据检验结果，首件成品记录于“PC 构件成品检验记录表”，批量生产成品记录于“产品品质评价测量记录表”，同时针对产品检验异常记录在“质量异常记录表”上，重大及批量不良开出“品质异常处理单”。

5. 产品出货控制

（1）发货准备

资材在接到发货计划后，根据成品库存状况，确认发货板的库存量，库存量没问题后在装车前报品管进行检验。

（2）发货检验

1）在装车发货时，各部门负责确认。

2）物流人员负责发货数量、产品型号核对及装车绑扎安全确认。

3）吊装人员负责：

① 成品堆码、插销、保护衬垫等符合标准要求；

② 起吊件质量：预埋数量、预埋质量，起吊件周边混凝土不允许出现开裂、疏松等异常现象；

③ 混凝土质量：PC 构件在出厂发货前，构件强度必须≥设计强度的 75%方可出厂；

④ 外观质量：对构件缺角、缺边确认及外观清理。

（3）品管确认监督

成品堆码、插销、保护衬垫等按标准要求，产品起吊件质量，混凝土质量，单个构件外观质量，及整车外观质量状况。

（4）品管根据《×××产品标准》进行出货质量检验判定。

（5）产品出货质量合格，则在发货单上进行签字确认，执行发货。

（6）产品出货质量不合格，一般缺陷执行返工返修，具体操作根据《返工返修管理规定》，严重缺陷进行换板处理，如库存量不足则上报品质主管进行处理。

(7) 将产品出货异常记录在“质量异常记录表”上，重大及批量不良开出“品质异常通知单”。

6. 质量控制的关键点

(1) 生产品质关键点

包括关键控制点、涉及面及作业要求（表 6-5）。

关键控制点、涉及面及作业要求 **表 6-5**

序号	关键控制点	涉及面	作业要求	备注
1	起吊件预埋	吊钉、吊环、起吊套筒、桁架	严格按照图纸和工艺要求进行预埋、固定、加强，控制埋入深度	
2	安装件预埋	斜支撑套筒装模套筒	严格按照图纸要求，确保预埋质量（数量、位置、进浆、埋入深度）	
3	钢筋	加强筋、受力筋	严格按照图纸要求，确保钢筋规格、等级、数量、安装位置、保护层厚度	
4	混凝土质量	混凝土配合比振捣质量	混凝土配合比：根据设计要求确保 PC 产品强度	
			振捣：保证结构受力件、梁、暗梁、吊钉吊环、套筒位置混凝土振捣密实，需用振动棒作业的严格按要求执行到位	
5	脱模吊装	吊具、起吊点起吊强度	使用适宜的吊具，严格按照起吊点数量起吊	
			构件在工厂内脱模起吊前，构件强度必须≥15MPa 方可脱模（预应力楼板执行强度要求≥20MPa）	
6	发货检查	定专人检查起吊件和混凝土质量	起吊件预埋：检查预埋数量、预埋质量，起吊件周边混凝土不允许出现开裂、疏松等异常现象	
			混凝土质量：PC 构件在出厂发货前，构件强度必须大于等于设计强度的 75%方可出厂	
7	构件修补	定专人检查起吊件和混凝土质量	涉及结构安全、吊装安全的构件修补必须出具修补方案，且指定专人修补	
8	钢筋加工	加工标准、方法	吊装预埋件成型、钢筋焊接、螺纹加工、螺纹连接装配	

(2) 生产品质关键点作业人员管控

工厂各线体、班组针对以上关键控制点要求，根据“品质关键控制点责任人检查 表”每天对关键岗位人员进行检查管控。

品管进行监控，抽查核对关键岗位人员登记情况，同时检查关键岗位人员作业是否符合要求。

7. 售后质量管控

(1) 管廊进场验收

PC 构件到达项目现场后，项目协调人员应尽快组织施工方、监理、甲方等相关人员对 PC 构件进行现场验收，验收完成后对构件进行签收。

（2）客诉处理

1）客诉提出

项目可以通过联络函、微信平台、电话沟通知会PC工厂，由生产工厂品管整理，负责组织客诉讨论、原因分析及追踪处理。

2）客诉授理

如客诉内容确定为非工厂责任时，工厂品管接收后即直接以联络函回复给项目，即可结案。

如客诉为工厂责任时，经工厂品管负责人确认后，收集相关资料，并组织相关单位进行客诉原因分析讨论、责任单位判定及处置、改善措施的拟订；在责任单位判定时，根据《成品检验管理规定》，经品管实测检验的构件品管承担主要责任，未经品管实测检验的构件由生产承担主要责任。

品管部门在客诉讨论时，需依会议达成一致的原因分析来明确责任单位，同时将原因分析、处置、预防措施及责任单位，整理“品质异常处理通知单”，经工厂厂长确认后，由品管追踪各单位改善措施落实状况。

客诉讨论达成一致后，如有必要，则由品管部门依整理完成的“品质异常处理通知单”，将原因分析及临时处理对策等相关内容，以联络函的书面形式，经部门主管确认后，回复项目部。

处理品质方面客诉时，应考虑对公司目前及潜在的影响，提出适当的改善措施。

（3）效果追踪确认

1）主导单位依据各责任单位提供的处置、改善措施，每月追踪确认责任单位的改善状况，是否有依改善措施认真落实执行，并将稽核记录如实填写完整于OA客诉处理系统，并由责任单位主管确认。

2）为确保同类型客诉事件不会再次发生，主导部门需连续稽核两次（每月稽核一次），若两次均有改善，则该客诉可正式结案。若改善措施未认真执行或达不到效果时，主导部门需与责任单位再讨论改善对策。

3）对客户投诉事件，品管部门需定期或以项目类别统计分析汇总，在周品质例会上宣导，同时汇总在质量月度统计报表中提交PC产品平台。

4）针对相关客诉改善措施，执行有效，需纳入相关作业标准书中，形成标准化。

（4）售后管控

1）退货品管理

项目现场反馈管廊构件少发、漏发、错发，由物流直接补发。

如由于管廊构件标签贴错或其他质量原因退回，由品管判定责任方。

工程吊装损坏，由施工方承担维修或制作所有费用。

由于工厂质量问题，由品管判定后分析责任方，并进行原因分析和改善措施，流程参照“客户投诉处理流程”。

2）退回品处理

影响结构性能，不可修复的不良品走报废处理流程；能修复的不良品，根据《返工返修管理规定》执行，返修完成后由品管确认合格后方可出库。

3）装修时构件质量不良

项目在后期装修时出现构件不良，工厂安排进行返工返修，同时对返工返修的不良明细记录在“质量异常记录表”内，完成后交由品管进行统计分析，并跟进相关改善，避免后期出现类似不良情况。

4）退回不良品登记

所有退回的产品登记在“客户退回不良品清单”中形成记录。

8. 异常处理

（1）品质异常分类定义

重大品质异常：涉及吊装安全、结构性能的不良。

批量质量事故：同一不良连续出现三次及以上。

（2）进料品质异常

1）实验室/品管依相关检验标准判定不合格，针对不合格物料标识“不合格”，并通知仓库。

2）及时知会采购，并将不合格物料的“来料检验报告”提供给采购，由采购通知供应商作相应的处理。

3）对于多次重复出现的不良及重大的品质不良事件，实验室/品管当天开出“品质异常处理单”通知供应商，供应商在三天内回复改善措施，实验室/品管根据供应商回复的改善措施连续追踪三批，无异常予以结案。

（3）制程/成品/出货品质异常

在出现制程/成品/出货品质异常后，涉及重大品质异常，品管人员立即开出“品 质异常处理单”，并通知品管主管，由品管主管召集生产、实验室、工艺、采购等相关单位人员分析原因，并提出临时处理措施，并明确责任单位，由责任单位在三个工作日内回复“品质异常处理单”，品管制程人员根据责任单位回复的改善措施追踪确认，落实改善状况及改善效果，如异常追踪两次均未改善，则由品管重新开立“品质异常处理单”。

对制程/成品/出货出现的一般性品质异常时，品管人员将异常记录于“品质异常登记表”，作为周报分析及月度分析质量基础数据，同时将出现的一般品质异常通知线上工位长及当事人，要求立即进行改善，并追踪改善落实状况。

（4）客户投诉异常

客户投诉异常的处理请参考《售后质量管控》文件。

9. 质量记录和数据统计管理

（1）生产过程中质量记录

各部门按文件规定要求进行自检、检验和记录。

提供对外的质量记录应统一格式，规范化。

（2）记录的管理

技术工艺文件由品管资料员进行收发管控。

生产部门的“生产自检表”、“品质关键控制点责任人检查表”归品管部存档。

（3）质量记录的统计

各过程的质量记录需进行周度、月度的统计汇总，形成品质周、月报资料。

工厂周、月报资料需按要求及时提交，提交及时性将纳入季度质量管理评价考核中。

相关周、月资料提交时机及相关要求如表 6-6。

周、月资料提交时机及相关要求 **表 6-6**

<table>
<tr><th>序号</th><th>项目</th><th>具体内容</th><th>表格名称及编号</th><th>工厂提交及时</th><th>备注</th></tr>
<tr><td rowspan="2">1</td><td rowspan="2">品质评价</td><td>PC 产品评价</td><td>产品评价周、月报表（××工厂 2017 年×月）-文件夹</td><td>每月最后一天</td><td></td></tr>
<tr><td>质量管理评价</td><td>D 版-质量管理评价表 BZ-JL-120-D</td><td>每月最后一天</td><td></td></tr>
<tr><td>2</td><td>品管周、月报</td><td>每周、月质量周会 PPT 资料</td><td>品质周、会 PPT 模板-2017 年</td><td>周会第二天交</td><td></td></tr>
<tr><td>3</td><td>每月质量基础数据</td><td>质量月报数据模板</td><td>质量月报数据模板-2017</td><td>每月最后一天（数据周期：上月 26 日～本月 25 日）</td><td></td></tr>
</table>

附表 1：

管廊构件钢模质量验收标准

<table>
<tr><th rowspan="2">序号</th><th rowspan="2" colspan="2">项目</th><th rowspan="2">允许偏差（mm）</th><th colspan="2">检查频率</th><th rowspan="2">检验方法</th></tr>
<tr><th>范围</th><th>点数</th></tr>
<tr><td rowspan="4">1</td><td rowspan="2">长（高）</td><td>墙板</td><td>0，−2</td><td>模板长（高）边</td><td>每边 1 点</td><td>用钢尺量测</td></tr>
<tr><td>其他板</td><td>±2</td><td>模板长（高）边</td><td>每边 1 点</td><td>用钢尺量测</td></tr>
<tr><td colspan="2">宽</td><td>±1</td><td>两端及中部</td><td>≥3 点</td><td>用钢尺量测</td></tr>
<tr><td colspan="2">厚</td><td>±1</td><td>平面及板侧立面</td><td>每处 2 点</td><td>用钢尺量测</td></tr>
<tr><td rowspan="2">2</td><td rowspan="2">表面平整度</td><td>清水面</td><td>△1</td><td>板底模及模外露面</td><td>每面 1 点</td><td>2m 靠尺或 1m 钢板尺量测</td></tr>
<tr><td>一般面</td><td>△2</td><td>内面及隐蔽表面</td><td>每面 1 点</td><td>2m 靠尺或 1m 钢板尺量测</td></tr>
<tr><td>3</td><td colspan="2">对角线差</td><td>△4</td><td>对角线差值</td><td>每平面 1 点</td><td>用钢尺量测</td></tr>
<tr><td rowspan="2">4</td><td rowspan="2">侧向弯曲</td><td>板</td><td>△L/1000，且≤4</td><td>两侧板表面</td><td>每处 1 点</td><td>拉线量测</td></tr>
<tr><td>墙板</td><td>△L/1500，且≤2</td><td>两侧板表面</td><td>每处 1 点</td><td>拉线量测</td></tr>
<tr><td>5</td><td colspan="2">翘曲</td><td>L/1500</td><td>每个平面</td><td>1 点</td><td>四角拉线量测</td></tr>
<tr><td>6</td><td colspan="2">相邻表面垂直偏差</td><td>1</td><td>平面与侧模相邻直角部位</td><td>每相邻部位 1 点</td><td>直角尺量测</td></tr>
<tr><td>7</td><td colspan="2">预埋螺母中心位移</td><td>2</td><td>逐个量测</td><td>每处 2 点</td><td>用钢尺量测</td></tr>
<tr><td>8</td><td colspan="2">预埋铁件定位孔位置</td><td>±3</td><td>逐件检查</td><td>每处 2 点</td><td>用钢尺量测</td></tr>
<tr><td rowspan="2">9</td><td rowspan="2">预留孔洞</td><td>位置</td><td>3</td><td>逐件检查</td><td>每处 2 点</td><td>用钢尺量测</td></tr>
<tr><td>尺寸</td><td>0，+5</td><td>逐件检查</td><td>每处 1 点</td><td>用钢尺量测</td></tr>
<tr><td>10</td><td colspan="2">主筋保护层</td><td>+5，−3</td><td>肋、板各 3 点</td><td>共 6 点</td><td>用钢尺量测</td></tr>
<tr><td rowspan="4">缺陷</td><td colspan="2">外露棱角不顺直</td><td>0.5</td><td colspan="2">所有拼条</td><td>不顺直处剔除重焊</td></tr>
<tr><td colspan="2">外露棱角处缝隙不严</td><td>1</td><td colspan="2">侧帮与底模周圈组合后缝隙</td><td>缝隙过大的应修复合格</td></tr>
<tr><td colspan="2">焊缝开裂</td><td>不允许</td><td colspan="2">全部焊点</td><td>补焊合格</td></tr>
<tr><td colspan="2">外露面麻面、锈蚀（主要部位）</td><td>不允许</td><td colspan="2">全部外露面</td><td>修复合格</td></tr>
</table>

注：本表用于模具的新制、改制和使用过程的检查验收。投入生产使用的模板应逐套记录检查验收情况。检查中发现的不合格点，必须返修合格后方可使用。

附表 2：

管廊构件外观缺陷质量要求

项次	检验项目		质量要求	检查方法	不合格处理
1	露筋		不应有	目测	根据具体情况由技术部门决定可否返修或技术处理
2	孔洞		不应有	目测	
3	蜂窝		不应有	目测	
4	麻面气泡	装饰面	不应有	目测	
		一般部位	每处面积小于 50mm²，深度小于 3mm	目测用尺量	
5	起砂、掉皮		不应有	目测	
6	缺棱掉角	装饰面	不应有	目测	
		不显著部位	长度 20mm 以下总面积不超过 20cm²	目测用尺量	
7	裂缝	影响结构性能或宽度大于 0.3mm	不应有	目测用刻度放大镜测	可做技术处理
		非受力部位不影响结构性能和使用功能	不宜有		
8	预埋螺栓螺母	螺纹损伤影响安装使用	不应有	目测用标准螺母检测	可返修
		螺纹轻微损伤不影响安装使用	不宜有		

附表 3：

管廊构件规格尺寸允许偏差和检查方法

检查项目		允许偏差（mm）	检查方法
长（高）度、宽度		±3	钢尺检查
厚度		±2	钢尺检查
侧向弯曲	墙板	$L/1000$ 且≤4	拉线、钢尺量最大弯处
	其他预制构件	$L/750$ 且≤3	
对角线差		5	钢尺量两个对角线
弯曲		3	拉线、钢尺量最大弯处
翘曲		5	调平尺在两端测量
表面平整度		≤3	2m 靠尺和塞尺检查
门窗口	长、宽	±2	钢尺检查
	对角线差	3	钢尺量两个对角线

续表

检查项目			允许偏差（mm）	检查方法
预埋螺栓、螺母	中心位移		2	钢尺检查
预埋螺栓、螺母	螺栓外露长度		+5，−2	钢尺检查
预埋铁件	中心位移		±2	钢尺检查
预埋铁件	平面高差		3	钢尺检查铁板与混凝土面高差
预留孔、洞	中心位置		±2	钢尺检查
预留孔、洞	尺寸		+5，−2	钢尺检查
外露钢筋	中心位置		±2	钢尺检查
外露钢筋	长度		+5，−2	钢尺检查
外露钢筋	保护层	墙板	±2	钢尺检查
外露钢筋	保护层	其他	±3	钢尺检查
主筋保护层厚度			+5，−3	钢尺检查

第7章 预制装配式混凝土管廊PC构件运输

7.1 运输方案与计划

7.1.1 运输一般规定要求

一般首先应制定预制构件的运输与堆放方案，其内容包括运输时间、次序、堆放场地、运输路线、固定要求、堆放支垫及成品保护措施等。对于超高、超宽、形状特殊的大型构件的运输和堆放有专门的质量安全保证措施。

预制构件的运输车辆应满足构件尺寸和载重要求，装卸和运输时应符合下列规定：

（1）装卸构件时，应采取保证车体平衡的措施；

（2）运输构件时，应采取防止构件移动、倾倒、变形等的固定措施；

（3）运输构件时，应采取防止构件损坏的措施，对构件边角部或链锁接触处的混凝土，宜设置保护衬垫。

预制构件堆放应符合下列规定：

（1）构件场地应平整，坚实，并应有排水措施；

（2）预埋吊件应朝上，标识宜朝向堆垛间的通道；

（3）构件支垫应坚实，垫块在构件下的位置宜与脱模、吊装时的起吊位置一致；

（4）重叠堆放构件时，每层构件间的垫块应上下对齐，堆垛层数应根据构件、垫块的承载力确定，并应根据需要采取防止堆垛倾覆的措施；

（5）堆放预应力构件时，应根据构件起拱值的大小和堆放时间采取相应措施。

7.1.2 运输方案与计划的制定

（1）了解项目基本情况

了解项目工程名称、建设单位、设计单位、监理单位、施工单位、工程地点等。考察沿途线路情况，选择合适交通运输工具，一般工程构件运输主要采用公路用汽车运输。建设用地多少平方米，推算出总PC面积。其组成结构，采用哪种建造方式。由多少段组成，标准段和异形段的数量分别是多少，每段的构件组成是否一致，各构件的数量为多少。所有工程使用的钢筋混凝土预制构件在工厂制作、编号、登记、修补、验收合格后，根据现场施工和安装具体情况，按照施工计划和工期要求提前运至施工现场进行现场进场验收，验收合格后按构件要求进行合理整齐码放。

（2）了解项目构件分布

我国管廊形式主要有单仓、双仓、三仓、四仓，随着功能不同，选用仓数也不一样（图 7-1）。预制装配式混凝土管廊预制部分一般由底板、顶板、外墙板、内墙板组成。底板位于管廊最底侧，外墙板位于管廊两边最外侧，内墙板位于管廊内部起隔断作用，顶板位于管廊顶部。一般以 3m 作为一个小节。以图 7-2 所示 4 仓管廊为例，一个小节包括 2 个底板、2 个外墙板、3 个内墙板、4 个顶板。

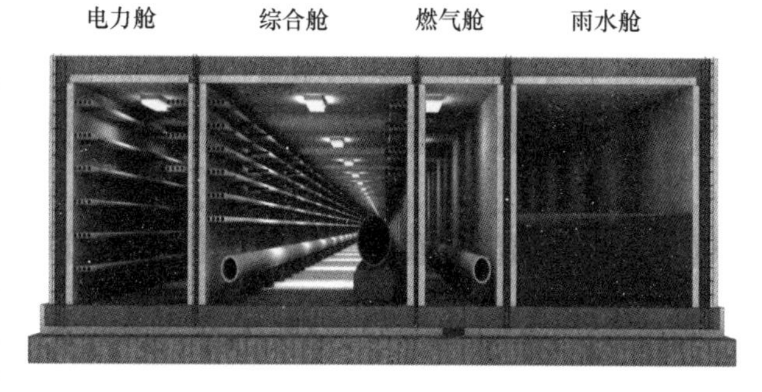

图 7-1　综合管廊内观图

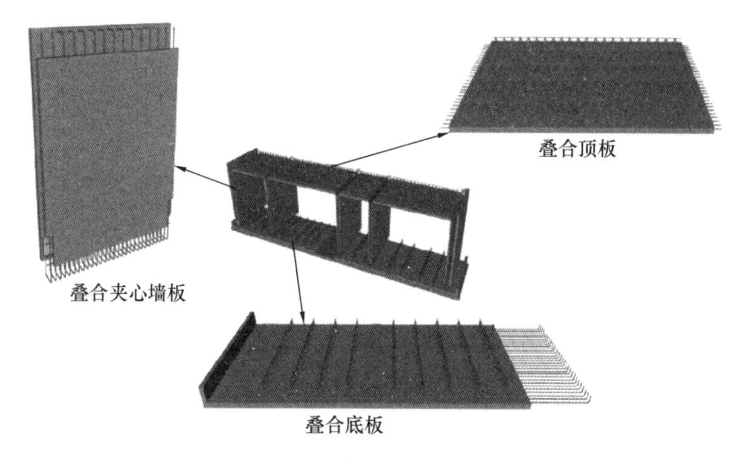

图 7-2　综合管廊构件分布图

（3）运输方案

目前主要运输方式有立式运输方式和水平叠放运输方式。立式运输方式是在低盘平板车上安装专用运输架，墙板对称靠放或者插放在运输架上。对于高层建筑内、外墙板和 PCF 板等竖向构件多采用立式运输方式（图 7-3）。对于叠合楼板、阳台板、楼梯、装饰板等水平预制构件多采用水平叠放运输方式。

图 7-3　预制构件立式运输

由于管廊构件多有伸出筋，所以多数采用水平叠放运输方式运输。管廊顶板运输，采取每车 2 跺 6 块进行运输；管廊墙板运输，采取每车 2 跺 6 块进行运输；管廊底板运输，采取每车 1 跺 3 块进行运输；构件发货前，需保证构件的强度达到设计强度的 75%（图 7-4）。

图 7-4　预制构件水平叠放运输方式

7.2　运输工具

预制构件运输工具一般包括运输汽车、吊装工具、钢丝绳、安全帽、垫木等。预制工厂用运输汽车一般有 9.6m、12.5m、13.5m 平板车。吊装工具包括吊爪、吊装钢丝绳、吊装工装；根据各构件重量选择合适规格吊具。钢丝绳用于运输中构件的固定，防止运输过程中发生安全事故。安全帽是在作业过程中操作人员必须佩戴的。垫木用于上下构件间的垫起支撑，防止构件接触造成表面或者伸出构件的破坏（图 7-5～图 7-9）。

图 7-5　预制构件运输平板车

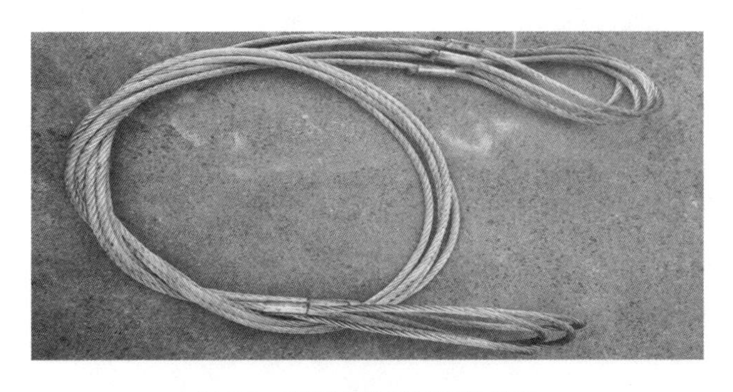

图 7-6　预制构件吊装用钢丝绳

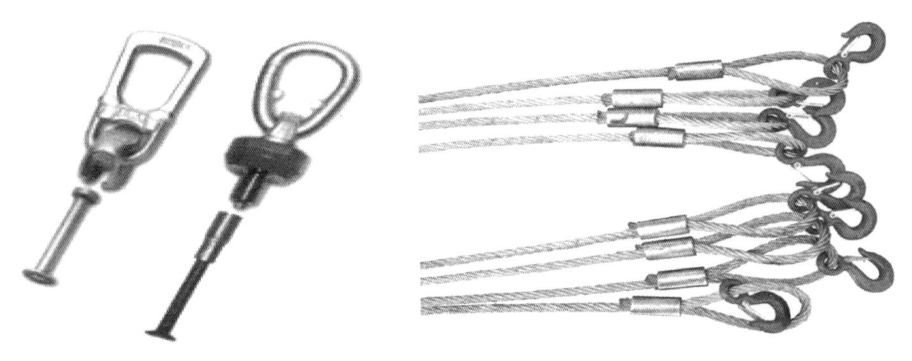

图 7-7　预制构件运输用钢丝绳　　　　图 7-8　预制构件吊装用吊爪

图 7-9　安全帽

7.3　构件装车运输

（1）管廊顶板运输，采取每垛 6 块进行堆垛，顶板与顶板之间采取木方垫高，防止板与板接触，损坏构件表面及伸出钢筋。使用钢丝绳进行两点固定，固定点为顶板两端（图 7-10）。

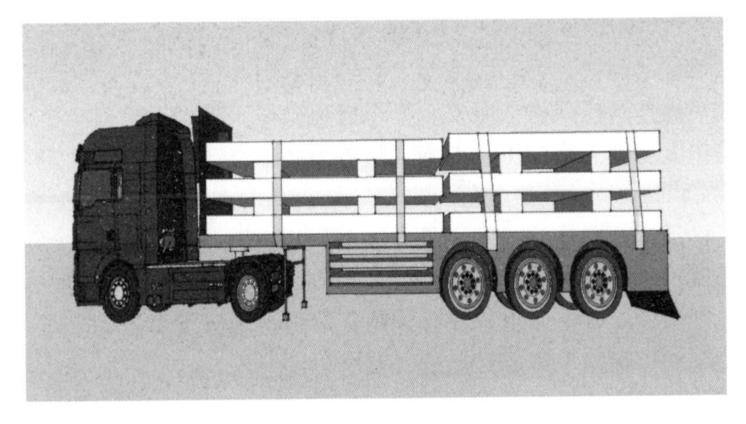

图 7-10　管廊顶板运输

（2）管廊叠合墙板必须采取不少于两点进行捆绑，且钢丝绳必须从垫块木方正上方通过（图 7-11）。

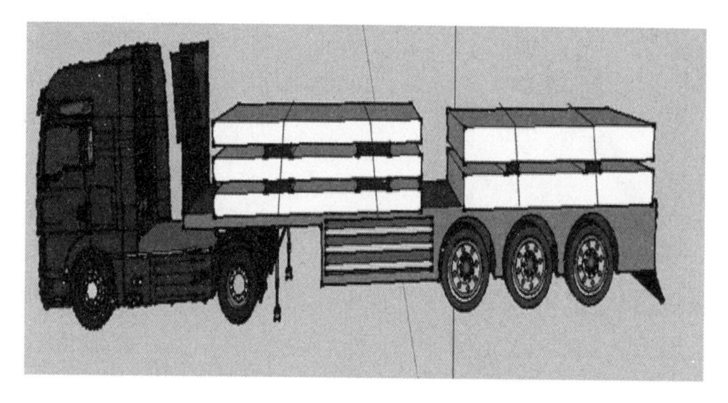

图 7-11　管廊叠合墙板运输

（3）管廊底板运输，每车装三块，每层使用 500mm 高木方进行垫高，使用钢丝绳进行三点固定，固定点为底板两端及中间（图 7-12）。

图 7-12　管廊底板运输

7.4　运输安全

（1）运输车辆操作均应严格按照安全操作规程操作，确保运输安全。

（2）运输操作人员要正确使用个人施工防护用品，遵守安全防护规定，进入现场均需戴安全帽。

（3）吊车司机吊运预制构件时应注意力集中，防止伤人和磕碰构件。

（4）应注意保护各类电线、管道和开关，防止意外发生。

（5）码放预制构件应整齐，重心重合，防止倾翻，确保安全。

（6）应与预制构件运输单位签订运输《安全协议书》，明确责任。

（7）预制构件运输每车载重不超过额载，均应固定牢固，明确运输速度不超过 65km/h，且必需定点服务区进行检查。

（8）所有运输车辆应遵守交通规则并按照规定路线行驶。

第三篇　装　配　篇

第 8 章　综合管廊施工技术概述

8.1　装配施工目的与意义

发展装配式是工程项目建造方式的重大变革，是国家推进供给侧结构性改革和新型城镇化发展的重要举措，有利于节约资源、减少施工污染、提高劳动生产率和提升施工质量及安全的控制水平，有利于市政工程与信息化工业的深度融合，促进产业升级，消化过剩产能。

发展装配式市政工程是全面提升工程质量和品质的必由之路。新型城镇化是以人为核心的城镇化，管廊建设保证了城市大“动脉”的正常运行。当前，市政工程施工质量问题一直饱受诟病，如地下结构渗水、漏水、墙体开裂等。市政工程落后的生产方式直接导致施工过程随意性大，工程质量无法得到保证。

装配式建造物是指采用部件部品，在施工现场以可靠连接方式装配而成的建造物，具有设计标准化、生产工厂化、施工装配化、装修一体化、管理信息化等特征，装配式结构包括预制混凝土结构、钢结构和混合结构等多种类型。

发展装配式建筑及构筑物，主要采取以工厂生产为主的部品制造取代现场建造，工业化生产的部品部件质量更加稳定；以装配化作业取代手工砌筑及现场浇筑作业，能大幅减少施工失误和人为错误，保证施工质量；装配式建造方式可有效提高产品精度，系统性解决质量通病，减少综合管廊后期维修维护费用，延长综合管廊使用寿命。

采用装配式管廊施工技术，能够全面改善管廊的结构质量和外观质量，缩短施工工期，节约施工成本。

8.2　现浇工艺简介

8.2.1　现浇工艺的发展历程及现状

综合管廊的现浇技术起源于20世纪的欧洲，首先出现在法国，迄今已经有近百年的历史。管廊现浇施工技术的发展是同综合管廊的发展同步进步的，经过百年来的探索、研究、改良，综合管廊的混凝土现浇工艺已经完全成熟，到目前仍然是我国综合管廊最普遍的施工方式之一，如图 8-1 所示。

管廊现浇混凝土施工能够保证施工活动大面积地开展，可以将整个工程分成若干流水施工标段，便于各标段同时进行施工工作，从而可以较大地提高施工效率，缩短施工工

图 8-1　现浇混凝土管廊施工工艺

期。因此在世界各国得到了极大的推广和运用，成为各国管廊发展的关键组成部分。

8.2.2　现浇钢筋混凝土结构及施工流程

综合管廊模板施工前，应根据结构形式、施工工艺、设备和材料供应条件进行模板及支架设计。模板及支撑的强度、刚度及稳定性应满足受力要求（图 8-2）。

混凝土的浇筑应在模板和支架检验合格后进行。入模时应防止离析。连续浇筑时，每层浇筑高度应满足振捣密实的要求，预留孔、预埋管、预埋件及止水带等周边混凝土浇筑时，应辅助人工插捣。

混凝土底板和顶板，应连续浇筑不得留置施工缝。设计有变形缝时，应按变形缝分仓浇筑。

混凝土施工质量验收应符合现行国家标准《混凝土结构工程施工质量验收规范》GB 50204—2015 的有关规定。

图 8-2　现浇管廊底板施工

1. 施工技术准备

（1）施工前应熟悉和审查施工图纸，并应掌握设计意图与要求。应实行自审、会审（交底）和签证制度。对施工图有疑问或发现差错时，应及时提出意见和建议。当需变更计时，应按相应程序报审，并应经相关单位签证认定后实施。

（2）施工前应根据工程需要进行下列调查：

1）现场地形、地貌、地下管线、地下构筑物、其他设施和障碍物情况。

2）工程用地、交通运输、施工便道及其他环境条件。

3）施工给水、雨水、污水、动力及其他条件。

4）工程材料、施工机械、主要设备和特种物资情况。

5）地表水文资料，在寒冷地区施工时尚应掌握地表水的冻结资料和土层冰冻资料。

6）与施工有关的其他情况和资料。

（3）材料

1）综合管廊工程中所使用的材料应根据结构类型、受力条件、使用要求和所处环境等选用，并应考虑耐久性、可靠性和经济性。

2）主要材料宜采用高性能混凝土、高强度钢筋。当地基承载力良好、地下水位在底板以下时，可采用砌体材料。

① 钢筋混凝土结构的混凝土强度等级不应低于C30。预应力混凝土结构的混凝土强度不应低于C40。

②砌体结构所用的石材强度等级不应低于MU40，并应质地坚实，无风化削层和裂纹；砌筑砂浆强度等级应符合设计要求，且不应低于M10。

3）综合管廊附属工程和管线所用材料及施工要求应满足设计要求和现行国家和行业标准规范要求。

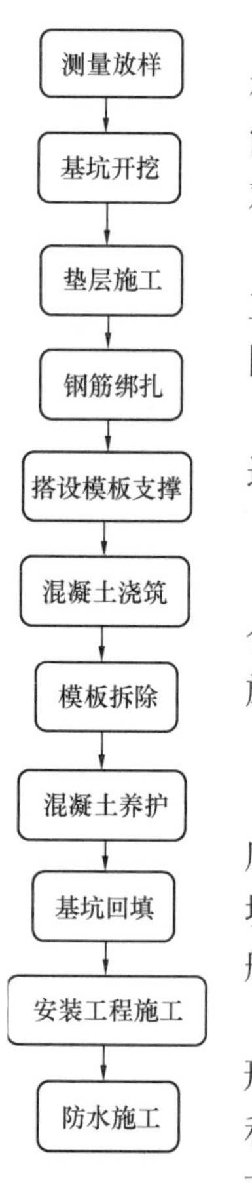

图8-3 现浇施工工艺流程图

（4）图纸会审。施工单位收到设计单位提供的图纸后，要及时组织相关的施工技术负责人员以及施工预算人员对施工图纸进行熟悉，以便能准确地掌握该综合管廊施工工程的主要设计意图，在此过程中应该针对相关的问题进行设计交底。

（5）备齐相关施工设计图集、规范及施工标准。施工中所需要的施工图集以及施工设计规范、施工标准、施工法规等都需要严格按照施工图纸要求进行准备，从而保证施工过程的科学性与安全性。

（6）当一切施工作业准备就绪后，应该通过施工项目的主要负责人进行专业会审，然后对施工审核结果进行整理和备案。

2. 施工方案编制

通过施工审核，经施工技术人员与施工设计人员进行协商，最终结合施工项目的现场施工情况，组织相关的专业技术人员编制各分项工程施工技术方案，并报建设指挥部审批。

3. 主要施工流程

混凝土现浇管廊施工顺序为：测量放样—基坑开挖—垫层施工—管廊钢筋绑扎—搭设模板支撑—混凝土浇筑—模板拆除—混凝土养护—基坑回填—安装工程施工—防水施工。各段落施工时，突出重点、兼顾一般、平行流水、均衡生产（图8-3）。

现浇钢筋混凝土综合管廊重点控制内容主要在管廊标高、管廊断面形式、混凝土强度和防排水等环节。模板施工环节直接影响其断面尺寸和混凝土质量控制，因此，在进行管廊模板施工前，应根据其结构形式、施工工艺、设备和供应材料条件，进行模板及支架设计，应进行模板的强度、刚度和稳定性计算，并满足便于施工的要求。同时，加强模板拼缝处的密封处理工作，防止混凝土浇筑时出现漏浆现象。在管廊结构施工中，建议管廊全断面分节段一次性浇筑成型，避免传统施工基础、廊身、顶板分次现浇，减少工作缝引起的局部缺陷、漏水等问题，如设计有变形缝时，应按变形缝分仓浇筑。

8.3 全预制拼装工艺简介

管廊混凝土现浇施工方式在国外使用频率高、建成总长大，但普遍存在施工周期长、资源消耗大、受天气影响显著、对周边环境影响大等问题。同时，现浇综合管廊分段间采用橡胶止水带连接，存在抗地基不均匀沉降能力差、施工质量不易保证、容易引起管廊接口渗漏、现浇管廊遇不均匀沉降及外荷载作用易产生裂缝等缺点。由此为了有效解决上述问题，预制装配式管廊便应运而生。

预制装配式管廊在施工工艺上可以分为：全预制拼装工艺、预制装配式工艺。全预制拼装工艺是指采用预制拼装施工工艺将工厂或现场生产区域预制的分段构件在现场拼装成型；预制装配式工艺类似于全预制拼装工艺，但与之有着本质的区别。预制装配式是由工厂预制加工的叠合底板、叠合墙板及叠合顶板在现场定位、拼装，并进一步现浇而成。在本章节将着重讨论全预制拼装工艺。

全预制拼装工艺的优势如下：

（1）缩短项目总工期和基坑留存时间，提高施工效率。

（2）工厂预制，混凝土结构的耐久性、质量、外观等有保证。

（3）通过接口设计和预应力技术，确保预制结构表现出比现浇混凝土结构更优秀的抗裂和抗渗能力。

（4）配合预应力技术，使构件轻型化，节省投资。

（5）节能环保，人性化施工，降低工程综合成本。

全预制拼装管廊的优势是以技术为支撑的，其技术涉及设计、预制、施工、运营、维保等几个方面。从整个实施流程的角度来看，全预制拼装管廊技术可以分为管廊舱室设计、管廊舱室预制、管廊舱室现场施工以及管廊附属设施。下文主要围绕管廊舱室现场施工进行讲解。

1. 节段预制

经过对全预制拼装管廊的研究，结合以往的施工经验，按标准舱的舱数不同，可以使用不同的、合理的预制方式。单舱断面时，标准舱采用整体预制；双舱断面时，标准舱采用分上、下两块预制；多舱断面时，标准舱采用分顶板、底板、侧壁几块预制，如图 8-4 所示。预制综合管廊适合用于直线段，各个孔跨可以根据长度来分为 5～7 个预制节点，孔跨拼装好后长度约为 7.5～27.5m，节段之间设置后浇带。

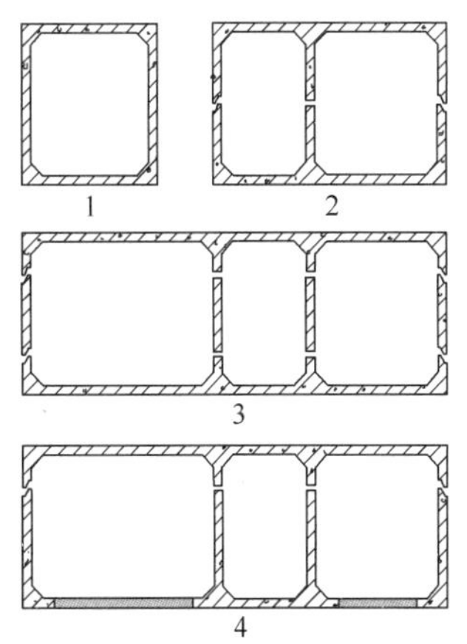

图 8-4　节段预制模式

1—整体预制；2—上下两块预制；3—分顶板、底板、侧壁几块预制；4—局部现浇

2. 挖掘基坑及临时支撑

综合管廊基坑开挖采用挖掘机开挖，汽车外运。一般情况下，基坑边坡不大于 1∶1，基坑深度不大于 2.5m。如基

坑深度大于 2.5m，按设计要求并结合土质情况对基坑边坡采用挂网喷射混凝土防护。综合管廊基坑采用盲沟排水，在 20～30m 长范围内设置集水坑，用抽水机排出基坑外。基础垫层比管沟底面低 2cm，以确保管沟悬空拼装。综合管廊临时支撑采用 C20 钢筋混凝土条形基础，条形基础布设在底板两侧，截面尺寸 75mm×30cm，条形基础混凝土强度达到设计强度时，上面安放临时螺旋千斤顶支撑管廊，管廊节段永久预应力张拉压浆后拆除千斤顶，用 C15 混凝土封堵两千斤顶安放位置。

3. 首节固定施工

首节段是整孔拼装的参考节段，在整孔拼装的高程控制和轴线中起到至关重要的作用。尤其是当管廊的坡度较大时，拼装的顺序应低处往高处进行，如若首节段高程控制不当，就可能导致后续管廊底板离垫层过大或过小，造成无法继续拼装下去。梁段在预制时顶板的四个角应埋设高程控制点，中线在埋设两个轴线控制点，等到就位后就可以直接通过六个点来定位。

4. 节段拼装

节段拼装采用的是相应吨位的龙门吊机，当节段的高度降到与之前已拼接好的节段基本相同高度时，为了防止节段摇晃碰伤已拼节段，应慢慢往前靠拢并前端放置方木。待节段慢慢稳定后，通过三向调整使其与已拼节段基本匹配，取走方木后再进行节段试拼，尽量消除存在的偏差。节断试拼就是提前将节段拼装就位时的空间位置进行确认，可以缩短涂胶后节段拼接的时间，用来防止指挥人员和具体操作人员因经验不足或协调不好经过较长时间还不能精确位置，从而导致胶体塑性消失和过硬。

5. 节段打胶连接施工

为了保证节段在环氧胶的作用下紧密连接，在涂胶前对梁段的两连接面再进行检查和清理。涂胶速度应根据气温、工人操作时间确定，切勿在空气中暴露时间太长而失去粘结性。首次涂胶前应进行试验，确定合理的时间参数。为了保证在环氧胶失去活性前完成涂抹并张拉临时预应力，涂胶作业采用人工橡胶手套涂沫快速作业，并在环养胶施胶结束后，用特制的刮尺检查涂胶质量，将涂胶面上多余的环氧胶刮出，厚度不足的再一次进行施胶，保证涂胶厚度。

6. 混凝土填缝施工

此综合管廊和垫层之间存在着许多间隙问题，为了消除综合管廊各段之间的不均匀沉降以及加强地板的防水功能，应采用标号水泥进行灌浆，将搅拌好的水泥浆从一端往另一端注入水泥浆，要控制注浆的压力直到浓浆从周边流出来为止，待一次注浆完成等到冷缩再进行第二次灌浆。

7. 现浇段工程

完成两段以上的综合管廊后，可以开始各个阶段之间的后浇带施工。其中的工序包括钢筋的捆扎、侧模安装、顶板模板的安装和混凝土浇灌等。现浇段应采用微膨胀防水混凝土，混凝土运输的过程中要注意控制泵管的高度，防止混凝土离析影响强度，拆模后还需要洒水护养。

8. 防水施工

全装配拼装管廊的防渗要做到“以防为主，防、排、堵相结合”，因地制宜做到综合治理。一般通过防水混凝土、优质的外加剂、合理的结构分缝和科学的细部设计来解决全预制拼装管廊钢筋混凝土主体结构的防渗。防水涂料在施工前要确保结构表面的干净、无积水等问题，同时也要注意避免在大雨天、烈日等不良气候条件下进行施工。

8.4 预制装配式施工工艺

全预制拼装施工工艺通过将管廊纵向分段进行工厂预制，再进行现场拼装的施工方法十分适合单舱或断面较小的两舱管廊，其施工速度快，施工环境好，施工人员投入少。但是对于三舱或三舱以上的管廊，这种施工工艺就会面临预制节段过重，吊装器械所需投入成本过多，施工场地要求过高等难题。并且，全预制拼装施工工艺在预制节段处理上还存在接缝多、防水难、生产成本高等先天性问题，以上这些问题、难题在某种程度上都会对管廊的全预制拼装施工工艺的大范围推广产生制约效应。

因此，在现浇工艺和全预制拼装施工工艺的基础上，通过将两者的优势进行融合，探索出了一种既能减少现场模板作业，又能避免使用超重型的吊装器械，还能兼具有良好防水功能的预制装配管廊施工技术，即预制装配式施工工艺。

预制装配式管廊施工工艺是将房屋建筑中使用的叠合式结构工艺应用到了地下综合管廊中，主要施工方式是将工厂预制好的叠合外墙板（图 8-5）、叠合内墙板（图 8-6）、叠合底板（图 8-7）、叠合顶板（图 8-8）等构件进行现场装配，然后再浇筑混凝土，将预制部件与现浇层形成整体受力结构。

预制装配整体式施工而成的叠合结构针对现浇工艺和全预制拼装工艺共有“六大优势”。

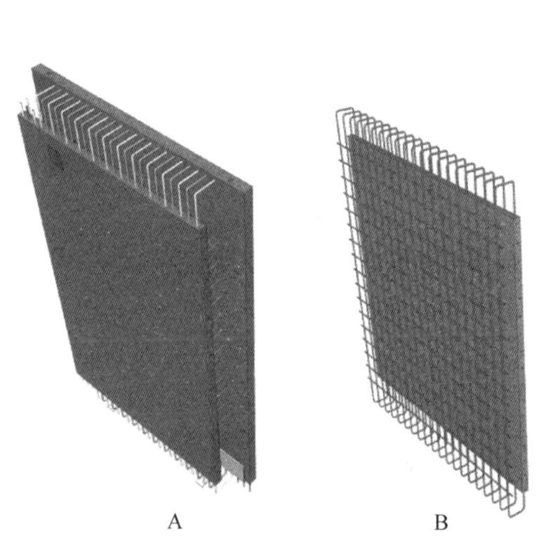

图 8-5　叠合外墙板

A—叠合外墙板；B—单页叠合外墙板

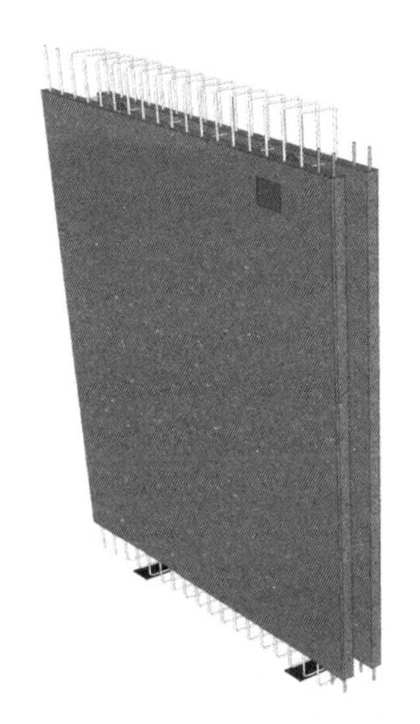

图 8-6　叠合内墙板

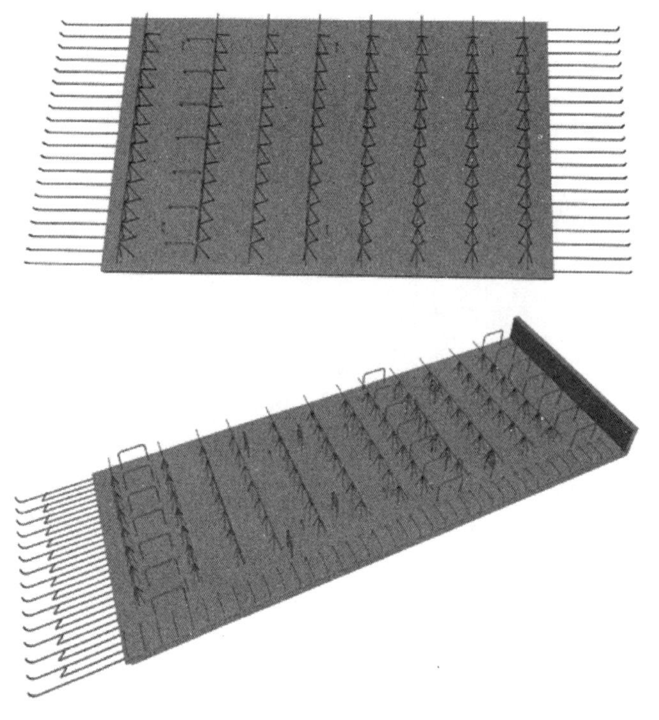

图 8-7　不同位置的叠合底板

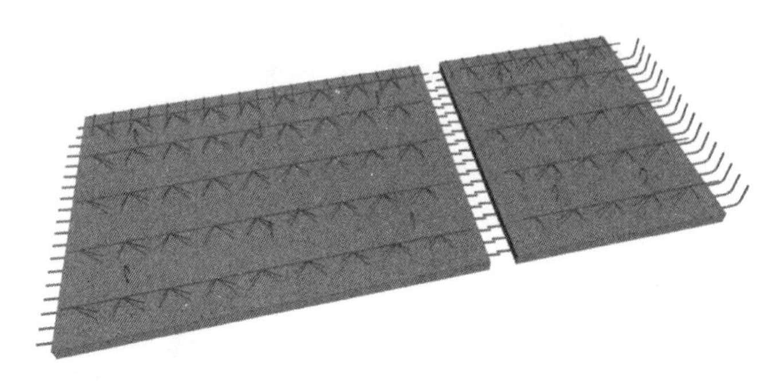

图 8-8　叠合顶板

（1）相比现浇工艺，预制装配整体式工艺具有四大优势：

1）采用叠合板或叠合墙技术取消了模板和脚手架及现场钢筋作业，大大减少了现场的用工量，大大缩短了工期，直接降低了成本；

2）采用叠合板和叠合墙技术，大大改观了结构侧墙和顶板的外观质量，可以免装修；

3）叠合墙和叠合板技术可以将安装工程的预留预埋提前预制在叠合墙或板上，大大减少了后期安装时的开槽工程量，大大加快了设备安装的进度，并减少了环境污染；

4）大大减少了现场浇筑混凝土的工程量，有利于文明施工和环境保护。

（2）相比全预制拼装工艺，预制装配式工艺具有两大优势：

1）采用叠合板或叠合墙技术可以使管廊的墙体和板体形成整体受力，且可采用全外包防水形式，故有利于保证整体强度和结构防水效果；

2）避免了使用灌浆套筒和灌浆作业，大大降低了施工控制难度，并降低了施工成本。

第9章　施工准备

9.1　装配施工主要工作内容

（1）施工总平图布置（塔式起重机平面图布置；施工道路布置；堆场布置）。
（2）编制吊装方案（编制构件吊装顺序；构件支撑布置；施工流程图编制）。
（3）施工组织设计。

9.2　施工前期资料收集

1. 施工资料

（1）施工组织设计方案报审表（施工组织设计方案包括试块、试件的送检计划及平行检验方案）；

（2）专项方案报审表（各专项方案：基坑支护、土方开挖、模板工程、混凝土工程、物料提升机、文明施工、临时用电施工组织设计、板底支撑工程、雨季施工、现场应急救援预案等）；

（3）施工合同、建设工程项目经理部人员备案表、地勘报告、图纸会审；

（4）试验室资质报审表（附件：试验室资质、计量认证合格证书、试验设备定期检测证明、主要操作人员资格证、上岗证）；

（5）主要施工机械报审表（附件：名称、数量、鉴定合格证书）；

（6）工程开工、复工报审表；施工现场质量管理检查记录；施工单位资质证书、营业执照、中标通知书、安全生产许可证；专职管理人员及特殊工种作业人员资格证、上岗证等；质量管理、技术管理、安全管理制度；质量、技术、安全保证组织机构体系；

（7）钻探记录、验槽记录。

2. 安全资料

（1）建设工程安全开工报审表；

（2）企业法人、企业经理、安全处（科）长、项目经理、项目部专职安全员等安全管理人员的考核合格证复印件；

（3）现场安全生产责任制、安全管理规章制度和各工种安全技术操作规程；

（4）分部、分项工程安全技术交底；

（5）“三宝”、“四口”防护，安全帽、安全带、安全网的合格证；

（6）现场临时用电、“三宝”、“四口”、基坑支护、板底支撑搭设、起重吊装等安全技术交底。

3. 监理资料

（1）监理委托合同；

（2）监理备案表、中标通知书（真实的现场人员）；

（3）监理单位质保体系报审表、监理、证取样委托书；

（4）总监任命书、总监授权书；

（5）监理规划、监理实施细则、监理旁站方案；

（6）安全监理规划、安全监理实施细则；

（7）节能规划、节能实施细则；

（8）开工后的第一次工地例会；

（9）监理通知；

（10）监理日志、监理台账、会议纪要、旁站记录；

（11）仪器的使用计划；

（12）沉降观测计划；

（13）监理内部会议记录。

9.3 前期调查

1. 工程概况及特点

了解单位工程的位置、结构形式、基础类型、主要工程数量及分布情况，重难点工程结构类型、施工方案、技术难点等。

2. 地形地貌及地质构造

现场踏勘，了解土壤类别、岩层分布、风化程度和工程地质状况。当发现现场地形地貌或地质构造与设计不相符，应对发现问题及时处理，提出相应的建议、措施和方案。

3. 水文、气象资料

明确河流分布、流量、流速、洪水期、水位变化、通航情况；气温、雨量、风向、风速、大风季节、积雪厚度、冻土深度等。用于研究降低地下水位的措施，选择基础施工方案，制定水下工程施工方案，复核地面、地下排水设计，确定临时防洪措施。

4. 材料物资供应

建筑材料、燃料动力、交通工具及生产工具的供应情况，运输条件；主要材料的产地、产量、质量、价格、运距、开采及供应方式等。

5. 当地施工条件

交通、运输条件，包括工地沿线的铁路、公路、河流位置，装卸运输费用标准，民间运输能力等。

水电供应情况，包括供水的水源、水量、水质、水费等情况；电源供电的容量、电压、电费等情况。

可利用的民房、劳力和附属辅助设施情况；土地数量、农田水利、征（租）土地、拆迁的政策和规定等。

民族状况和分布，生活习惯和民风民情，社会治安状态，医疗卫生条件等。

6. 临时工程及机械设备

铁路便线、施工便道及便桥、供电干线等设置方案；拌合站、预制厂、制（存）梁场、铺轨基地等的选址和规模；主要施工机械和设备配置方案等。

9.4 技术准备

1. 专职安全生产管理人员

吊装过程中，因处在施工交叉作业中，故应加强安全监控力度，现场设安全员旁站。构件水平运输采用人车分离的方式及垂直材料运输必须设置临时警戒区域，用红白三角小旗围栏。谨防非吊装作业施工人员进入。同时成立以项目经理为组长的安全领导小组以加强现场安全防护工作，明确本小组机构组成、人员编制及责任分工。

标准层劳动力安排计划表（每组） **表 9-1**

序号	工种	人数	备注	序号	工种	人数	备注
1	吊装工	12	部署在地面与作业层、轮班	3	吊装队长	2	轮班
2	吊车司机	2	轮班	4	吊车指挥	2	部署在地面与作业层、轮班

2. 吊装作业人员

（1）为确保工程进度的需要，同时根据本工程的结构特征和吊装的工程量，确定本工程按表 9-1 配置人力资源，信号司索工、吊车司机均必须持上岗作业证书。

（2）所有吊装工人，必须经过公司培训合格后，方可进行施工作业，并必须配备有足够的辅助人员和必要的工具。

9.5 设备、设施准备

1. 吊车布置

吊车的布置根据汽车吊的型号及作业半径，结合本工程预制构件数量、重量和吊装部位及工期要求进行布置。汽车吊布置尽量充分利用其有效作业半径 30m，避免吊车过于靠近边坡，避免造成边坡坡顶负载过大。

2. 吊装工具准备（实际需求量按照现场实际进度确认）

（1）固定螺栓（图 9-1）

（2）吊爪（图 9-2）

（3）钢梁（图 9-3）

（4）卸扣（图 9-4）

（5）拉钩斜支撑（图 9-5）

（6）钢丝绳（图 9-6）

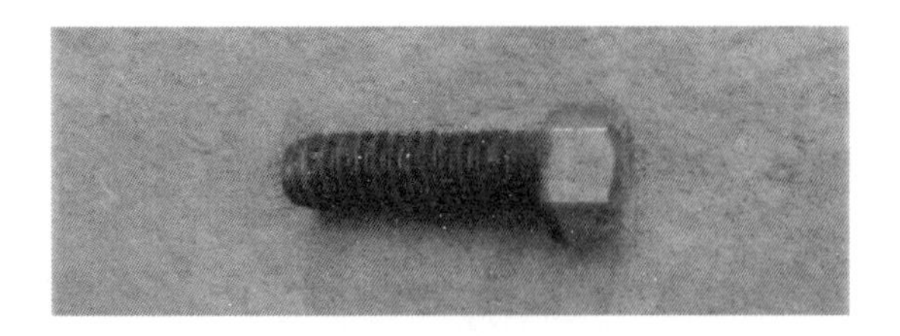

图 9-1　固定螺栓

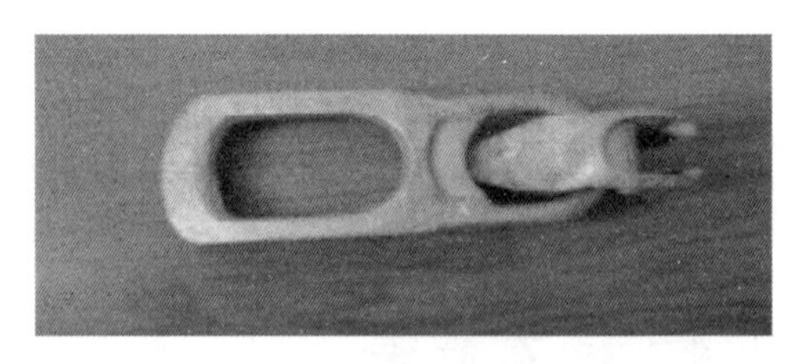

图 9-2　吊爪

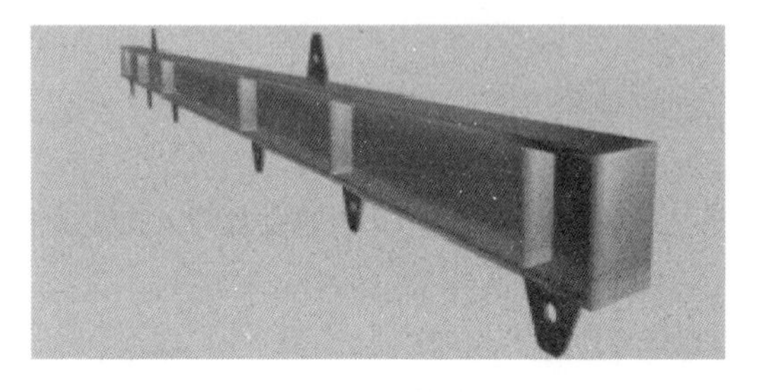

图 9-3　钢梁

图 9-4　卸扣

图 9-5　拉钩斜支撑

（7）吊架（图 9-7）

（8）垫块（图 9-8）

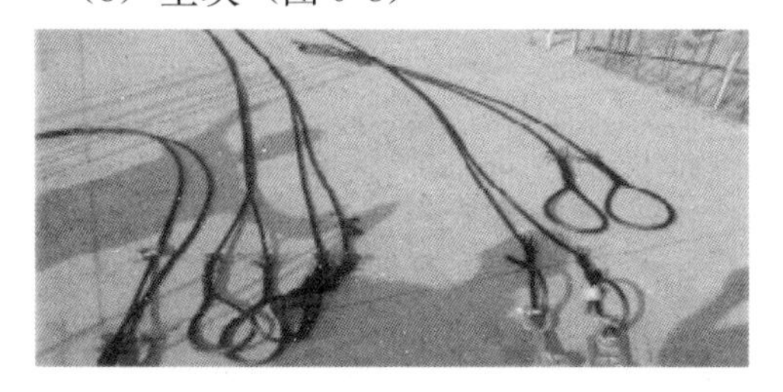

图 9-6　钢丝绳

图 9-7　吊架

图 9-8　垫块

3. 现场预制构件施工运输道路

现场施工道路沿护坡直线布置，所有施工道路均采用钢板铺垫加固。运输车辆道路沿用现有的乡村公路，满足运输要求。为满足构件运输车停放要求，每个吊车停放点附近设置一个 PC 板车停放点（位置见总平面布置图）。为保障吊装施工连续，每车 PC 吊装即将完成时，将下一车 PC 板停放至现有 PC 板车旁，吊装完成后，立即撤离现有 PC 板车。

4. 预制构件准备（表 9-2）

标准层 PC 构件计划表　　**表 9-2**

序号	名称	规格	单位	到货周期	备注
1	底板	按图纸尺寸	块	5 天	预制
2	墙板	按图纸尺寸	块	5 天	预制
3	顶板	按图纸尺寸	块	5 天	预制

注：预制 PC 构件计划必须提前 5 日向工厂提供，并同时提供装车顺序表，装车顺序表应与吊装顺序对应，避免吊装作业时构件二次吊装。

9.6 基坑要求

9.6.1 基坑开挖

基坑开挖采用长臂挖掘机开挖，基坑开挖至距基底 15～30cm 应立即停止开挖，改为用人工进行清理，禁止出现超挖现象，保证基底以下土体稳定，槽底以上 15～30cm 必须用人工修整底面，槽底的松散土、淤泥、大石块等要及时清除，并保持沟槽干燥，修整好底面，立即进行边坡支护、基础施工。开挖出来的合格料，堆于基坑坡顶线 3m 以外，剩余部分弃置到指定弃土场。

每次基坑开挖过程中对开挖边坡进行校核，保证基坑开挖过程中不超挖也不欠挖，以防止开挖放坡过缓形成浪费或者开挖放坡过陡造成边坡坍塌。

基坑内积水要求及时排除，基坑两侧设置排水沟，每隔 30m，设置一集水坑，及时排水。坡底排水沟做成 300mm×300mm（净深×净宽）的土沟做临时排水沟。

基坑顶层土方用挖掘机开挖，石方采用履带式单头液压岩石破碎机破碎岩石开挖，纵向分段横向分层倒退式进行，分层开挖深度不超过 2.0m，基坑内的土石方用挖掘机倒运开挖，自卸汽车运土。基坑开挖按施工分段跳跃式进行，每一施工段开挖长度约 50～60m，以保证管廊施工有足够的施工面和排水沟。

在开挖过程中若遇其他管线或是古文物，应及时上报有关部门。

为保证施工安全，应在开挖坡壁两侧间隔 15m 埋设变形监控点，基坑开挖及时，测量人员应对监控点进行变形观测，并记录，如发现变形量过大，应立即停止施工，对边坡进行加固处理后再恢复施工。

在基坑两侧安装安全爬梯，供施工人员上下基坑；人工开挖时要求观测员全程观测，基坑两边各安排一个安全员进行来回巡查，确保基坑内作业人员安全。

9.6.2 基坑支护

1. 设计标准与原则

（1）基坑支护结构承载能力及土体稳定性按承载能力极限状态计算；基坑支护结构及土体的变形按正常使用极限状态验算。

（2）综合管廊基坑支护机构的合理使用年限为一年。

（3）综合管廊基坑安全等级为二级，重要性系数标准 γ_0 的取值为 1.0。

2. 基坑支护设计

综合管廊基坑深度 6.7～14.6m，设计采用上部放坡至 2.5m 标高，下部采用旋挖桩支护，桩间设置水泥搅拌桩形成止水帷幕。采用一道至三道内支撑，第一道支撑为 1000mm×1000mm 钢筋混凝土支撑，布置于冠梁处。第二道为钢管支撑（ϕ609×14），布置于基坑中部。支护开挖到坑底后施工底板，并在结构与基坑间回填 C15 素混凝土，待混凝土强度达到设计的 70%后，在综合管廊外墙基槽回填 6%水泥石粉，拆除第三道钢管支撑，施工地下通道顶板后，再拆除第一道内支撑。

3. 排水系统

在基坑坑底冠梁外侧和坑底分别设置排水沟，每隔 25～30m 设置一个集水井以汇集坑顶坑底排水沟排出的地表水和地下水，排入市政管道的集水井前应设置三级消力沉砂池。

9.6.3 基坑监测

1. 测点布置

考虑综合管廊基坑处在软土地层，为了保证基坑安全稳定，必须对基坑进行检测和监控。根据工程的特点，设置坡顶坑顶水平位移及沉降、支护桩内力、测斜、支撑轴力、地下水位，点位布置详见总平面图。

2. 控制指标

（1）在土方开挖期间，每天检测一次坡顶位移、支护桩内力、测斜、支撑轴力，地下水位在基坑支护完成后每 5 天观测一次。开挖期间发现变形、受力异常变化等情况，根据实际情况加密检测。

（2）基坑水平位移控制值：坑顶水平位移累计值不大于 40mm，速率小于 3mm/d，警戒值取控制值的 80%。

（3）沉降变形：周边及道路沉降累计值不大于 40mm，速率小于 3mm/d，警戒值取控制值的 80%。同时沉降变形需满足现行规范中相关要求，不得影响相邻构筑物的正常使用或差异沉降允许值。

（4）支撑轴力：3000kN，警戒值取控制值的 80%；

（5）测斜：累计值不大于 40mm，速率小于 3mm/d，警戒值取控制值的 80%；

（6）地下水位：地下水位降幅不大于±5m，警戒值取控制值的 80%；

（7）基坑监测属于专业性较强的工作，应由有资质的专业监测单位进行第三方监测。

9.6.4 防护

1. 基坑防护

在±0.00以下施工阶段，采用ϕ48钢管设置1.2m高防护栏杆，内部挂设绿色安全网，防护栏杆设置横杆，立杆间距不超过2m，钢管上刷红白相间的警示标记。在基坑内设置上下坡道。坡道架子采用ø48钢管搭设，坡道用50mm厚木板铺设，上钉防滑条，间距不超过300mm。

2. 临边防护

防护栏杆由上下两道横杆及栏杆柱组成。上杆距地高度为1.0～1.2m，下杆离地高度为0.5～0.6m，横杆长度大于2m时，必须设置栏杆柱。

各种电动工具、施工用电的安全防护等。

立体交叉施工作业防物体打击措施。

深基坑土方防止坍塌，基坑支护措施。

通风口、变电所结构施工时，按规定在−2.5m以上作业面设一道水平安全网。

9.7 施工场地与临时工程

9.7.1 工地大门

工地大门（图9-9）采用绿色环保颜色，以便和工地现场绿色草坪融为一体，绿色为主色有利于保护眼睛，更贴近自然。进入工地现场必须打卡，便于管理现场非操作人员的进入造成安全问题，人员入口上面安装显示荧屏，显示现场操作人员人数和管理人员人数，以便更好地管理现场人员。

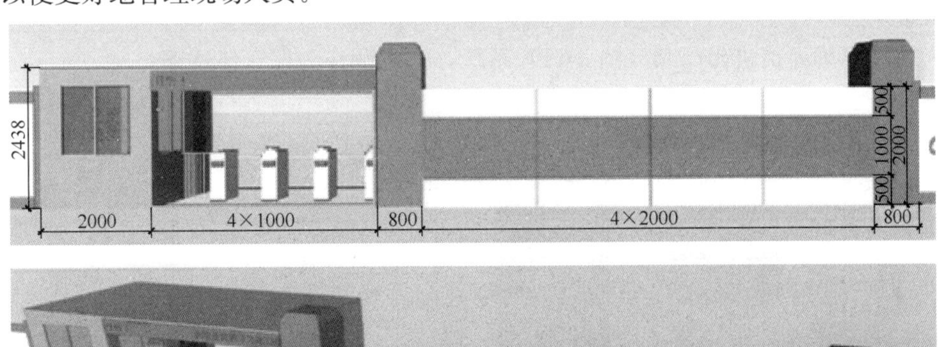

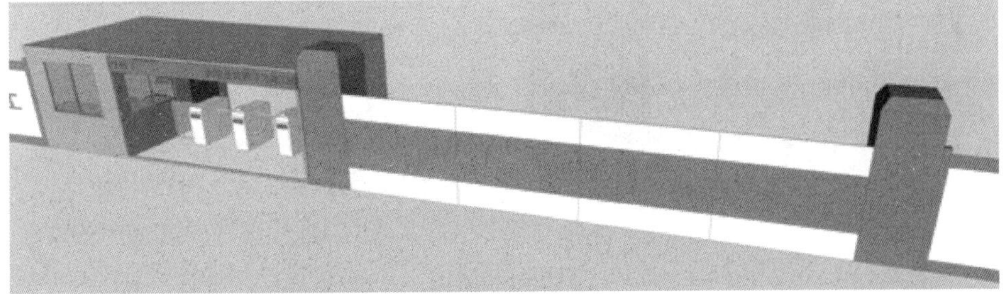

图9-9 大门

大门净宽 8000mm，砖砌门柱截面 800mm×800mm、高 2800mm。

顶部 200mm 高梯形柱帽，门柱颜色为绿色。

大门为 2000mm 高封闭式铁门。

9.7.2 工地围墙

围墙采用工业建筑绿色主调，空白部位粉刷或者粘贴中国传统文化图，传播中国传统文化。围墙根据项目现场情况做成预制墙板外墙或者砖砌外墙，做成预制外墙板围墙可回收再利用，可以避免产生过多建筑垃圾（图 9-10）。

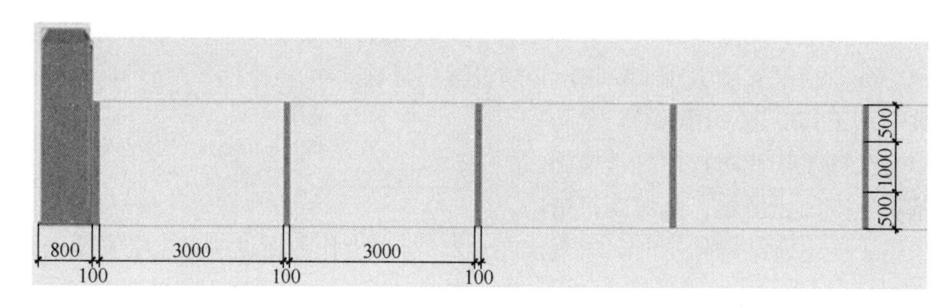

图 9-10 围墙

围墙规格：2000mm×3000mm，颜色为白色。

围墙标准组合：图案为“LOGO”加“××××”中文字样组合，规格详图。

材质：夹芯彩钢板。

9.7.3 门禁系统

保安亭为集装箱改装式成品，靠工地大门放置，尺寸为 6000mm × 2438mm ×2438mm。

大门一侧为人员进出门禁（图 9-11）系统，另一侧作为保安传达室。

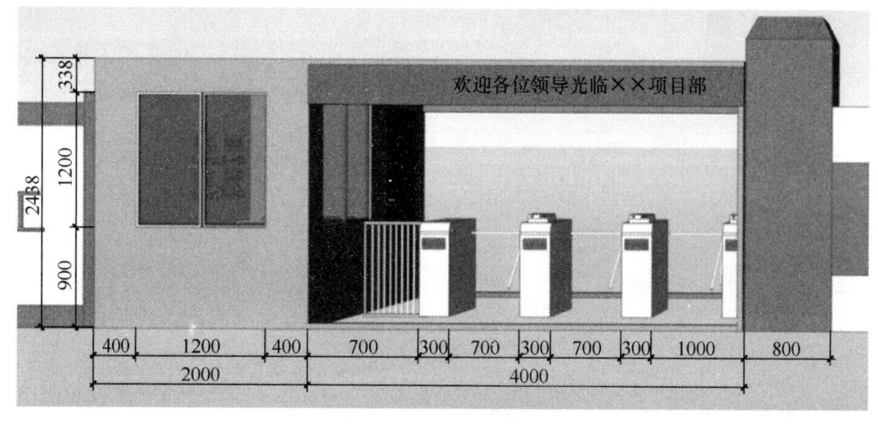

图 9-11 门禁

保安亭上配 400mm×4000mmLED 屏。

外立面颜色为铁灰色（与 PC 板颜色相近），体现工业化特征。

工地保安亭可再回收再利用，减少建筑垃圾。

9.7.4 现场工程名牌及构件展示

材质：工厂按要求生产的原装 PC 构件。

颜色：保持 PC 板出厂原色（混凝土本色）。

尺寸：可视项目具体情况而定，参考尺寸 $L=6\text{m}$，$H=2\text{m}$。

内容：上面为公司“LOGO”＋“××集团”，二排为承建项目名称，字体为黑体，不锈钢金属字。

做法：PC 板整体向场内倾斜 5°，内部用斜支撑固定（图 9-12）。

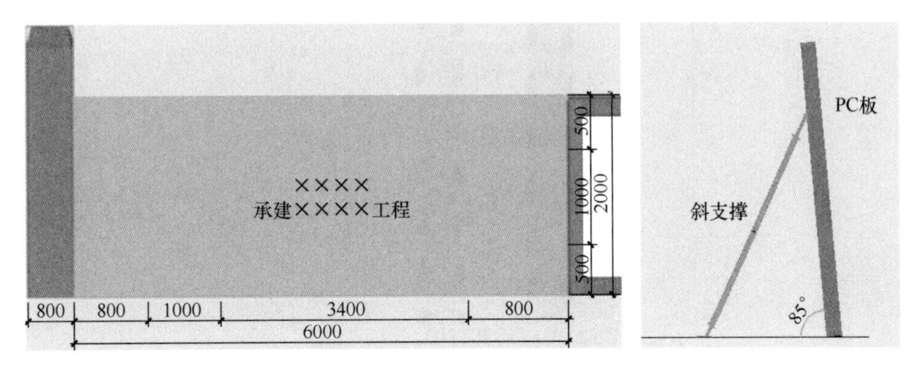

图 9-12　现场名牌、构件展示

9.7.5 现场施工道路

现场主要施工干道宜铺设 4000mm 宽、200mm 厚以上的 C20 混凝土路面，施工人员通道宜铺设 80mm 厚以上的 C20 厚混凝土路面。

生产加工场地及堆场的地面宜铺设 100mm 厚以上的 C20 混凝土。

场地周边设置良好的排水系统（图 9-13）。

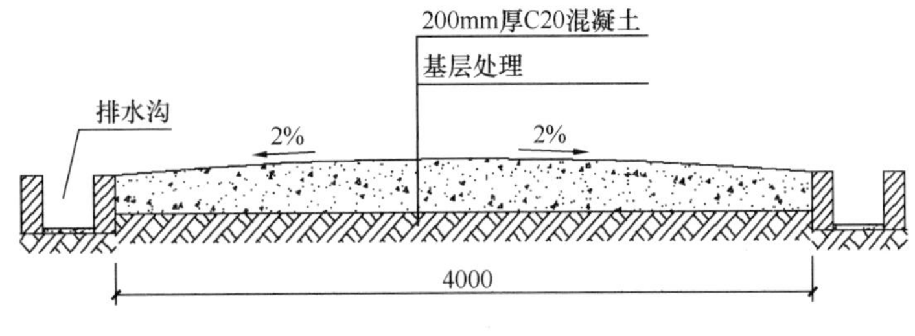

图 9-13　排水构造图

9.7.6 现场洗车槽

在工地内设洗车槽和沉淀池，采用高压水枪对进出工地车辆进行清洗，以达到文明施工目的，不污染市政道路。

沟盖板采用 60mm×60mm×5mm 方钢和 HN150×75 H 型钢焊接而成，每块长度 2000mm，排水沟四周用 40mm×40mm×3mm 角铁做钢护角。

洗车槽周边刷黑黄油漆兼作施工区警示线（图 9-14）。

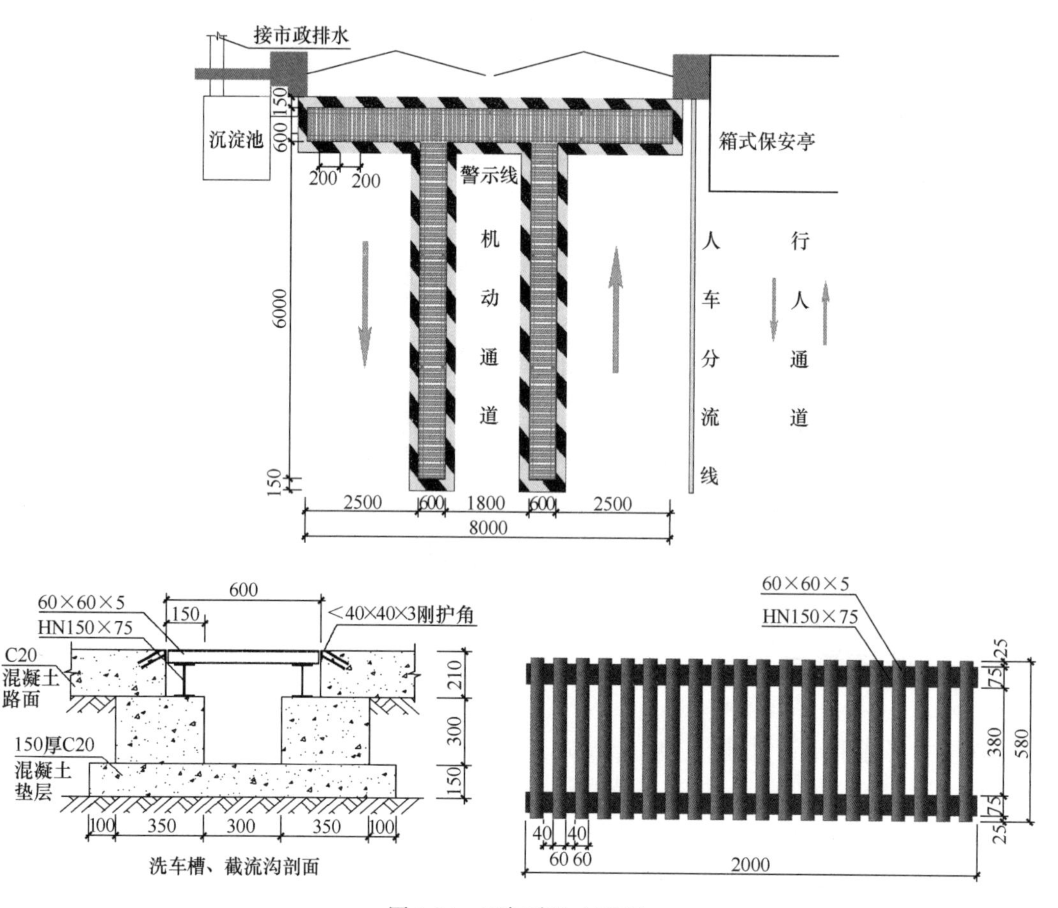

图 9-14 现场清洗布置图

9.7.7 仪容镜

在门禁入口处设置施工安全警示镜和工人仪容说明，未穿戴好安全帽、工作服、工作鞋、安全带（吊装工）的操作工人不得进入操作现场。

材料选用 $\phi50$ 不锈钢框，镜子参考尺寸：500mm×1000mm。

9.7.8 五牌一图

图牌内容：公司标识，总平面布置图，工程概况，项目组织机构，安全生产制度牌，消防保卫制度牌，环境保护牌（图 9-15）。

材质：立杆用 ϕ50 不锈钢管，图牌为白色有机玻璃板用不干胶贴字，绿色塑料顶棚；规格：图牌尺寸为 1200mm×900mm。

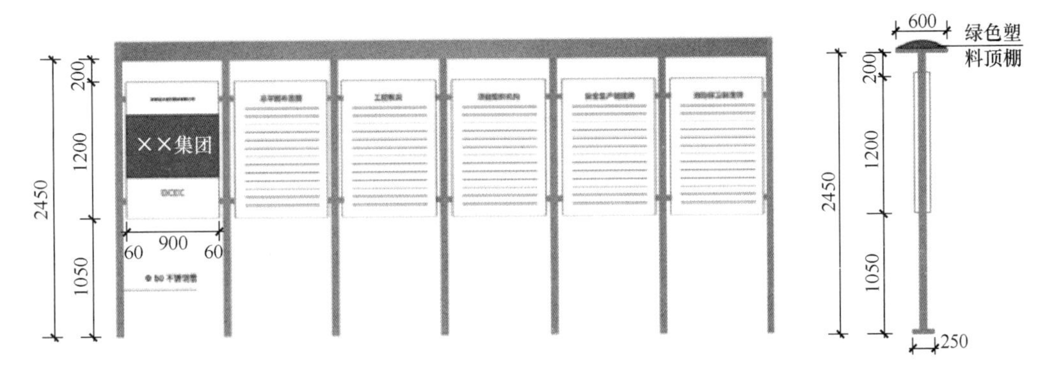

图 9-15 五牌一图

9.7.9 消防台

消防组合柜长×高×厚：5000mm×2500mm×400mm，组合柜须配备干粉灭火器 6～8 只、消防水带 2～3 条、消防铁锹 4～5 把、消防砂桶 8～10 只、斧头 2～3 把等，并设置容量相当的砂池。

消防台采用三个钢架和若干连接杆组成，各部件采用 M10 螺栓连接，文字部分采用 1mm 厚铁皮为背板，做防锈处理，面层刷大红油漆（图 9-16、图 9-17）。

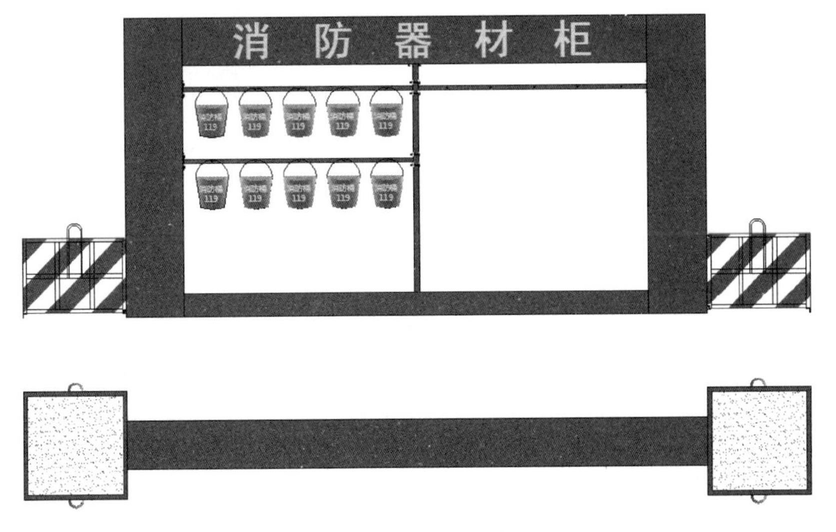

图 9-16 消防示意

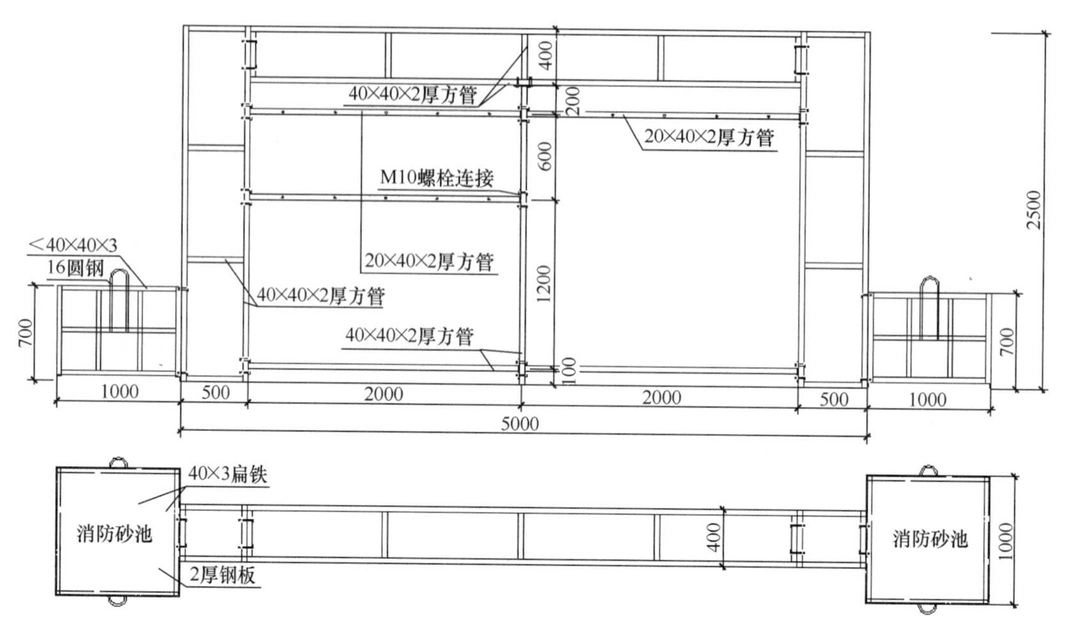

图 9-17 消防布置图

9.7.10 班前讲评台

班前讲评台的框架与消防台共用，在消防台背面挂 2500mm×5000mm 广告布作班前讲评台（图 9-18）。

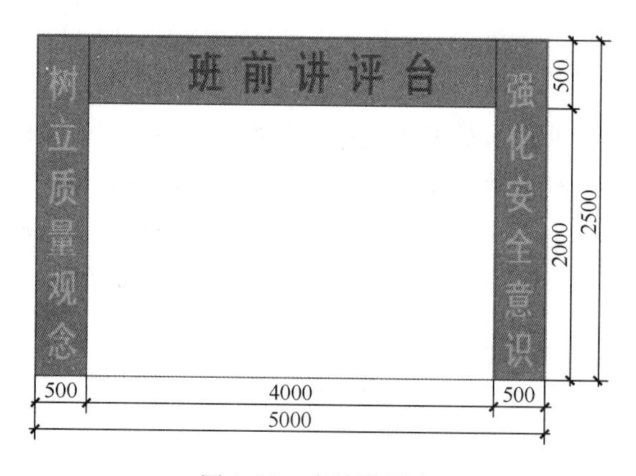

图 9-18 班前讲评台

9.7.11 移动厕所

每三个标准段设置一个移动厕所长×宽×高：1000mm×800mm×1650mm，距地 350mm。

骨架选用 40mm×40mm×4mm 角铁焊接，踏板及冲洗槽选用 3mm 厚钢板与骨架满焊而成，两道防锈。墙板及门扇选用 20mm 厚压缩板与骨架采用自攻钉固定（图 9-19）。

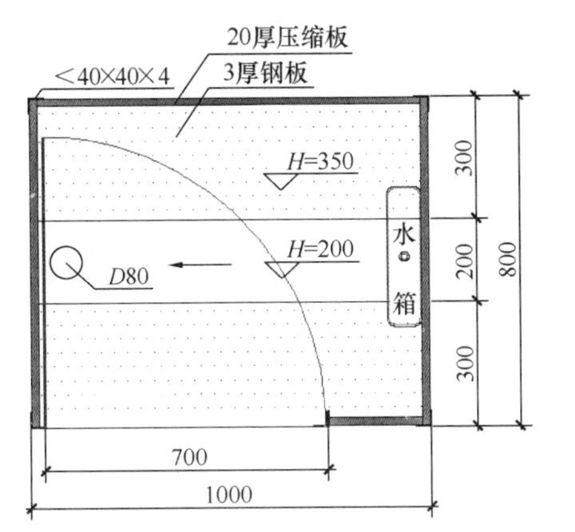

图 9-19　移动厕所示意

9.7.12　垃圾篓

在施工区与生活办公区的结合部位置放置可回收和不可回收垃圾箱，垃圾箱尺寸：长×宽×高，2000mm×800mm×1000mm；材质：底部为 3mm 厚钢板，侧壁为 $\phi4@50\times50$ 钢丝网，箱体龙骨为 $\phi20$ 圆钢（图 9-20）。

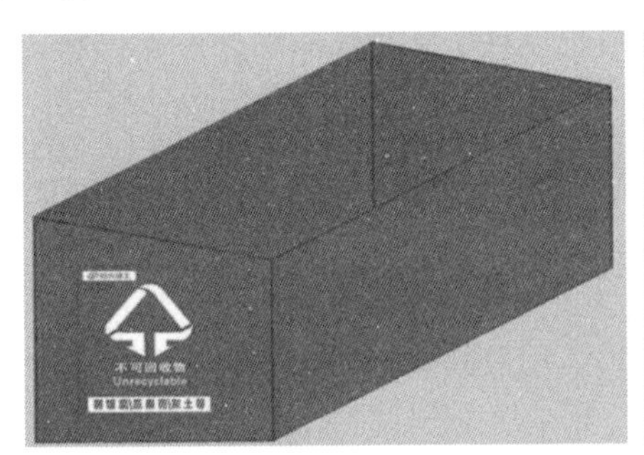

图 9-20　垃圾篓示意

9.7.13　现场标识牌、标语

见图 9-21～图 9-23。

图 9-21　禁止标识

必须戴安全帽　必须系安全带　必须戴防护眼镜

图 9-22　安全防护提示标识

注意安全　当心伤手　当心绊倒　当心吊物

图 9-23　现场安全提示标识

材质：铁皮或塑料板，面层贴膜（楼层牌：KT 板）。

规格：400mm×500mm（楼层牌：400mm×600mm）。

式样：黑体字、黑色字（楼层牌：蓝底白字）（图 9-24）。

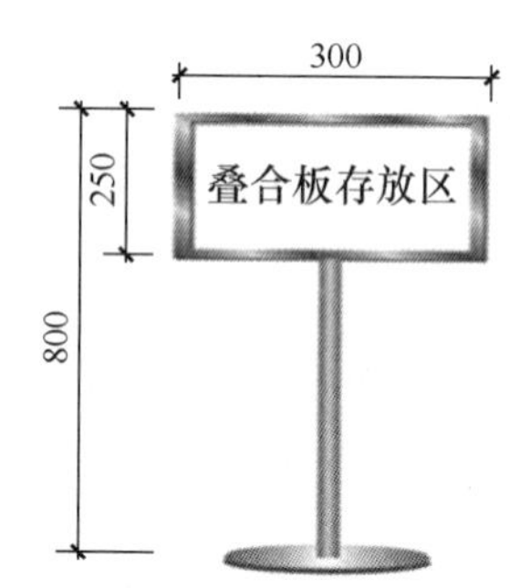

图 9-24　构件存放标识牌

配电箱外立面通体刷黄色油漆，贴公司名称及红色闪电标识，立地式材料标识牌，总高 800mm，牌子规格 250mm×300mm，形象标语内容：例如“技术的远大　制造的远大　合作的远大”，主体完成 8 层的项目，必须悬挂形象条幅，带裙楼的，横挂于裙楼外醒目位置。

做法：蓝底、黑体白字，规格宜为：800mm×8000mm～800mm×10000mm。

材质：50mm×50mm 不锈钢框及支架，上盖弧形玻璃防雨棚。

规格：横式，长×高=3600mm×1200mm。

式样：标题为绿色。

材质：ϕ50 不锈钢管支撑架，板面为薄铁板。

尺寸：横式，长×宽=550mm×700mm。

颜色：钢管为不锈钢本色，牌面为不锈钢本色（图 9-25、图 9-26）。

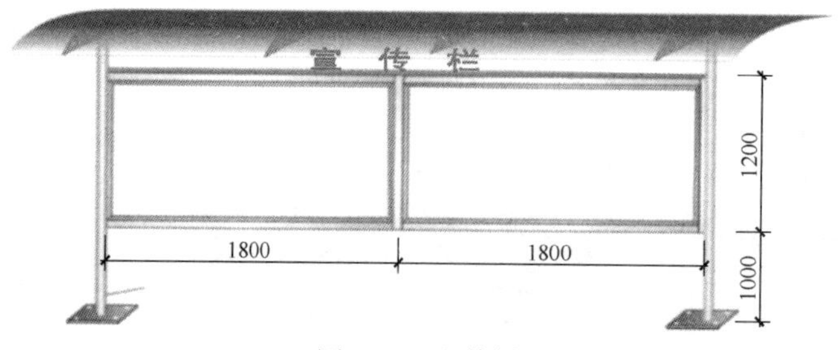

图 9-25　宣传栏

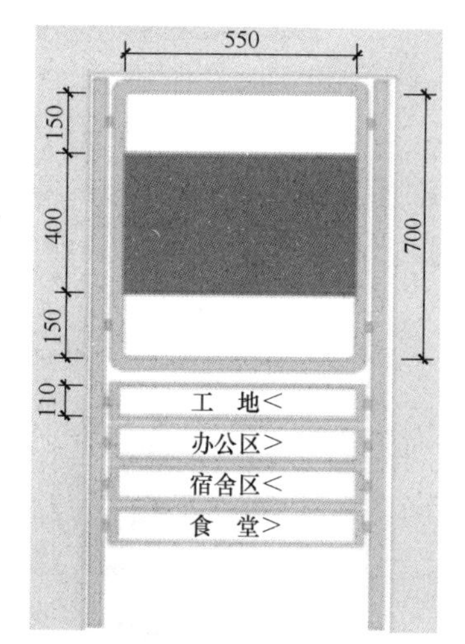

图 9-26　项目导示图

9.7.14 生活布置区

（1）布置内容：宿舍（图 9-27）、食堂（图 9-28）、卫生间（图 9-29～图 9-31）、淋浴房、洗漱池、晾衣区（图 9-32、图 9-33）等。

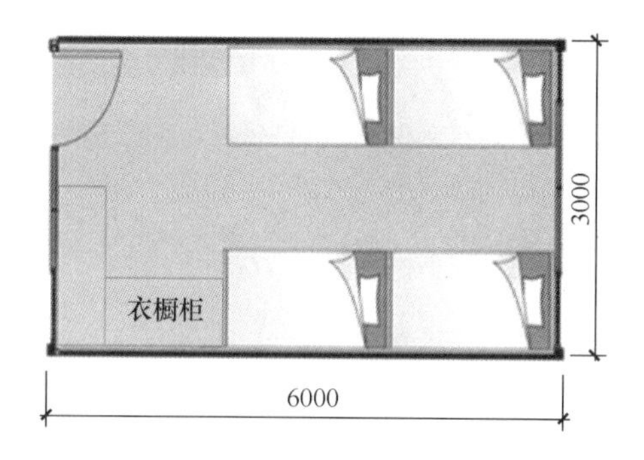

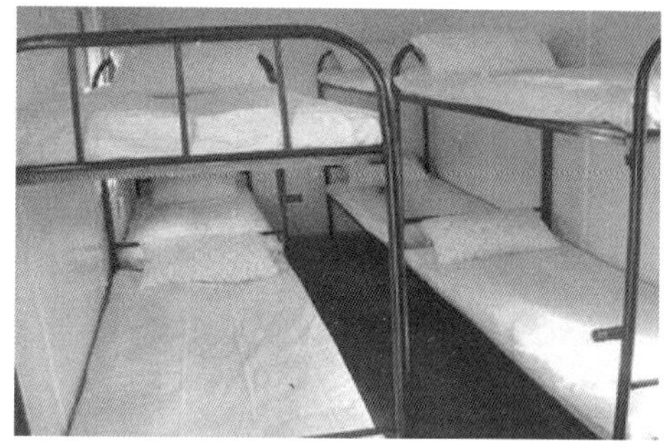

图 9-27 宿舍示意

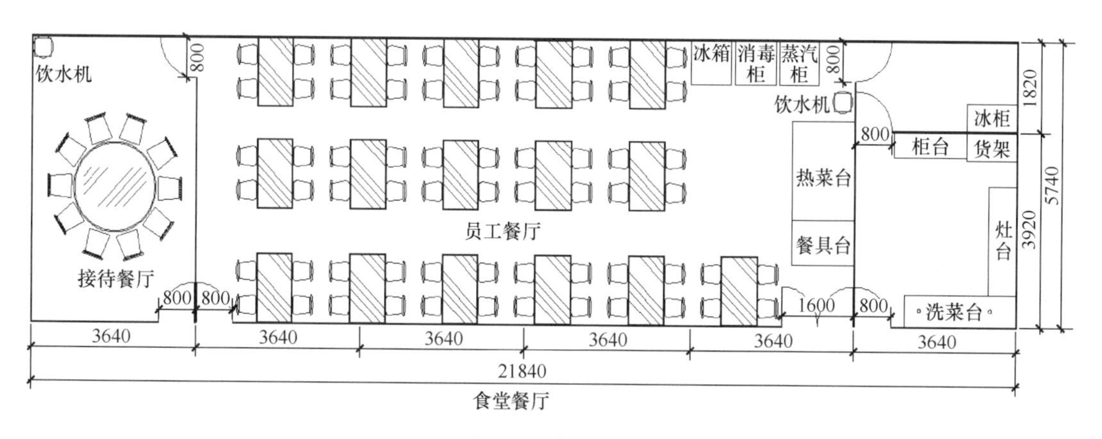

图 9-28 食堂示意

图 9-29 集装箱式成品卫生间

图 9-30　隔开式卫生间

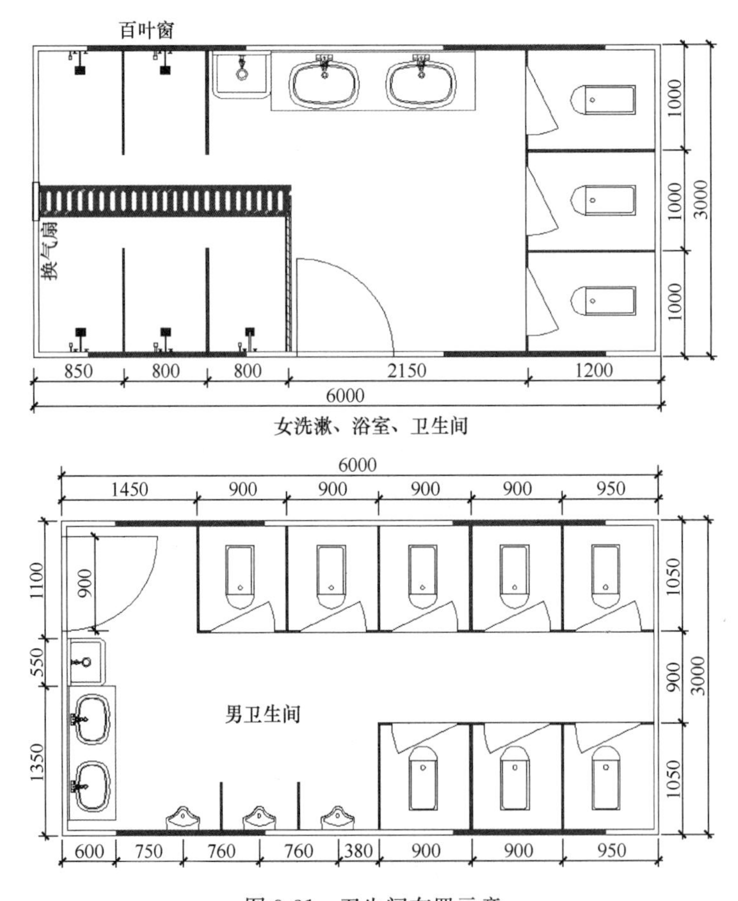

图 9-31　卫生间布置示意

（2）生活区临建必须有经过公司相关部门审批过的策划方案方可实施建设。

（3）生活区与施工区应明显分隔，应符合卫生和安全要求。

宿舍楼优先选用集装箱式成品板房，以方便安装及提高重复利用率。

宿舍楼应与办公楼统一材质及颜色。

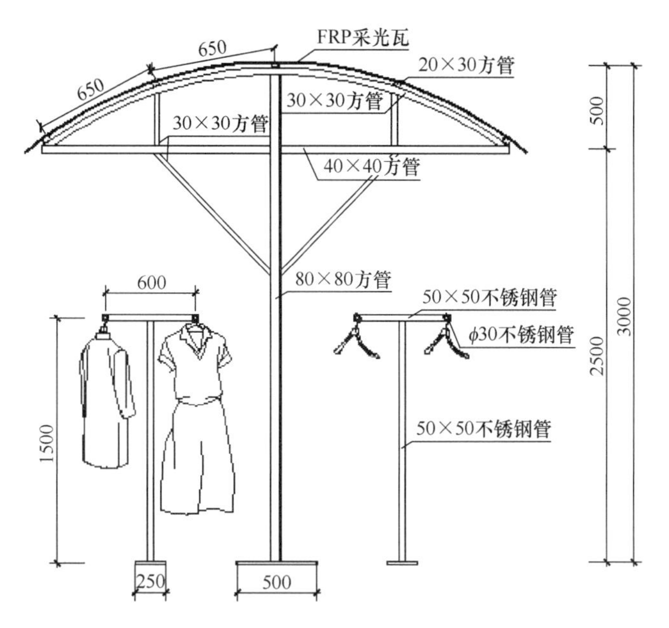

图 9-32　晾衣区布置示意

图 9-33　晾衣区布置示意

每间宿舍布置 4 个上下铺住 8 人，安装空调一台。

设置桌子和储物柜，便于洗漱用具摆放及衣物放置。

板房式食堂配置热菜台、蒸气柜、消毒柜、冰箱、柜台等根据项目实际情况及用餐人员数量决定食堂的规模及具体做法。

晾衣架立杆采用 50mm×50mm 不锈钢方形管，横杆采用直径 30mm 圆钢管。晾衣架数量及场地应视项目具体情况而定。

第 10 章　施工测量

10.1　控制线测量

控制线放样前应先根据设计图纸及相关文件，事先计算好所放样部位（结构物）的坐标，数据在复核后要经过技术负责人审核后方可使用，测量作业时有专业人员换手复核测量，前视、后视有专职人员，定出点位后在必要的时候，如暂不施工的部位，需要测量2～4 个护桩，以便施工人员自行检验校正，保证平面位置精度，并定期进行监测，避免测量错误及事故发生（图 10-1）。报专业监理工程师检验前先进行自检，自检合格后报专业监理工程师检验，同时保证各项资料、记录填写清晰并签认完整，禁止涂改各项测量记录。

图 10-1　垫层测量放线

在所放部位不能及时施工时，注意保护点位，并在其施工前对点位进行复核测量；在日常工作中要派专人保护测量控制点，如发现点位被破坏或松动等现象应及时通知相关部门及责任人，以防止对测量放样造成影响，从而导致测量事故发生。

构件安装时应对应进行相关的测量检查（图 10-2，图 10-3），及时进行调整墙板、顶板、底板中心线位置允许偏差±5mm。

图 10-2　构件垂直度测量

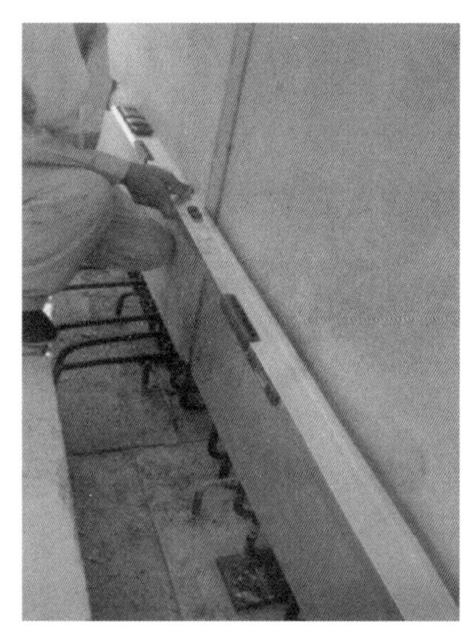

图 10-3　构件间平直度测量

10.2　标高测量

高程测量前应同平面测量一样，先计算、后复测、再审核，设计高程在确认无误后方可实施外业测量，外业测量是要坚持换手计算，换手复核制度，测量过程中要严格执行闭合测量程序，禁止单程测量，或单镜测量，或单镜往返测量，测量记录应填写规范、整齐，各项记录清楚无涂改，各项资料签认齐全、完整。为排除错误隐患要定期检测各分部工程高程。

施工时也应同平面测量一样实时进行测量检测，及时调整控制，严格控制在规范允许范围之内。

10.3　竣工测量

竣工测量应严格按照相关规范要求（表 10-1）进行，先进行自检，自检合格后报备监理工程师检查，同时形成资料。

构件安装尺寸允许偏差　　**表 10-1**

检查项目		允许偏差（mm）
墙板等竖向结构构件	标高	±10
	中心线位置	5
	垂直度	5

续表

检查项目		允许偏差（mm）
楼板等水平构件	中心线位置	5
	标高	±10
墙板面	板缝宽度	±5
	通长缝直线度	5
	接缝高低差	5

第 11 章　构件安装

11.1　装配施工的原则、方法

以 24m 伸缩缝位置为一个标准段，分标准段进行流水施工。按照先底板、墙板吊装施工，后底板混凝土浇筑施工；之后顶板吊装施工，然后墙板及顶板混凝土浇筑施工，预埋、预留、防水等作业交叉施工的总施工顺序原则进行部署。

11.2　构件安装工作程序

叠合底板安装—底板面筋绑扎—夹心外墙板安装—夹心内墙板安装—放夹心外墙板拼缝位置钢筋笼—底板混凝土浇筑—部分模板安装及顶板支撑布置—叠合顶板安装—顶板面筋绑扎—顶板、夹心墙板混凝土浇筑。

11.3　构件安装控制精度

11.3.1　轴线定位

根据设计图纸可知标准段轴线与已完成的施工段位于同一直线上，施工段的轴线只需在已完成施工段进行延长即可。

根据控制轴线依次放出 PC 构件的所有轴线、墙板两侧边线和端线、节点线等。

轴线放线偏差不得超过 3mm。放线遇有连续偏差时，如果累计偏差在规范允许值以内，应从构筑物中间一条轴线向两侧调整。

根据墙板线和垫块定位图，在墙板线内标注出垫块位置（70mm×70mm），垫块靠轴线边对称放置。每块墙板下放置 4 组垫块，墙板内外页板下各放置两组垫块，内外页板下垫块位置应位于同一直线上。每组垫块组合按最小垫块个数组合，放置时避开墙板钢筋等其他预留孔洞位置。垫块距墙板端不超过 300mm。底板垫块布置在其长边，共 6 组。

11.3.2　标高测设

（1）根据已完成施工段提供的标高点引至现场施工段，根据管廊放坡 1.7‰，折合

3m 约放坡 5mm，因此相邻底板标高相差 5mm，进行放坡处理。

由于垫层上要铺 2cm 厚的细沙，因此施工段垫层标高应低于完成段 2cm。

（2）用水准仪测出各安装 PC 构件位置的标高，将测量实际标高与引入设计标高对比，根据设计预留缝隙高度选择合适的垫块作为预制构件安装标高。并将其位置和尺寸标明。

（3）垫块测设。每块墙板下放置 2 块垫块。

11.4 吊装准备

（1）根据工程构件拆分图编制出安装顺序图。

（2）构件吊装前根据尺寸最大，构件最重的来选择吊具数量、规格尺寸，并考虑吊具的通用性。

（3）构件进场后，根据构件标识号和吊装计划的吊装序号，在安装位置进行相应标识。

（4）需设置支撑的构件吊装前，下部支撑体系必须完成，且支撑点标高应校核完毕。

（5）构件吊装前，测量放线、标高抄平已经完成并经过专业工程师复核。

11.5 施工现场构件堆放

预制构件存放过程中应做好安全和质量防护，并应符合下列规定：

（1）存放场地应平整、坚实，并应有排水措施；

（2）存放库区宜实行分区管理和信息化台账管理；

（3）应按照产品品种、规格型号、检验状态分类存放，产品标识应明确、耐久，预埋吊件应朝上，标识应向外；

（4）应合理设置垫块支点位置，确保预制构件存放稳定，支点宜与起吊点位置一致；

（5）与清水混凝土面接触的垫块应采取防污染措施；

（6）预制构件多层叠放时，每层构件间的垫块应上下对齐；

（7）预制柱、梁等细长构件宜平放且用两条垫木支撑；

（8）预制楼板、叠合板、阳台板和空调板等构件宜平放，叠放层数不宜超过 6 层；长期存放时，应采取措施控制预应力构件起拱值和叠合板翘曲变形；

（9）预制内外墙板、挂板宜采用专用支架直立存放，支架应有足够的强度和刚度，构件上部宜采用两点支撑，下部应支垫稳固，薄弱构件、构件薄弱部位和门窗洞口应采取防止变形开裂的临时加固措施；

（10）预制构件成品外露保温板应采取防止开裂措施，外露钢筋应采取防弯折措施，外露预埋件和连接件等外露金属件应按不同环境类别进行防护或防腐、防锈；

（11）预埋螺栓孔宜采用海绵棒进行填塞，保证吊装前预埋螺栓孔的清洁；

（12）钢筋连接套筒、预埋孔洞应采取防止堵塞的临时封堵措施；

（13）露骨料粗糙面冲洗完成后应对灌浆套筒的灌浆孔和出浆孔进行透光检查，并清理灌浆套筒内的杂物；

（14）冬期生产和存放的预制构件的非贯穿孔洞应采取措施防止雨雪水进入发生冻胀损坏。

11.6 构件吊装

11.6.1 叠合底板吊装

工艺流程（图 11-1）：确认构件起吊编号—挂钩、检查水平—吊运—安装就位—调整取钩。

1. 确认构件起吊编号

对照地面构件编号及拖车上即将起吊的构件编号要统一，对底板面做相对应的安装编号；做好底板安装标高的测量。

2. 挂钩、检查水平

选择挂钩位置，将吊钩挂与桁架筋弯折钢筋上，挂点布置均匀，保证钢丝绳角度大于 45°，钢丝绳选型参照钢丝绳计算书。当把构件调离悬空 500mm 后，检查各吊点受力是否均匀、构件是否水平。构件水平、各吊点均受力后起吊至顶板面。

图 11-1 叠合底板吊装

3. 吊运

吊车缓慢起吊，钢丝绳受力时，调整手动葫芦，确保底板平整度。当把构件调离悬空 500mm 后，检查各吊点受力是否均匀、构件是否水平；吊运时需注意基坑围护，避免与混凝土梁及工法桩碰撞（图 11-2～图 11-4）。

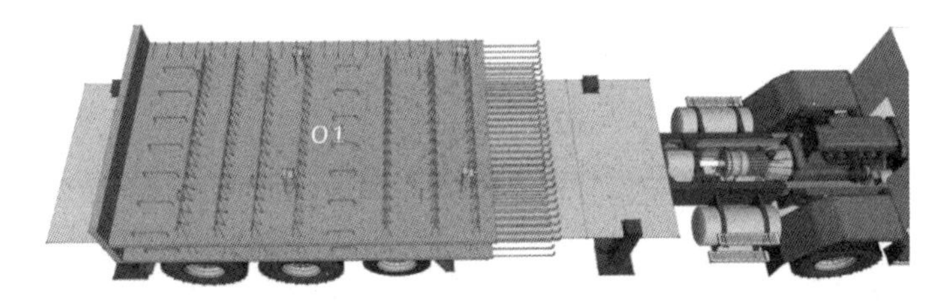

图 11-2 叠合底板进场车载堆放示意

4. 安装、就位

（1）将构件吊离地面，观测构件是否基本水平，各吊钉是否受力，构件基本水平、吊钉全部受力后起吊。

图 11-3 叠合底板起吊示意（1）

图 11-4 叠合底板起吊示意（2）

（2）吊运过程用缆风绳控制 PC 构件方向，防止 PC 构件随风摆动。

（3）吊运时，必须将构件降至基坑内后，吊车方可摆臂，吊运就位。

（4）根据图纸所示构件位置以及箭头方向就位，就位同时观察底板预留孔洞与图纸的相对位置（以防止构件厂将箭头编错）。

（5）控制底板下落位置，确保就位一次性到位，避免重复调整，造成底部垫沙层厚度不均匀（图 11-5）。

图 11-5 叠合底板安装、就位示意

5. 调整、取钩

复核构件的水平位置、标高、垂直度，使误差控制在允许范围内（图 11-6）。

图 11-6　叠合底板安装、就位示意

11.6.2　墙板吊装

工艺流程（图 11-7）：确认构件起吊编号—选择吊装工具—翻板—挂钩、检查构件水平—吊运—安装、就位—调整固定—取钩。

图 11-7　墙板吊装

1. 确认构件起吊编号

对照地面构件编号及拖车上即将起吊的构件编号是统一的。对墙板面做相对应的安装编号，做好墙板安装标高的测量（图 11-8）。

2. 选择吊装工具

墙板最宽 3m，两点起吊能满足要求，保证钢丝绳角度大于 45°；核实墙板重量。根据墙板重量选择合适钢丝绳，每股 6m 长。钢丝绳选型计算见方案钢丝绳计算书。

3. 起吊、翻板

在 PC 板车旁道路上用模板铺设大于 PC 构件的场地，选择合适的吊装工具将墙板吊离 PC 板车后，放置在模板上。将挂钩安装至墙板起吊端，吊车缓慢起吊，保证不对 PC 板进行破坏（图 11-9）。

在墙板底部钢筋处设置挤塑聚苯板将钢筋包裹住，防止起吊过程中墙板对钢筋压力过

图 11-8　墙板装车示意

图 11-9　墙板起吊示意

大造成钢筋变形。

4. 挂钩、检查水平

当吊车把墙板吊离地面时，检查构件是否水平，各吊钉的受力情况是否均匀，使构件达到水平，各吊钩受力均匀后方可起吊至施工位置；如调整钢丝绳不能使构件水平，采用手动葫芦将其调平。

吊运过程用缆风绳控制 PC 构件方向，防止 PC 构件随风摆动。

吊运时，必须将构件降至基坑内后，吊车方可摆臂，吊运就位。

5. 安装、就位

在距离安装位置 50cm 高时停止构件下降，检查地上所标示的垫块厚度与位置是否与实际相符（图 11-10）。

根据底板面所放出的墙板侧边线、端线使墙板就位，墙板外侧和各边线重合（图 11-11）。

6. 调整固定

（1）根据标高调整横缝，横缝不平直接影响竖向缝垂直；竖缝宽度可根据墙板端线控制，或是用一块 10mm 的垫块放置相邻板端控制。

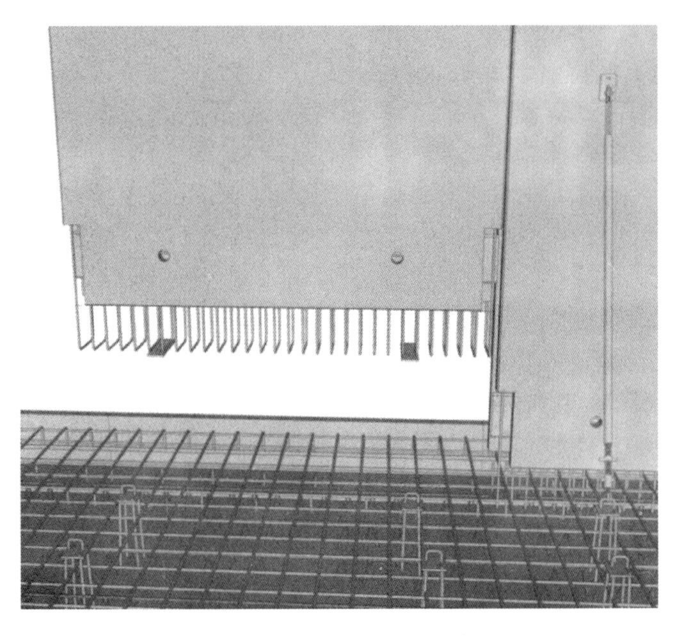

图 11-10　墙板安装、就位示意（1）

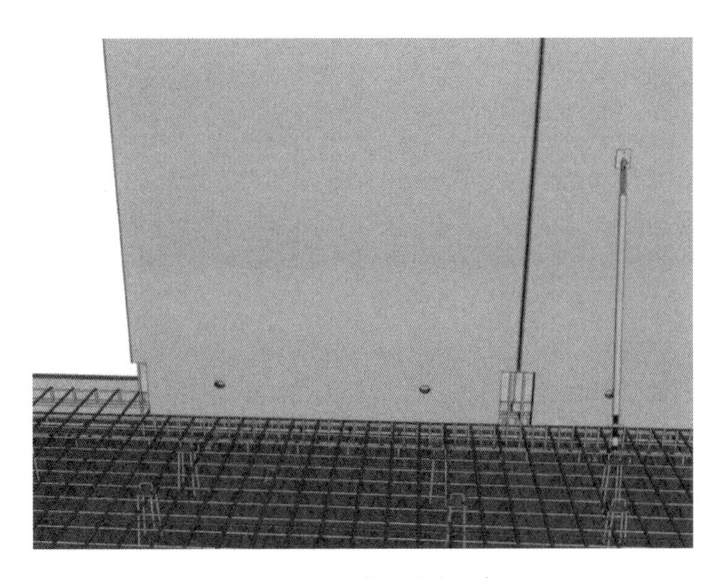

图 11-11　墙板安装、就位示意（2）

（2）用加工定位件固定墙板；墙板每侧 2 个定位件，使墙板长边不得左右移动。

（3）用 2 根斜支撑将墙板上端固定，各位置详见图 11-12。

（4）用铝合金挂尺复核外墙板垂直度，旋转斜支撑调整，进行实测实量工作，直到构件垂直度符合公司规定要求。

（5）斜支撑调整垂直度时同一构件上所有支撑向同一方向旋转，以防构件受扭。如遇支撑旋转不动时，严禁用蛮力旋转。旋转时应时刻观察撑杆的丝杆外漏长度（丝杆长度为 500mm，旋出长度不超过 300mm），以防丝杆与旋转杆脱离。

（6）取钩：操作工人站在人字梯上并系好安全带取钩，安全带与防坠器相连。防坠器

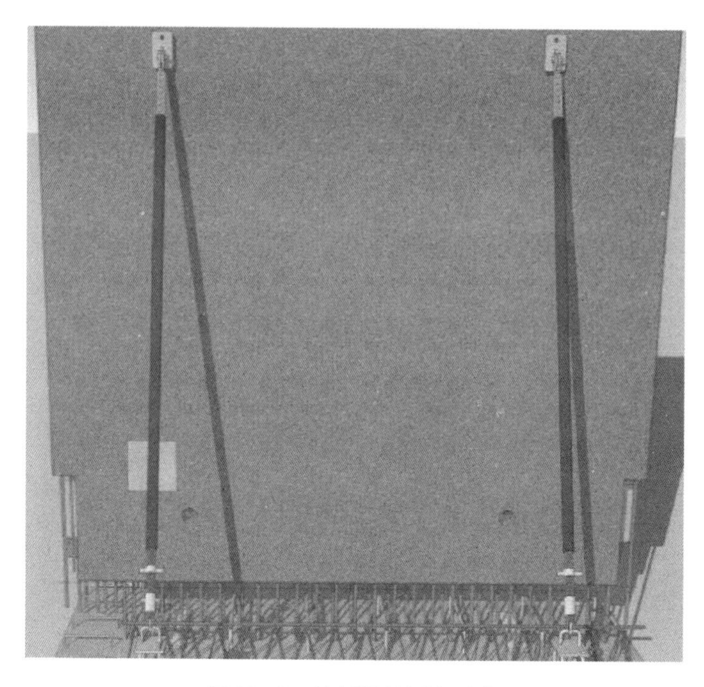

图 11-12　墙板调整固定示意

要有可靠的固定措施。

11.6.3　叠合顶板吊装

工艺流程（图 11-13）：支撑搭设—确认构件起吊编号—挂钩、检查水平—吊运—安装就位—调整取钩。

图 11-13　墙叠合板吊装示意

1. 支撑架搭设

搭设支撑架采用普通轮扣式钢管内支撑体系。具体搭设方式见支撑专项方案(图 11-14)。

图 11-14 支撑架搭设示意

2. 确认构件起吊编号

对照地面构件编号及拖车上即将起吊的构件编号是否统一（图 11-15）。

图 11-15 支撑架搭设示意

3. 挂钩、检查

选择挂钩位置，将吊钩挂与桁架筋弯折钢筋上，挂点布置均匀，保证钢丝绳角度大于 45°，钢丝绳选型计算见方案钢丝绳计算书。当把构件调离悬空 500mm 后，检查各吊点受力是否均匀、构件是否水平。构件水平、各吊点均受力后起吊至顶板面（图 11-16）。

4. 吊运

（1）将构件吊离地面，观测构件是否基本水平，各吊钉是否受力，构件基本水平、吊钉全部受力后起吊。

（2）吊运过程用缆风绳控制 PC 构件方向，防止 PC 构件随风摆动。

图 11-16　挂钩、检查示意

（3）吊运时，必须将构件降至基坑内后，吊车方可摆臂，吊运就位（图 11-17）。

图 11-17　叠合板吊运示意

5. 安装、就位

（1）根据图纸所示构件位置以及箭头方向就位，就位同时观察楼板预留孔洞与图纸的相对位置（以防止构件厂将箭头编错）。

（2）叠合顶板与墙板相交时，构件安装时相交边深入柱梁内 15mm，另外两边与其他构件平行（图 11-18）。

图 11-18　叠合板安装、就位示意

6. 调整、取钩

（1）复核构件的水平位置、标高、垂直度，使误差控制在本方案允许范围内。

（2）检查下面支撑及板的拼缝，使所有支撑杆件受力基本一致，板底拼缝高低差小于3mm，确认后取钩（图 11-19）。

图 11-19　叠合板调整、取钩示意

11.7　成品保护

11.7.1　钢筋绑扎成型的成品质量保护

（1）钢筋按图绑扎成型完工后，应将多余的钢筋、扎丝及垃圾清理干净。

（2）接地及预埋等焊接不能有咬口，烧伤钢筋。

（3）木工支模及安装预埋、混凝土浇筑时，不得随意弯曲、拆除钢筋。

（4）钢筋绑扎成型后，后续工种施工作业人员不能任意踩踏或重物堆置，以免钢筋弯曲变形。

（5）模板隔离剂不得污染钢筋，如发现污染应及时清洗干净。

（6）水平运输便道按方案铺设。不能直接搁置在钢筋上。

11.7.2　模板保护

（1）模板支模成型后及时将全部多余材料及垃圾清理干净。

（2）安装预留、预埋应在支模时配合进行，不得任意拆除模板及重锤敲打模板、支撑，以免影响质量。

（3）侧模不得靠钢筋等重物，以免倾斜、偏位，影响模板质量。

（4）混凝土浇筑时，不得用振动棒等撬动模板、埋件等，混凝土应翻锹入模，以免模板因局部荷载过大而造成模板受压变形。

（5）水平运输便道不得直接搁置在侧模上。

（6）模板安装成型后，派专人值班保护，进行检查、校正，以确保模板安装质量。

11.7.3 混凝土成品保护

（1）混凝土浇筑完成将散落在模板上的混凝土清理干净，并按方案要求进行覆盖保护。雨期施工混凝土成品，按雨期要求进行覆盖保护。

（2）混凝土终凝前，不得上人作业，按方案规定确保间隔时间和养护期。

（3）成品混凝土面层上应按作业程序分批进场施工作业材料，分散均匀尽量轻放。不得集中堆放。

（4）下道工序施工堆放油漆、酸类等物品，应用桶装放置，施工操作时，应对混凝土面进行覆盖保护。

（5）结构完成后不得随意开槽打洞，在混凝土浇筑前事先做好预留预埋。

（6）不得重锤击打混凝土面。

11.7.4 预留预埋件品保护

（1）预留预埋管件应做好标记，确保牢固。

（2）混凝土浇捣过程中，振动棒尽量不要接触预埋件，避免其产生位移。

11.7.5 预制构件成品保护

1. 构件运输保护措施

预制构件采用平放运输，平放不宜超过三层。运输托架、车厢板与预制混凝土构件的接触面和预制构件与预制构件接触面之间应放入柔性材料以免构件损坏，构件边角与锁链接触部位的混凝土应采用柔性垫衬材料避免预制构件棱角损坏。每垛构件采用 LS01-10（破断拉力大于 10000kg）型强力锁紧捆绑带进行竖向及十字形横向叠加捆绑，保证构件在运输途中不发生位移（图 11-20～图 11-22）。

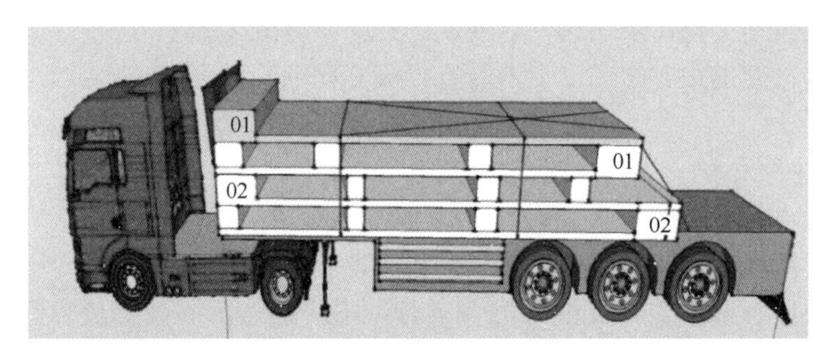

图 11-20 两个标准节，管廊底板运输

2. 构件现场保护措施

预制构件运输到现场后，按预制构件编号、施工吊装顺序将预制构件的挂车一并停在

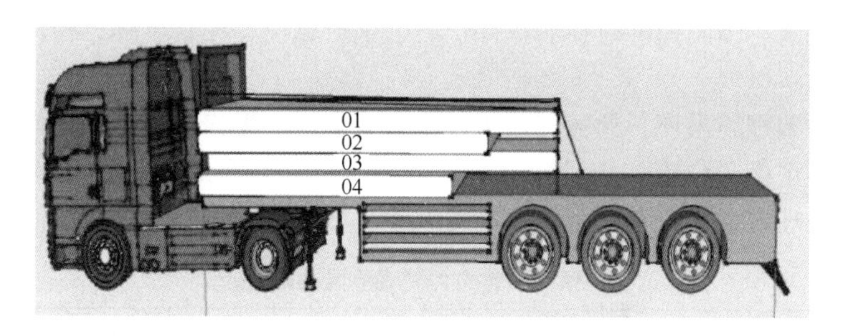

图 11-21　一个标准节，管廊顶板运输

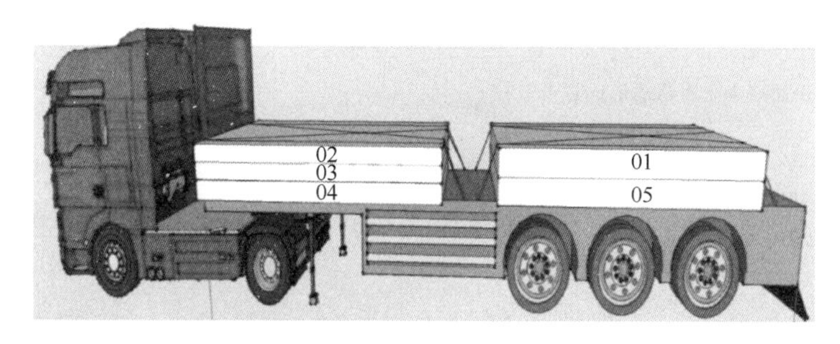

图 11-22　一个标准节，管廊墙板运输

现场，保证构件安装连续性。现场施工计划、工厂构件生产计划、构建运输计划三者应协调一致，保证现场 PC 板车即到即吊，避免二次搬运，吊装完成后，PC 车立即撤离现场，确保道路通畅。

11.7.6　交工前成品保护措施

（1）为确保工程质量美观，专门组织专职人员负责成品质量保护，值班巡察，进行成品保护工作。成品保护值班人员，按项目领导指定的保护区范围进行值班保护工作。

（2）专职成品保护值班人员工作到竣工验收，办理移交手续后终止。

（3）在工程未办理竣工验收移交手续前，任何人不得在工程使用相关设备及其他一切设施。

11.8　检验标准

预制构件吊装施工质量直接影响到建筑施工质量，构件吊装质量控制严格按照相关规定规范执行。

11.8.1　预制构件质量验收

进入现场的预制构件应具有出厂合格证及相关质量证明文件，产品质量应符合设计及相关技术标准要求，预制构件应在明显部位表明生产单位、项目名称、构件型号、生产日期、安装方向。

预制构件吊装预制吊环、预留焊接买件应安装牢靠、无松动。预制构件的预埋件、插筋及预留孔洞等规格、位置和数量应符合设计要求。对存在的影响安装及施工功能的缺陷，应按技术处理方案进行处理，并重新检查验收（表 11-1）。

预制构件构件外观质量缺陷 **表 11-1**

名称	现　象	严重缺陷	一般缺陷
露筋	构件内钢筋未被混凝土包裹而外露	纵向受力钢筋有露筋	其他钢筋有少量露筋
蜂窝	混凝土表面缺少水泥浆而形成石子外露	构件主要受力部位有蜂窝	其他部位有少量蜂窝
孔洞	混凝土中孔穴深度和长度均超过保护层厚度	构件主要受力部位有孔洞	其他部位有少量孔洞
夹渣	混凝土中夹有杂物且深度超过保护层厚度	构件主要受力部位有夹渣	其他部位有少量夹渣
疏松	混凝土中局部不密实	构件主要受力部位有疏松	其他部位有少量疏松
裂缝	缝隙从混凝土表面延伸至混凝土内部	构件主要受力部位有影响结构性能或使用功能的裂缝	其他部位有少量不影响结构性能或使用功能的裂缝
连接部位缺陷	构件连接处混凝土缺陷及连接钢筋、连接铁件松动	连接部位有影响结构传力性能的缺陷	连接部位有基本不影响结构传力性能的缺陷
外形缺陷	缺棱掉角、棱角不直、翘曲不平、飞出凸肋等	清水混凝土构件内有影响使用功能或装饰效果的外形缺陷	其他混凝土构件有不影响使用功能的外形缺陷
外表缺陷	构件表面麻面、掉皮、起砂、沾污等	具有重要装饰效果的清水混凝土构件有外表缺陷	其他混凝土构件有不影响使用功能的外表缺陷

注：①现浇结构及预制构件的外观质量不应有严重缺陷。对已出现的严重质量缺陷，由施工单位提出技术处理方案，并经监理（建设）单位认可后进行处理。对经处理的部位，应全数重新检查验收。②现浇结构及预制构件的外观质量不宜有一般缺陷。对已经出现的一般缺陷，应由施工单位按技术处理方案进行处理，并全数重新检查验收。

（1）生产工厂按照现行国家、地方、行业标准对预制构件原材料、加工、养护等各流程进行质量控制，同时监理单位委派的质检人员对工厂预制构件进行检查。对每批进场的构件都应该自检，复核结果形成文字记录，详细的记载构件的尺寸、外观质量、预留插筋等情况，当复测结果符合要求后按规定上报监理公司。

（2）构件起吊前认真核对工艺吊装顺序图、预制构件编号特别是预制构件正反面等对照图纸复核构件的尺寸、编号、外观尺寸等。

（3）检查构件预埋水电套管，预留的各种孔洞等。

（4）检查结果做好详细。

11.8.2 预制构件安装验收

每个工作面预制构件安装完成后，吊装小组进行自检，自检合格后形成文字记录上报项目部，由项目部生产经理组织安排人员对作业区的吊装工作复测，当复测结果符合要求后按规定上报监理公司。

第 12 章　连接处理

12.1　概述

叠合装配整体式管廊由叠合底板、夹心外墙板、夹心内墙板以及叠合顶板连接现浇形成整体，构件连接处需要进行连接处理。

12.2　拼装连接

12.2.1　叠合板水平连接节点

采用 C14@150 的钢筋，分别搭接两块板的最小搭接长度为 1.2La（图 12-1、图 12-2）。

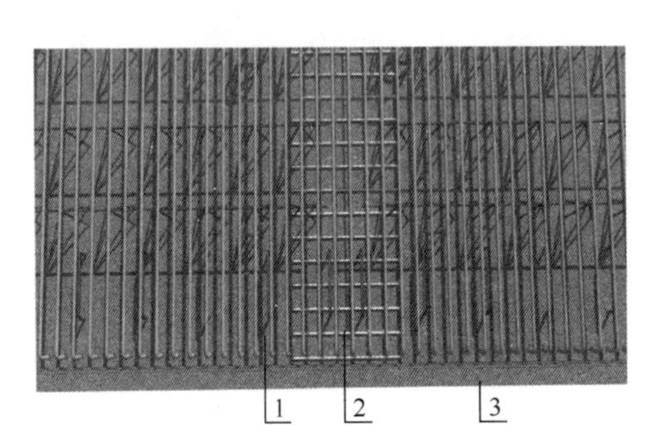

图 12-1　底板与底板连接示意
1—叠合底板现浇部分；2—传力杆；
3—叠合底板预制部分

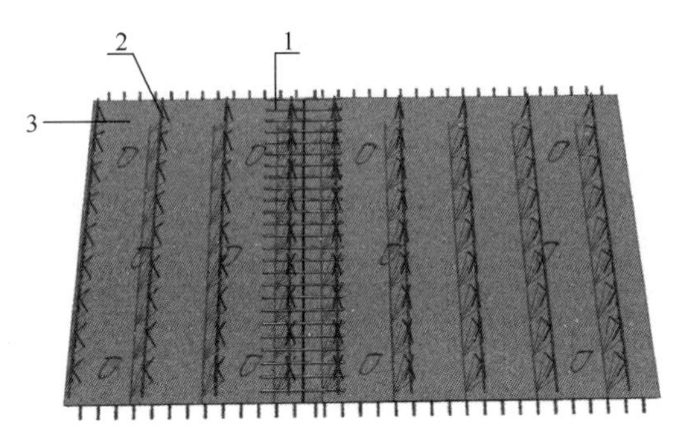

图 12-2　顶板与顶板连接示意
1—传力杆；2—叠合顶板现浇部分；3—叠合顶板预制部分

12.2.2　叠合墙（侧墙）与底板连接节点

叠合夹心墙是预制和现浇桁架钢筋相结合的一种墙体，受力钢筋从预制部分伸出，锚固于底板，形成固接节点（图 12-3）。

12.2.3　叠合墙（中间墙）与底板连接节点

叠合夹心墙是预制和现浇桁架钢筋相结合的一种墙体，受力钢筋从预制部分伸出，锚固于底板，形成固接节点（图 12-4）。

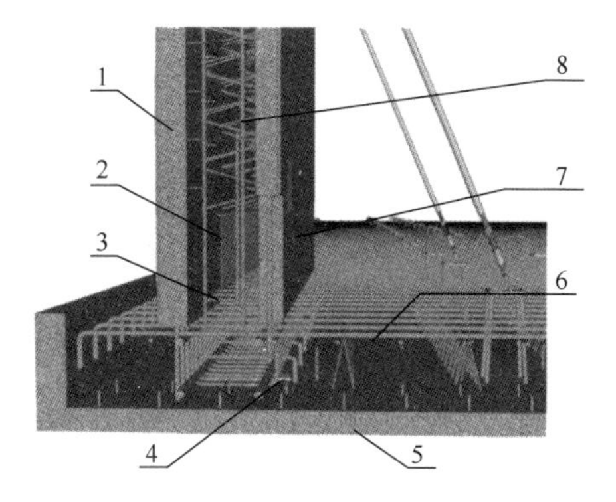

图 12-3　底板与底板连接示意

1—叠合墙板预制部分；2—止水钢板；3—拉筋；4—定位钢板；5—叠合底板预制部分；6—叠合底板现浇部分；7—80mm 观察口；8—叠合墙板现浇部分

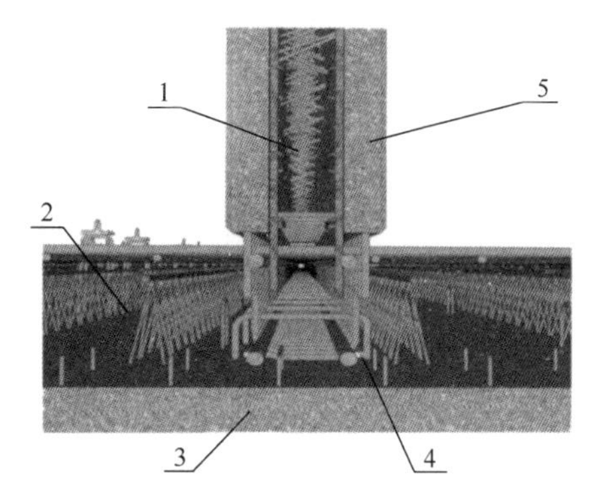

图 12-4　叠合墙（中间墙）与底板连接示意

1—叠合墙板现浇部分；2—叠合底板现浇部分；3—叠合底板预制部分；4—定位钢板；5—叠合墙板预制部分

12.2.4　叠合墙（侧墙）与顶板连接节点

受力钢筋从预制部分伸出，锚固于顶板，顶板钢筋锚固夹心墙内形成固接节点（图 12-5）。

12.2.5　叠合墙（中间墙）与顶板连接节点

受力钢筋从预制部分伸出，锚固于顶板，顶板钢筋锚固夹心墙内形成固接节点（图 12-6）。

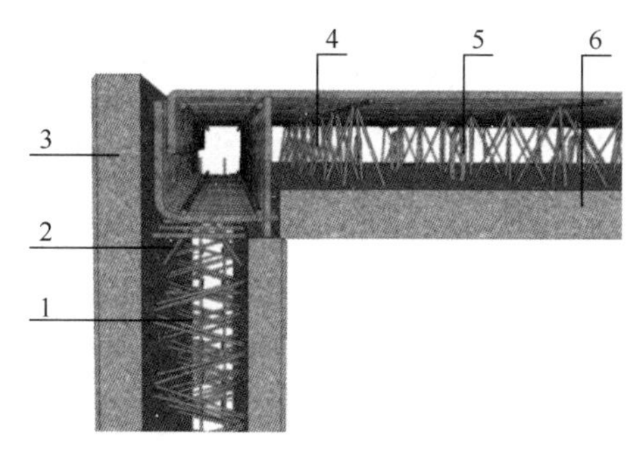

图 12-5　叠合墙（侧墙）与顶板连接示意图

1—叠合墙板现浇部分；2—墙板吊环；3—叠合墙板预制部分；4—叠合顶板现浇部分；5—叠合顶板吊环；6—叠合顶板预制部分

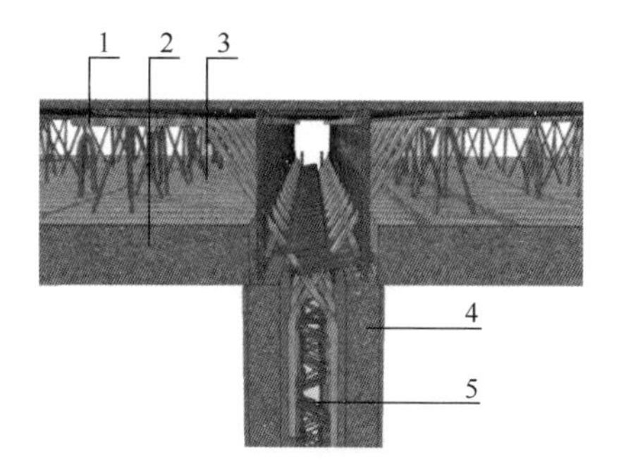

图 12-6　叠合墙（中间墙）与顶板连接示意

1—附加钢筋；2—叠合顶板预制部分；3—叠合顶板现浇部分；4—叠合墙板预制部分；5—叠合墙板现浇部分

12.2.6　叠合墙与叠合墙竖向连接节点

受力钢筋预埋在预制部分，竖向拼缝位置放入成品钢筋笼（图 12-7）。

（1）外墙板与外墙板连接

（2）内墙板与内墙板连接

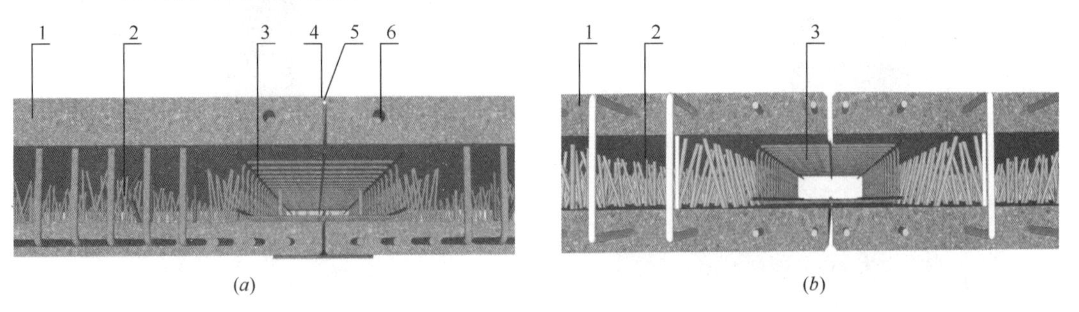

(*a*)　　　　(*b*)

图 12-7　叠合墙与叠合墙竖向连接示意

（*a*）外墙板与外墙板连接；（*b*）内墙板与内墙板连接

1—叠合墙板预制部分；2—叠合墙板现浇部分；3—钢筋笼；4—密封胶；5—泡沫棒；6—100mm 圆孔

12.3　变形缝连接

12.3.1　变形缝处底板与底板连接

见图 12-8。

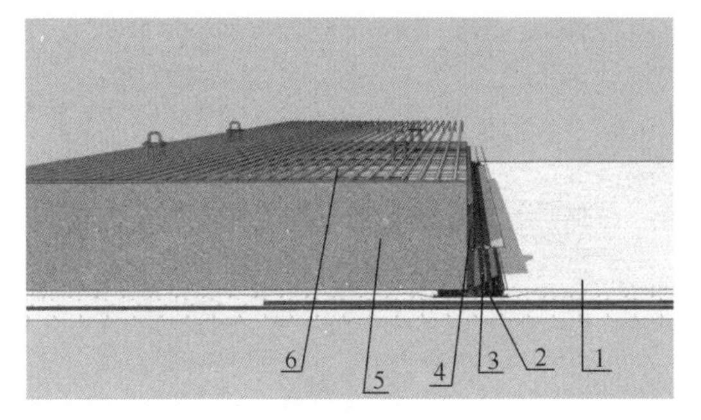

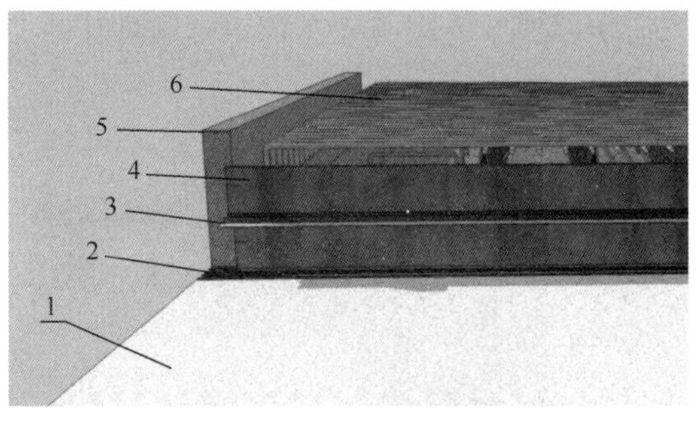

图 12-8　变形缝处底板与底板连接示意

1—垫层；2—外贴式橡胶止水带；3—中埋式钢边橡胶止水带；4—变形缝衬垫层；5—叠合底板预制部分；6—叠合底板现浇部分

12.3.2　变形缝处墙板与墙板连接

（1）变形缝处外墙板与外墙板连接（图 12-9）

（2）变形缝处内墙板与内墙板连接（图 12-9）

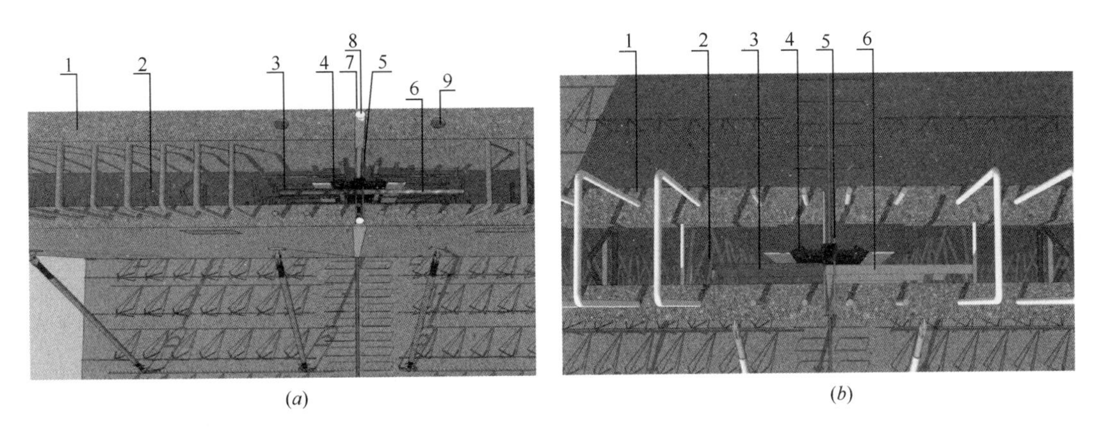

图 12-9　变形缝处墙板与连接示意

（a）变形缝处外墙板与外墙板连接；（b）变形缝处内墙板与内墙板连接

1—叠合墙板预制部分；2—叠合墙板现浇部分；3—预埋无缝钢管；4—钢边橡胶止水带；5—封模钢板；6—传力杆；7—密封胶；8—30mm 泡沫棒；9—100mm 圆孔

12.3.3　变形缝处顶板与顶板连接

见图 12-10。

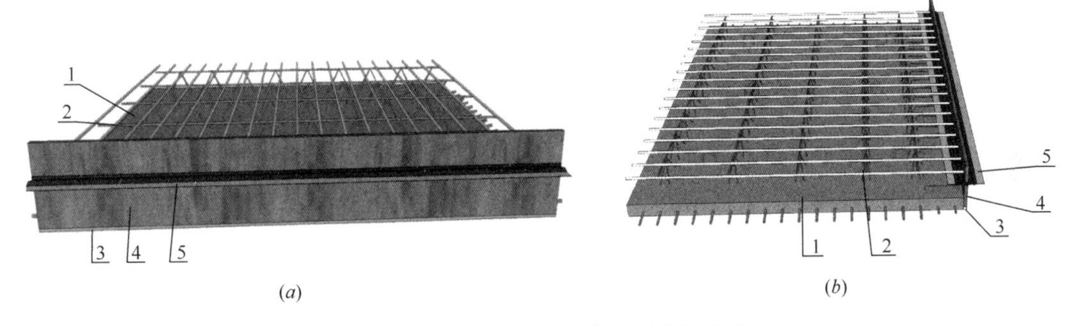

图 12-10　变形缝处顶板与顶板连接示意

（a）正面；（b）侧面

1—叠合顶板预制部分；2—叠合底板现浇部分；3—30mm 泡沫棒；4—变形缝衬垫层；5—钢边橡胶止水带

12.4　检验标准

12.4.1　拼缝施工要求

（1）对无防水要求的拼缝可用弹性砂浆封堵。

（2）对有防水要求的拼缝使用防水密封胶进行封堵，防水密封胶应按要求施工：

1）基层应干燥，表面应清理干净；

2）注胶部位应施涂界面剂；

3）注胶宽度、深度应符合设计要求。

12.4.2 变形缝施工要求

（1）中埋式橡胶止水带必须采取可靠的固定措施，避免在浇注混凝土时发生位移，保证止水带在混凝土中的正确位置。

（2）固定橡胶止水带时，只能在止水带的允许部位上穿孔打洞，不得损坏本体部分。

（3）橡胶止水带应尽量在工厂中连接成整体。如因制造工艺、运输条件等限制，需在现场连接的，接头宜采用热压焊接，其接头外观应平整光洁，抗拉强度不低于母材的80％。

（4）止水带的接缝宜为一处，应设在墙较高位置上，不得设在结构转角处。

（5）变形缝缝隙的填充及防水节点处理需严格按照设计图纸要求进行。

第 13 章 异型段装配

13.1 异形段概述

在地下综合管廊中因需满足通风、人员出入、材料物资运送、管线设备安装等要求会存在许多特殊段的设计，本章节主要讲述有关异型段的装配施工及相关节点的施工要点(图 13-1)。

跟随地形的变化，大纵坡在地下综合管廊施工中相对也较为常见，大纵坡段的施工主要注意事项为，宜从低往高，严格控制板缝，施工时应时刻注意防止板的下滑（图 13-2)。混凝土浇筑时应保证混凝土的连续性，应缩短间歇时间，并在前层混凝土初凝前浇筑次层混凝土，同时应减少分层浇筑的次数。

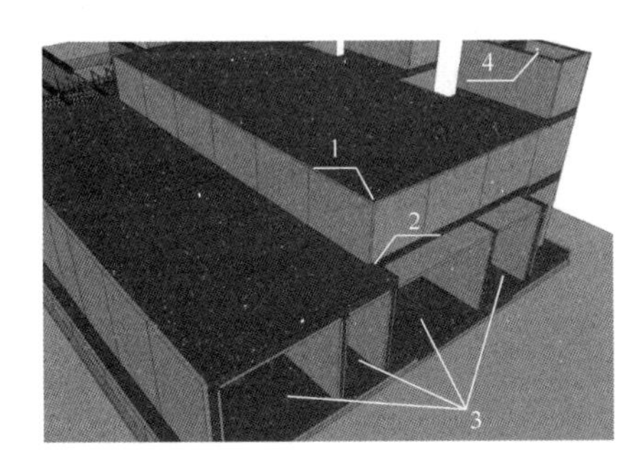

图 13-1 检修、通风口异形段

1—L 形节点；2—十字形节点；3—底层舱室；4—通风口

图 13-2 纵坡区域总览

13.2 异形段节点施工

夹心墙竖向拼缝及变形缝两侧一定区间内应采用开口钢筋，以保证夹心墙连接钢筋笼的现场施工。夹心墙连接节点设计根据叠合板模数采取 L 型钢筋笼或凸型钢筋笼（图 13-3～图 13-6)，钢筋笼宽度根据夹心厚度、成品钢筋笼与预制部分距离及现场安装施工进行设计，钢筋笼的绑扎应牢靠，定位准确，保证钢筋笼处于节点接口的中心位置。

节点处开口的处理可采用预制反梁，钢筋绑扎时应注意连接钢筋的位置、间距。浇筑前预制反梁的现浇覆盖面过于光滑平整应适当的对其进行凿毛。

夹心墙与中间层板连接节点设计中，第二次现浇混凝完成面设置在中间楼面和夹心墙连接处从楼面往上 150mm 位置，施工时应注意楼面的高差控制（图 13-7)。

图 13-3　L 形节点

图 13-4　T 形节点

图 13-5　井口节点

图 13-6　十字形节点

图 13-7　墙板竖向连接节点

夹心墙二层竖向连接节点处，墙两端应设置 U 形钢筋顶住上部搭接墙，侧墙和雨水舱两侧的隔墙应设置止水钢板，二次现浇完成面设置在止水钢板的中间处。

墙板浇筑自密实混凝土时，混凝土入模温度不宜超过 35℃，冬期施工时入模温度不宜低于 5℃，浇筑时应保证自密实混凝土的连续性，采用整体分层连续浇筑或推移式浇筑时，应缩短间歇时间，并在前层混凝土初凝前浇筑次层混凝土，同时应减少分层浇筑的次数。

13.3　现浇与预制段连接点施工

在预制段与现浇段对接处时，应严格控制管廊坐标位置和高程，在预制段装配过程中产生的误差可通过接点段进行相应的调整控制。

在底板落位前应先铺设好外贴式橡胶止水带，橡胶止水带正中心位置应当处于接线上，底板落位后应检查止水带是否贴实无折叠空露等现象（图 13-8）。

图 13-8　底板现浇段与预制段连接节点

在墙板与现浇段连接处模板支护时，严格按照相关规范进行，不得出现漏浆等现象。现浇钢筋绑扎应定为准确，保证混凝土保护层的厚度（图 13-9）。

图 13-9　墙板预制段与现浇段连接节点

对顶板预制段与现浇段连接节点处预制墙板进行凿毛，凿毛时力度不宜过大，防止预制顶板在凿毛时开裂损伤（图 13-10、图 13-11）。

图 13-10 顶板预制段与现浇段连接节点（1）

图 13-11 顶板预制段与现浇段连接节点（2）

第14章 防水施工

14.1 常用防水材料

混凝土预制件具有一定的热胀冷缩性，其接缝是典型的大位移伸缩缝，其位移量受环境温度因素影响较大。大位移伸缩缝要求密封防水材料达到以下几点：

（1）防水性、气密性、绝缘性；

（2）对混凝土基面有良好的粘结；

（3）良好的耐候性能；

（4）高弹性、高位移能力以适应大位移伸缩缝的移动要求。

14.1.1 防水密封材料的分类

见表14-1。

防水密封材料分类表　　表14-1

密封材料的种类		接缝尺寸的容许范围			
		最大值（mm）		最小值（mm）	
		宽度	深度	宽度	深度
混合反应固化双组分	硅酮系	40	20	10	10
	改性硅酮系	40	20	10	10
	聚氨酯系	40	20	10	10
湿气固化双组分	硅酮系	40	20	10	10
	改性硅酮系	40	20	10	10
	聚氨酯系	40	20	10	10

能保证发挥密封胶性能接缝宽度为大于等于10mm，且小于等于40mm。在接缝宽度为10mm的情况下，宽：深最佳比为1∶1，在接缝宽度大于10mm且小于等于40mm的情况下，宽：深最佳比为2∶1。根据现行防水胶的使用情况，本节重点编写三种密封胶的性能、材料用量及产品特点。一种为专用聚氨酯防水密封胶、双组分改性硅酮树脂系密封胶和改性硅烷等地下工程密封胶。

14.1.2 专用聚氨酯地下工程密封胶产品

1. 材料的特点

（1）单组分，操作简便；

（2）与多种基材粘接良好，尤其是混凝土等多孔基面；

（3）可不使用底涂与混凝土的粘结性能优异；

（4）高位移能力，可达到＋100/－50（ASTM C 719）；

（5）断裂伸长率大于700%；

（6）弹性恢复率大于85%；

（7）拉丝短；

（8）撕裂强度高；

（9）抗下垂性好，接缝大于30mm的接缝施工不留挂；

（10）表干修整性好；

（11）表面可涂覆，可打磨；

（12）耐候性优异。

2. 材料用量表

每升产品理论刷涂长度（两面）见表14-2。

材料用量表　　表14-2

施工深度（mm）	两面打底刷涂接缝长度（m）	施工深度（mm）	两面打底刷涂接缝长度（m）
8	310	15	165
10	250	20	125
12	205		

以上为理论数据，不包括施工过程中的损耗，实际使用量与操作人员的经验和熟练程度等相关，以实际使用为主。

如果使用专用聚氨酯，基材表面湿度应不大于5%。

在混凝土基材上使用西卡高性能PC专用聚氨酯密封胶时，可以选择使用配套底涂，而非必须使用。

高性能PC专用聚氨酯密封胶600ml支装理论施工填缝长度：如表14-3。

材料用量表　　表14-3

密封胶施工厚度（mm）	接缝宽度（mm）					
	12	15	20	25	30	35
8	6.2	5.0				
10	5.0	4.0	3.0			
12	4.0	3.3	2.5	2.0	1.8	1.3
15		2.7	2.0	1.6	1.3	1.0
20			1.5	1.2	1.0	0.8

注：①密封胶必须储存在阴凉、干燥环境下，存储温度为10～25℃。②不要在有硅酮胶接触的地方使用，其会影响固化速率和粘结性能。③不要在混凝土基材上使用透明涂层。④当暴露于化学品、高温、紫外线等环境下时白色材料的颜色可能会发生变化。

14.1.3 改性硅酮树脂系双组分密封胶防水密封胶产品

1. 产品特点

（1）具有优秀的耐热性、耐疲劳性、动态耐久性；

（2）可操作时间较长，但是出弹性性能较快，即使在固化途中，针对各种位移也能发挥优秀的追随性；

（3）温度变化对黏度所产生的影响小，在广泛的温度范围内，全年都拥有良好的作业性能。

2. 材料用量表

改性硅酮树脂系双组分密封胶密封材料 1L 的施工米数（损耗按 20%来计算）见表 14-4。

材料用量表 **表 14-4**

厚度＼宽度	6	8	10	15	20	25	30	40
6	23.1	17.3	13.8					
8		13.0	10.4	6.9				
10			8.3	5.5	4.2			
12				4.6	3.5	2.8		
16					2.8	2.2	1.8	
20						1.7	1.4	1.0
25							1.1	0.8

改性硅酮树脂系双组分密封胶底涂 1 罐的施工米数（损耗按 20%来计算）见表 14-5。

材料用量表 **表 14-5**

打胶厚度＼材质	多孔材质（基面）（混凝土、石材）	打胶厚度＼材质	多孔材质（基面）（混凝土、石材）
6	—	16	60
8	113	20	45
10	90	25	36
12	75		

改性硅酮树脂系双组分密封胶物理力学性能指标见表 14-6。

性能指标表 **表 14-6**

序号	项目	技术控制指标
1	表干时间	≤24h
2	适用期	≥2h

续表

序号	项目		技术控制指标
3	弹性恢复率		≥70%
4	拉伸模量	23℃	<0.4MPa
		−20℃	<0.6MPa
5	定伸粘结性		无破坏

双组分改性硅酮树脂系密封胶的性状见表 14-7。

性能指标表 **表 14-7**

项目		规格
外观、颜色	主剂	白色膏状
	硬化剂	淡黄色透明低粘溶液
颜色的种类		标准色 10 种颜色
混合比（质量比）主剂∶硬化剂∶色袋		100∶3∶3
密度		1.15（混合物）
挤出性	5	7
	20	4
可操作时间	5	5
	20	3
	30	2
表干时间	20	≤24

密封胶作为维持和保全构筑物的重要材料，其选定也需非常慎重。密封胶的选定与构筑物所处的环境息息相关，需要选择对环境（台风时的刮风下雨、地震、日夜的温差、紫外线的照射）的耐候性较高的产品，并且与 PC 构件材质本身保持良好的粘接性能也非常重要。

密封胶材质必须符合现行的标准：《石材用建筑密封胶国家标准》GB/T 23261—2009 或建筑行业规格《混凝土建筑接缝用密封胶》JC/T 881—2017。

正确的接缝设计尺寸、正确的产品选择及正确的产品施工是决定构筑物接缝耐久性和防风雨性的主要因素。

选择合适的防水材料对构筑物的外防水影响非常大。

14.1.4 改性硅烷密封胶

1. 产品特点

(1) 力学性能优异：25 级低模量、不流挂、弹性好、抗撕裂；

(2) 粘结性好：对大多数基材有良好的粘结性能；

(3) 适涂性好：胶体表面可涂装；

(4) 耐候性强：具有优异的耐老化，耐湿热性能；

（5）低味环保：不含异氰酸酯，超低 VOC 挥发。

2. 技术参数及执行标准

见表 14-8～表 14-11。

技术参数及性能指标表 **表 14-8**

<table>
<tr><th colspan="2">项目</th><th>JC/T 881—2017</th><th>检测结果</th><th colspan="2">项目</th><th>JC/T 881—2017</th><th>检测结果</th></tr>
<tr><td colspan="2">外观</td><td>细腻、均匀膏状物或黏稠液体，不应有气泡、结皮或凝胶</td><td>细腻、均匀膏状物，无气泡、结皮和凝胶</td><td colspan="2">定伸粘结性</td><td>无破坏</td><td>无破坏</td></tr>
<tr><td colspan="2">表干时间（h）</td><td>供需双方确定</td><td>0.5</td><td colspan="2">浸水后定伸粘接性</td><td>无破坏</td><td>无破坏</td></tr>
<tr><td colspan="2">挤出性（ml/min）</td><td>≥80</td><td>357</td><td colspan="2">冷拉热压后的粘接性</td><td>无破坏</td><td>无破坏</td></tr>
<tr><td colspan="2">弹性恢复率（%）</td><td>≥80</td><td>86</td><td colspan="2">质量损失率（%）</td><td>≤10</td><td>1</td></tr>
<tr><td rowspan="2">下垂度（N 型）（mm）</td><td>垂直</td><td>≤3</td><td>0</td><td rowspan="2">拉伸模量（MPa）</td><td>23℃</td><td>≤0.4</td><td>0.3</td></tr>
<tr><td>水平</td><td>≤3</td><td>0</td><td>−20℃</td><td>≤0.6</td><td>0.4</td></tr>
</table>

预制构件板缝隙填缝尺寸参考方案见表 14-9。

技术参数及性能指标表 **表 14-9**

缝隙宽度（mm）	15	20	25	30	35
缝隙深度（mm）	10	12	15	15	15

其他部位的接缝密封，最小接缝宽度为 10mm，接缝设计参考以下方案，如表 14-10。

技术参数及性能指标表 **表 14-10**

缝隙宽度（mm）	10	15	20	25
缝隙深度 mm	8	8	10	12

注：上表中提及的接缝宽度为不含外扩槽口（喇叭口）的缝隙宽度；接缝深度为密封胶成型后胶体最浅处的（最小）深度。

用量估计：每支安泰胶（600ml）的填缝施工长度（m），见表 14-11。

技术参数及性能指标表 **表 14-11**

深度（mm）＼宽度（mm）	10	15	20	25	30	35
8	7.5					
10		4.0	3.0			
12		3.3	2.5			
15		2.6	2.0	1.6	1.3	1.1

注：上表中提及的接缝宽度为不含外扩槽口（喇叭口）的缝隙宽度；接缝深度为密封胶成型后胶体的平均深度。密封胶的实际用量会因槽口设计、衬垫材料的安装位置、维修技术以及工地的损耗量而不一致。

14.2 地下综合管廊防水要求

地下综合管廊工程防水等级为二级，防水以混凝土自防水为主，辅以全包柔性防水层加强防水。要求顶部不允许滴漏，其他不允许漏水，结构表面可有少量湿渍，总湿渍面积不应大于防水面积的 2/1000；任意 100m^2 防水面积上的湿渍不得超过 3 处，单个湿渍的最大面积不大于 0.2m^2；任意 100m^2 防水面积上的平均渗水量不得大于 0.05L/(m^2 · d)。

14.3 底板防水施工

基底防水层施工在垫层上铺设 1.5mm 厚自粘式防水卷材，防水卷材在施工时，基层应该清理干净，平整度应满足 1/20，并要求凹凸起伏部位应圆滑平缓，所有不满足平整度要求的突出部位应凿除，并用 1∶1.25 的水泥砂浆进行找平，凹坑部位应进行填平。基面应洁净、平整、坚实，不得有疏松、起砂、起皮现象；在结构阴角处均采用 1.25 的水泥砂浆做成 5cm×5cm 的钝角或 R 大于等于 5cm 的圆角，阳角做成 2cm×2cm 的钝角或 R 大于等于 2cm 的圆角，在阴阳角等特殊部位应增设防水卷材加强层，加强层宽度宜在 300～500mm；卷材与基面、卷材与卷材间的粘接应紧密、牢固，铺贴完成的卷材应平整顺直，搭接尺寸应准确，不得产生扭曲和褶皱，排除卷材下面的空气，并粘贴牢固，接缝口应封严，或采取材性相容的密封材料封缝；底板防水层铺设完毕，除掉卷材的隔离膜，并立即浇筑 50mm 厚的细石混凝土保护层（图 14-1）。

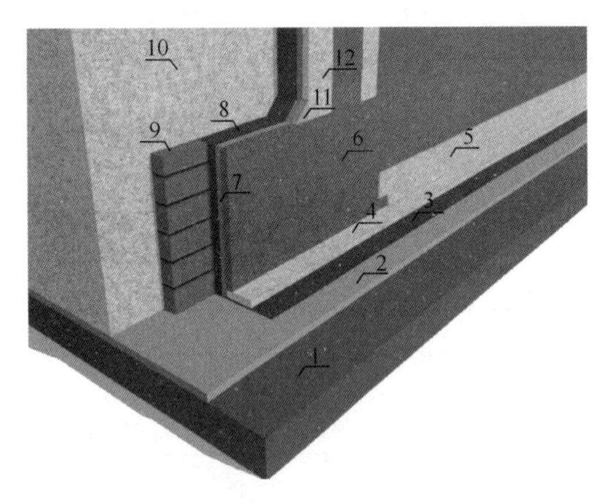

图 14-1 底板与墙板转角处防水构造图

1—100mm 厚 C20 素混凝土垫层；2—20mm 厚 M7.5 防水水泥砂浆找平层；3—1.5mm 厚自粘防水卷材（预铺反粘）；4—20mm 厚 M7.5 防水水泥砂浆找平层；5—预制防水混凝土底板；6—现浇混凝土；7—3mm 厚自粘式防水卷材；8—1.5mm 厚自粘式防水卷材；9—135mm 厚砖砌保护层；10—回填土；11—5cm×5cm 阴角倒角；12—预制夹心墙板

14.4 叠合外墙板防水施工

管廊墙身防水采用 1.5mm 厚自粘式防水卷材，施工之前先用 20mm 厚 M7.5 防水水泥砂浆找平，然后再铺设防水卷材。

夹心外墙防水施工时，采用机械固定法铺设，固定点设置在距卷材边缘 2cm 处，钉距不大于 50cm，钉长不得小于 27mm，且配合垫片将防水层固定在基层表面。铺设操作时卷材不要拉太紧，并注意方向沿标准线进行，以保证卷材搭接宽度。每铺完一张卷材，应用干净的滚刷从卷材的一端向另一端用力滚压一遍，以将空气排出。为使卷材粘结牢固，应用外包橡皮的铁辊再滚压一遍，不允许有气泡或折皱现象存在（图 14-2、图 14-3）。

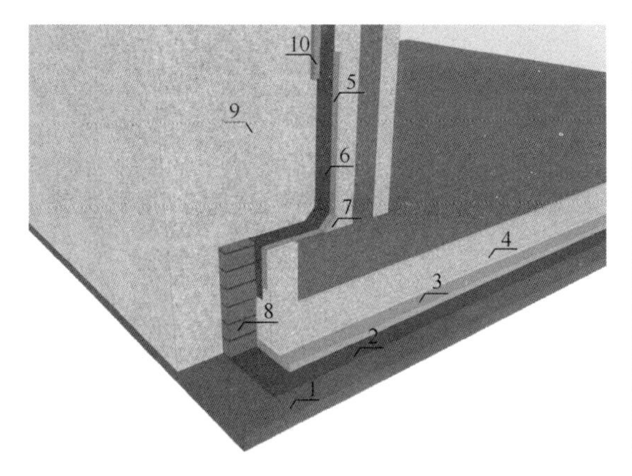

图 14-2　夹心外墙板与预制底板转角处预铺防水卷材构造图

1—200mm 厚 C20 素混凝土垫层；2—3mm 厚自粘聚合物改性沥青防水卷材（预铺反粘）；3—30mm 厚 C20 细石混凝土保护层；4—20mm 厚细沙层；5—3mm 厚自粘聚合物改性沥青防水加强层；6—3mm 厚自粘聚合物改性沥青防水卷材；7—倒角；8—120mm 厚砖砌保护层；9—回填土；10—30mm 厚聚苯板保护层

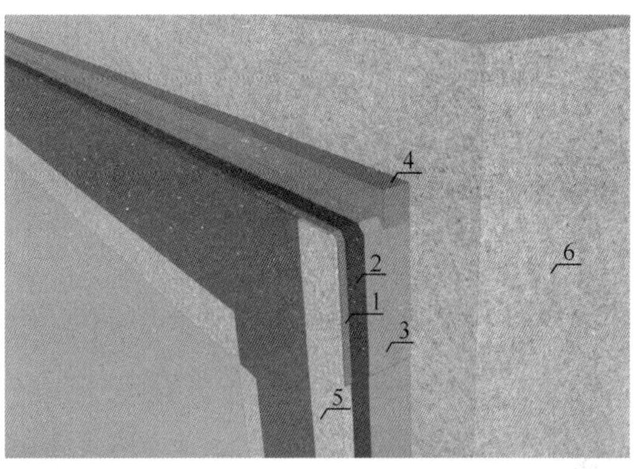

图 14-3　夹心外墙板及顶板转角防水构造图

1—3mm 厚自粘聚合物改性沥青防水加强层；2—3mm 厚自粘聚合物改性沥青防水卷材；3—油毡隔离层；4—50mm 厚 C20 细石混凝土保护层；5—预制夹心外墙板；6—回填土

14.5　变形缝防水处理

变形缝应按施工设计图纸施工，沿整个综合管廊设置通缝，侧墙和底板采用中埋式钢边橡胶止水带、外贴式止水带进行防水处理；顶板采用中埋式钢板橡胶止水带，外侧采用变形缝内嵌缝密封的方法与侧墙外贴式止水带进行过渡连接形式形成封闭防水。施工如图 14-4～图 14-6 所示：

变形缝在施工过程中应注意如下事项：

（1）顶板、侧墙变形缝处表面预留 300mm×50mm 的凹槽，在背水面横向应设置 1m 厚的不锈钢接水盒，接水盒应在管廊内机电及装修工程实施前安装完成。

（2）中埋式止水带埋设位置应当准确无误，其中间空心圆环应与变形缝的中心重合，设置时应当用细铁丝固定于专门的钢筋夹或主筋上，形成盆形（止水带与水平夹角为 15°～20°）；先施工一侧混凝土时，其端部应支撑牢固，并应严防漏浆；现场对接时，应采用现场热硫化对接，对接接头应不多于两处，且应设置在应力最小部位，不得设置在结构转角处；中埋式止水带在转弯处应设置成圆弧形，半径不小于 200mm。

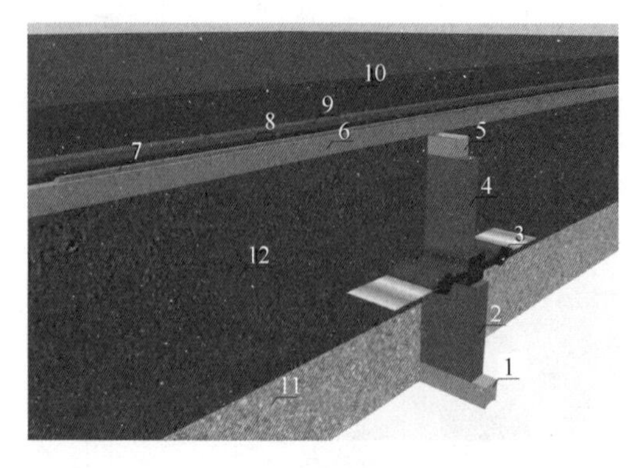

图 14-4　顶板变形缝防水构造图

1—双组分聚硫密封胶嵌缝厚 30mm；2—聚乙烯泡沫塑料板；3—中埋式钢边橡胶止水带；4—聚乙烯发泡填缝板；5—聚氨酯防水胶；6—20mm 厚 M7.5 防水水泥砂浆找平层；7—1000mm 宽 3mm 厚自粘聚合物改性沥青防水卷材加强层；8—1.5mm 厚自粘防水卷材；9—10mm 厚 M7.5 防水水泥砂浆隔离层；10—40mm 厚 C20 细石混凝土保护层；11—预制顶板；12—现浇混凝土

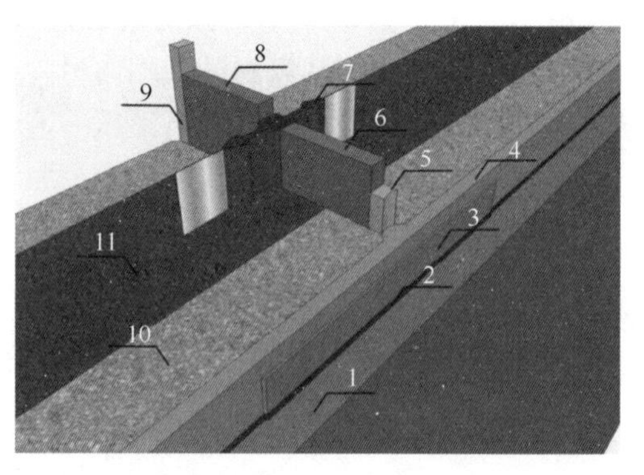

图 14-5　侧墙变形缝防水构造

1—50mm 挤塑板；2—1.5mm 厚自粘防水卷材；3—500mm 宽 3mm 厚自粘聚合物改性沥青防水卷材加强层；4—20mm 厚 M7.5 防水水泥砂浆找平层；5—双组分聚硫密封胶嵌缝；6—聚乙烯发泡填缝板；7—中埋式钢边橡胶止水带；8—聚乙烯发泡填缝板；9—双组分聚硫密封胶嵌缝；10—预制夹心墙板；11—现浇混凝土

（3）外贴式止水带埋设位置也要准确无误，其纵向中心线与变形缝的中心线重合，误差不大于 10mm；止水带安装完毕后，不得出现翘边、过大的空鼓的部位，以免灌注混凝土时止水带出现过大的扭曲、移位；地板处止水带表面严禁施做混凝土保护层，应确保止水带齿条与结构现浇混凝土咬合密实；浇筑混凝土时，平面设置的止水带表面不得有泥污、堆积杂物等，否则必须清理干净，以免影响止水带与现浇混凝土咬合的密实性（图 14-7）。

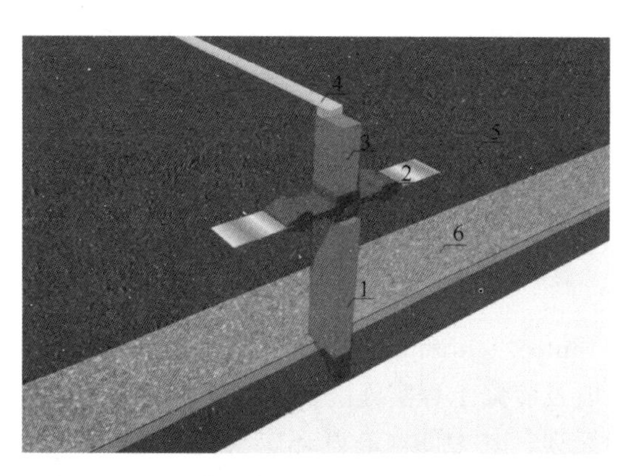

图 14-6　底板变形缝防水构造图

1—聚乙烯发泡填缝板；2—中埋式钢边橡胶止水带；3—聚乙烯发泡填缝板；4—聚氨酯防水胶；5—混凝土现浇层；6—预制防水混凝土底板

图 14-7　止水带安装示意

14.6 施工缝防水处理

在施工缝施工过程中，要确保施工过后施工缝处混凝土粘接牢固、密实，不会出现渗水等现象。其施工如图 14-8 所示：

图 14-8 侧墙施工缝防水构造图

1—50mm 挤塑板；2—1.5mm 厚自粘防水卷材；3—500mm 宽 3mm 厚自粘聚合物改性沥青防水卷材加强层；4—20mm 厚 M7.5 防水水泥砂浆找平层；5—聚氨酯防水胶；6—聚乙烯泡沫背衬条；7—弹性砂浆抹平；8—预制墙板；9—现浇混凝土

在施工过程中还需注意如下事项：

（1）管廊环向结构施工缝采用中埋式钢边止水带及遇水膨胀止水胶，并形成封闭圈，设置间距不大于 16m。

（2）管廊结构纵向水平施工缝采用镀锌钢板止水带及遇水膨胀止水胶，钢板止水带需与变形缝及环向施工缝处的中埋式止水带连为一体。

（3）墙体水平施工缝不应留在剪力最大处或者底板与侧墙的交接处，宜为 1/3～1/4 墙高处，应留在高出底板表面不小于 300mm 的墙体上；墙上有预留孔洞时，施工缝距孔洞边缘不得小于 300mm。

（4）施工缝浇筑混凝土之前，应先清除表面浮浆和杂物。

第 15 章　监测及验收要求

15.1　监测内容及规定

15.1.1　监测相关规范及规程

《工程测量规范》GB 50026—2007；
《建筑变形测量规范》JGJ 8—2016；
《建筑基坑工程监测技术规范》GB 50497—2009。

15.1.2　监测目的

确保地下综合管廊基坑工程的稳定安全性。确保施工影响区域内已有建筑及地下管线的安全稳定，为控制对周围环境的影响提供判断依据和数据。及时为基坑施工提供反馈信息，通过测量数据的分析，掌握围护结构稳定性的变化规律，随时根据监测资料调整施工程序，消除安全隐患，是工程信息化施工的重要组成部分。

15.1.3　监测工作流程

见图 15-1。

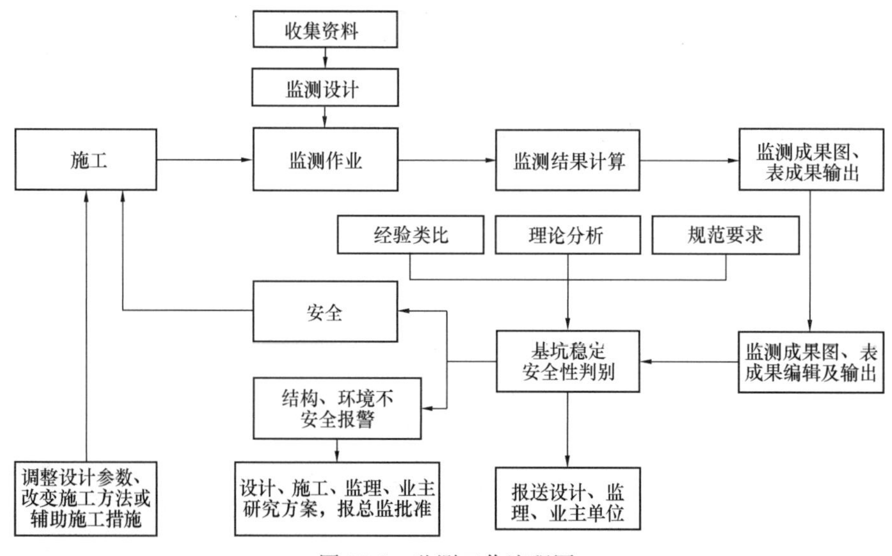

图 15-1　监测工作流程图

15.1.4 监测项目

1. 支护结构的监测

基坑坡顶水平位移监测。

2. 周围环境的监测

(1) 建筑物的沉降观测;

(2) 周边地表的沉降监测;

(3) 地下水位监测;

(4) 坡顶水平位移监测。

由于基坑的开挖,支护系统的位移将是引起周围地层、道路及建筑物位移的主要反映,掌握其位移变化量与基坑开挖深度的关系尤为重要。基坑围护桩水平位移点布设在坡顶上,基本布置在各长短边的端点及中点上监测的间距为 20m 监测点埋设步骤为:基坑分段开挖,在开挖刷坡 1m 左右根据布点图找出对应桩号埋设钢筋监控点。监测点采用统一规格的 ϕ12mm×400mm 监测点,用钢锤打入孔中(剥离沥青路面至土层)(图 15-2)。在监测点处标示监测点号,并明示"请勿碰动"。监测点根据现场施工进度分批布设,注意加强保护和对施工人员进行宣传教育。如果监测点被破坏或者松动,及时进行处理,并在监测报告中说明。同时位移监测点可以作为沉降监测点使用。

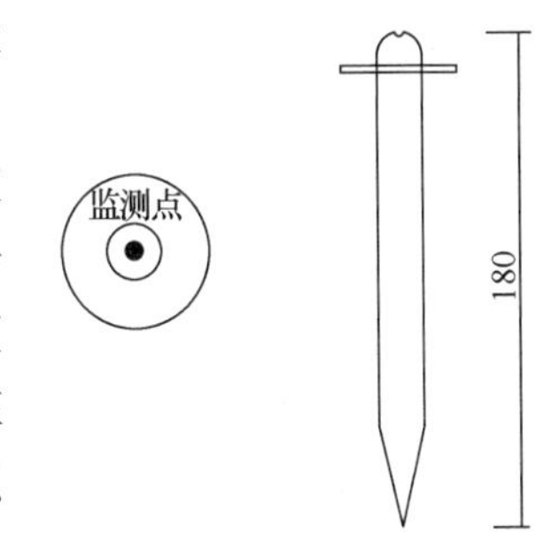

图 15-2 监则点示意

周边地表、建筑物沉降:在基坑周围地表、建筑物布设沉降监测点,基坑周围道路观测点采用钢筋制作的沉降监测点打入地面(剥离沥青路面),深度应大于 180mm。立柱桩沉降观测点布设在混凝土受力较大处,建筑物沉降监测点布设在建筑物的大转角处。施工过程中在裂缝较多处加密,可根据实际情况进行适当的调整。

监测基准点:监测基准点分为永久基点和工作基点,永久基点布设在距离基坑 30m 外通视良好的位置,工作基点布设在基坑四周,相对稳定和便于观测的位置,根据现场位置实地布设。

15.1.5 监测频率

见表 15-1。

监测频率表 **表 15-1**

项目	开挖≤5m	开挖>5m	主体浇筑完成
支护结构监测	1 次/2d	2 次/d	1 次/2d
周边环境监测	1 次/2d	2 次/d	1 次/2d

注:当基坑开挖过程中数据超过报警值时,应根据具体情况及时调整监测频率,加密监测,甚至跟踪监测。

15.1.6 监测方法、精度

1. 坡顶位移监测

水平位移监测根据现场情况采用坐标相对距离法进行监测，按照二级位移观测精度进行观测，二级测角网各项技术要求见表15-2。

测角控制网技术要求　　表15-2

等级	最弱边边长中误差	平均边长	测角中误差	最弱边边长中误差
二级	±3.0mm	300m	±1.5″	1∶100000

2. 沉降监测

沉降观测所使用的仪器应为DS07级的电子精密水准仪，配合2m铟钢水准尺进行。

沉降观测的等级应为二等，相邻观测点间的高差中误差为±0.7mm，高层最小显示值为0.01mm，满足二等～四等水准的测量要求，为此，除应严格执行《工程测量规范》GB 50026—2007中的有关二等水准的技术要求外，对外业观测另做下述要求（表15-3）。

水准外业观测要求　　表15-3

视线长度	前后视距差	前后视距差累积	基辅分划读数差	基辅分划所测高差之差	符合水准线路闭合差
>35m	≤1m	≤3m	≤0.3m	≤0.5mm	$\leqslant 0.5\sqrt{n}$ mm（n为测站数）

另外必须定期进行仪器i角（视准轴与水准轴间夹角应不大于10″）检验，以确保仪器的性能。

3. 地下水位监测

通过水位观测井用水位计观测。

15.1.7 监测报告

在工程监测过程中，实时对监测结果进行整理，按业主工程师的要求及周报的形式送达有关各方（业主、设计、监理及施工单位）。

周报的内容包括：

（1）监测项目，测点（图标）位置；

（2）监测进度；

（3）监测值的时程变化曲线；

（4）根据实际情况，做出相应监测项目的预报分析。

当监测点达到或超过报警值时，及时报告业主工程师并分析其原因，遇到自然灾害如暴雨、台风、地震等情况，将以日报或随时向有关各方报告监测结果，不增加额外的费用。

15.1.8 监测报告内容

（1）工程概况，监测目的；
（2）监测项目，测点（图表）位置；
（3）采用的仪器型号、规格和标定资料；
（4）监测数据的分析处理，异常情况原因分析；
（5）监测值全时程变化曲线；
（6）超前预报效果评述；
（7）监测结果评述。

15.1.9 监测质量保证体系

1. 人员的保证

（1）严格按照投标文件要求配置足够数量且符合资格要求的监测人员；
（2）按相关规定及文件确定的人员名单到岗，确保人员的到位率，并按月考勤；
（3）确保监测人员的相对稳定；
（4）不随意更换工作人员，若需要更换时，必须经过严格的审批程序。

2. 监测成果质量的校审

（1）项目的校审程序是监测人员的自校、专业人员校核、项目负责人审核、主管总工程师审定；
（2）对输入的计算公式、计算过程及输出的数据进行逐级校审；
（3）采用的方法、输入的基本参数，应符合工作大纲和规范要求，并逐级校审；校审留有书面记录，记录保证真实、完整，并存档备查。

3. 仪器的保证措施

由于工程监测中仪器埋设均为隐蔽工程，监听所用的仪器，在现场埋设前，根据仪器的性能和特点，进行二次标定并筛选，第一次为线性标定，第二次为防水性能标定，根据标定结果选取性能良好的仪器。

4. 测点保护与恢复

因读数箱、工作基点桩、校验基点桩、沉降板观测标、边桩、测斜管、水位管及观测电缆等观测仪标在施工过程中易遭施工车辆、压路机等碰撞和人为破坏，因此，观测期中必须采取有效措施加以保护。主要措施为：防护围栏、醒目警示标志。观测仪器一旦遭受碰损，将立即有专门工作人员对其进行复位或重新补埋，重新建立保护措施，并填写考证表，保证监测数据的连续性。测点恢复后检测人员进行复测和校核，并请现场监理进行确认。

5. 控制标准

见表 15-4。

监测控制标准 **表 15-4**

序号	监测项目	允许值（mm）	报警值	
			变形速率（mm/d）	累积值（mm）
1	坡顶最大水平位移	30	3	20
2	坡顶及地表垂直位移	20	1.2	16
3	建筑物沉降	20	1.2	16

6. 险情预报

各检测项目达到预警值时，首先应复测，以确保监测数据的正确性，其次应与附近其他项目监测及基坑的施工情况对比分析，证实确为达到预警值时，方可预警。监测项目达到预警值，应加密观测。

预警步骤为：监测数据经过复测超过预警值时，立刻口头通知监理方。针对预警部位，2h 内整理监测报告，提供给监理方。6h 内出预警通知，提供给监理方、甲方、施工方。

根据监测方案在施工前布置好监测点并落实监测保护工作，按规定频率监测，建立信息反馈制度，将监测信息及时反馈给现场施工负责人和相关人员，以指导施工。必须紧跟每步工况进行监测，并迅速有效的反馈。如施工中出现变形速率超过预警值的情况，应进一步加强监测，缩短监测时间间隔，为改进施工和实施变形控制措施提供必要的实测数据。及时整理、分析监测数据。按业主现场代表和监理工程师批准的对策及时调整施工工序、工艺，或实施变形控制措施，确保安全、优质、按期完工。

7. 信息反馈与监测成果

每次监测工作结束后，均提供监测资料、简报、数据分析结论。监测资料处理应及时，以便在发现数据有误时，可以及时改正和补测，当发现测值有明显异常时，在检查无误后应迅速通知施工主管和监理单位，以便采取相应措施。

原始数据经过审核、消除错误和取舍之后，就可以技术案分析。根据计算结果，绘出各观测项目观测值与施工工序、施工进度及开挖过程的关系曲线。提交资料包括各观测值成果表、观测值与施工进度、时间的关系曲线、对各观测资料的综合分析，以及说明围护结构和建筑物等在观测期间的工作状态与其变化规律和发展趋势，判断其工作状态是否正常或找出原因，并提出处理措施和建议，提供研究解决问题的参考。监测工作全部结束后，编写基坑监测技术总结报告。

8. 监测报告中包括：

（1）监测报告说明；

（2）位移监测报表；

（3）沉降监测报表；

（4）监测项目与时间关系曲线；

（5）监测布点图。

15.1.10 监测工作计划

1. 施工及埋设工作计划

监测工作，在保证工作质量的前提下，以工程大局为出发点，以与设计单位、监理单位和施工单位紧密配合的态度，展开全面的工作，为此给出各分项工作的大致时间段计划如下：

（1）现场监测仪器埋设：由于线路长，开挖面点多，需根据实际施工进度而定；

（2）现场监测实测工作；根据施工进度进行；

（3）具体实施时间以现场实际情况为准。

2. 监测及监测工作的组织机构

见图 15-3。

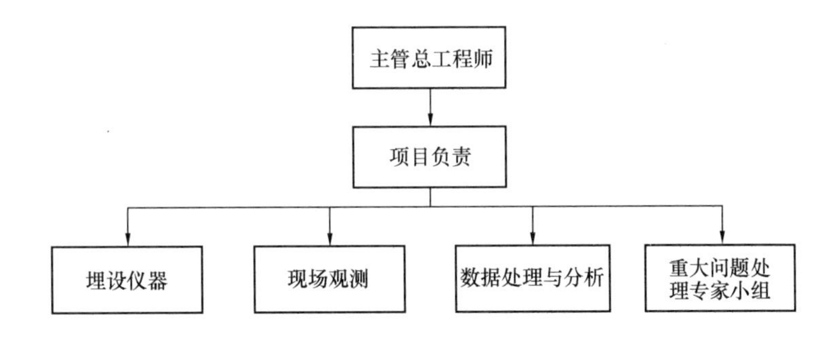

图 15-3 监测工作组织机构

注：专家小组即由总工程师负责组成的数据处理与问题分析小组，主要解决与现场检测相关的技术问题与日常报表的相关工作，同时对现场出现的重大问题进行研究，并提出相应的处理措施。

3. 工作制度

（1）设立现场项目部，指定现场负责人或现场代表，项目经理不在现场时，由现场负责人或现场代表负责检测工作，现场负责人或现场代表必须及时向项目经理通报现场情况。

（2）项目进行期必须保证检测单位和监理单位及其他各方及时有效的联络。

（3）项目各单位来往函件实行专人签收管理制度。

（4）监测工作必须严格按照合同规定及监理工程师的要求执行。

（5）每日观测结束后，观测人员必须及时将所有资料整理出初步结果，并经校核后交项目技术工程师进行审核分析，判定地基变化情况，如有异常时及时复测核对，并通报业主和监理工程师。

（6）正常情况下每周书面向监理工程师和业主通报一次观测结果，异常情况及时通报。

（7）任何工作变更，必须及时提请监理工程师审核批准，一切工作行为必须有利于监测工作。

15.2 综合管廊工程分部、分项检验批的划分

预制装配式混凝土管廊作为市政道路工程的分部工程验收。由构件预制子分部和安装施工子分部组成。预制子分部由钢筋、模板、混凝土、止水带变形缝四个分项工程组成；安装施工子分部由构件安装分项（外侧预制夹心墙板、内侧预制夹心墙板、预制叠合顶板、预制叠合底板、其他构件）、钢筋分项、混凝土分项、模板、防水共五个分项工程组成（表 15-5）。检验批验收可分为若干个施工段进行，每个施工段长度可按止水带划分设置。

分部、分项工程　　　表 15-5

序号	分部工程	子分部工程	分项工程
1	管廊分部	构件预制子分部	钢筋
2	模板		
3	混凝土		
4	止水带变形缝		
5	安装施工子分部	构件安装	
6	钢筋		
7	模板		
8	混凝土		
9	防水		

15.3 工程竣工验收要求

（1）预制装配式混凝土管廊体系验收的内容、程序、组织、记录，按照现行国家标准《建筑工程施工质量验收统一标准》GB 50300—2013、《混凝土结构工程施工质量验收规范》GB 50204—2015 相关规定进行。

（2）施工中应按下列规定进行施工质量控制，并应进行过程检验、验收。工程采用的主要材料、半成品、构配件、辅材、器具和设备按相关专业质量标准进行进场验收和复检，凡涉及结构安全和使用功能的，见证取样检测，并确认合格后使用。各分项工程按规程进行质量控制，各分项工程完工后进行自检、交接检验，并形成文件。预制构件生产厂家提供整套完整的构件预制子分部中各分项工程质量保证资料，经监理工程师检查确认后，再进行现场的安装等分项工程的施工。

（3）构件安装尺寸允许偏差应符合表 15-6、图 15-4 的要求。

构件安装尺寸允许偏差 **表 15-6**

检查项目		允许偏差（mm）
墙板等竖向结构构件	标高	±10
	中心线位置	5
	垂直度	5
楼板等水平构件	中心线位置	5
	标高	±10
墙板面	板缝宽度	±5
	通长缝直线度	5
	接缝高低差	5

（4）预制墙板应进行防水性能抽查，并用检漏实验装置进行检验，以检验其防水性能是否符合要求。任意抽查拼缝处预制墙板 3m，进行防水检验：

1）不允许漏水；

2）湿渍总面积不应大于总防水面积的 1‰；

3）任意 100m² 防水面积上的湿渍不超过 1 处；

4）单个湿渍的最大面积不大于 0.1m²。

节点构造应全部进行检查。

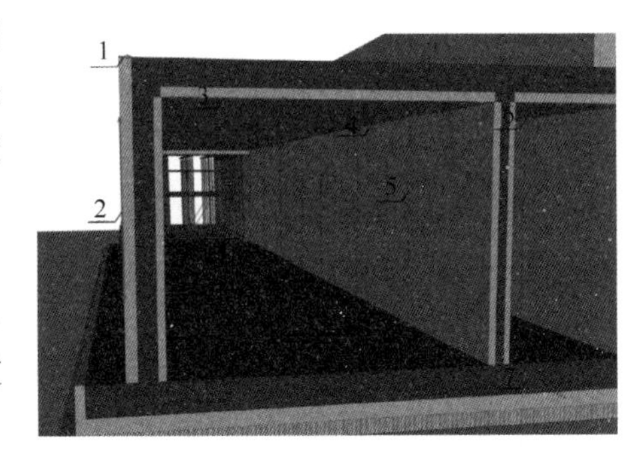

图 15-4 构件安装控制示意

1—墙板等竖向构件标高；2—墙板等竖向构件垂直度；3—楼板的水平构件标高；4—墙板面通长缝直线度；5—墙板面板缝宽度；6—墙板面接缝高低差；7—墙板等竖向构件中心线位置

（5）主控项目

主控项目预制装配式混凝土管廊检验批和分项工程验收应提交的资料：

1）预制构件质量证明文件包含：产品合格证明书、混凝土强度检测报告、混凝土抗渗性能检测报告、主要原材料试验报告和混凝土配合比验证报告及化学分析报告及构件制作过程中质量控制措施的相关资料。

2）检查数量：全数检查。

3）检验方法：检查质量证明文件或质量验收记录。

4）预制构件安装工程文件、钢筋工程文件、模板与支撑工程文件、混凝土工程文件相关资料。

（6）子分部、分部工程验收时应提交的文件内容

1）管廊验收按照国家现行相关标准的规定执行。

2）预制构件的进场质量验收按现行国家标准《混凝土结构工程施工质量验收规范》GB 50204—2015 的有关规定执行。

3）验收时，除按国家现行相关标准的有关要求提供文件和记录外，尚应提供下列文件和记录：

① 工程设计文件、预制构件制作和安装的深化设计图；

② 预制构件、主要材料及配件的质量证明文件、进场验收记录、抽样复验报告；

③ 预制构件安装施工记录；

④ 混凝土配合比验证报告及化学分析报告（混凝土中氯离子，设计要求不超过胶凝材料的0.06%；总碱量计算书，设计要求不超过3kg/m^3）；

⑤ 钢筋检验报告；

⑥ 钢筋焊接报告；

⑦ 防水材料检验报告；

⑧ 混凝土抗压强度检测报告；

⑨ 混凝土的抗渗性能检测报告；

⑩ 叠合墙后浇混凝土施工质量检测报告。

（7）一般项目

现场装配施工的允许偏差应符合以下要求：

1）检查数量：全数检查；

2）检验方法：测量、尺量；

3）构件安装尺寸允许偏差应符合相关规范要求。

分项工程的允许偏差要求钢筋分项工程、模板分项工程、混凝土分项工程的允许偏差应符合现行国家标准《混凝土结构工程施工质量验收规范》GB 50204—2015的相关要求。

（8）检验批质量验收

检验批质量合格应符合下列规定：

1）检验批的质量验收应按主控项目和一般项目进行验收；

2）主控项目的质量经抽样检验合格；

3）一般项目中允许偏差项目合格率大于等于80%，允许偏差不得超过最大限值的1.5倍，且没有出现影响结构安全、安装施工和使用要求的缺陷。

4）检验批质量验收合格，具有完整的施工操作依据和质量检查记录，符合现行国家标准《混凝土结构工程施工质量验收规范》GB 50204—2015附录A中表A.0.1的规定。

（9）分项工程质量验收

分项工程质量验收合格应符合下列规定：

1）分项工程所含检验批均应符合合格质量的规定；

2）检验批的质量验收记录应完整；

3）分项工程质量验收合格，符合现行国家标准《混凝土结构工程施工质量验收规范》GB 50204—2015附录A中表A.0.2的规定。

子分部、分部工程质量验收合格应符合下列规定：

1）子分部工程所含分项工程均应符合合格质量的规定；

2）分项工程质量验收记录应完整；

3）涉及结构安全和使用功能的质量应按规定验收合格；

4）子分部工程质量验收合格，符合现行国家标准《混凝土结构工程施工质量验收规范》GB 50204—2015附录A中表A.0.3的规定，还应满足质量控制资料完整。

子分部工程施工质量不符合要求时，应按下列规定进行处理：

1）经返工、返修或更换构件、部件的检验批，应重新进行检验；

2）经有资质的检测单位检测鉴定达到设计要求的检验批，应予以验收；

3）经有资质的检测单位检测鉴定达不到设计要求，但经原设计单位核算并确认仍可满足结构安全和使用功能的检验批，可予以验收；

4）经返修或加固处理能够满足结构安全使用要求的分项工程，可根据技术处理方案和协商文件进行验收。

分部工程施工质量验收合格后，应将验收文件存档备案。

第 16 章　案例分享

16.1　长沙劳动东路管廊

16.1.1　工程概况

本工程为劳动东路延长线综合管廊工程 K6+365.5～K6+410 段，长度为 44.5m，位于长沙市雨花区高塘坪路路口至东四线路口以东，工程为市政管廊，工期为 7 天。该段管廊为四舱断面形式，布置在道路南侧人行道以内（含人行道）车行道下方，容纳电力(110kV、220kV、10kV)、信息、给水、中水、天然气管线等并与雨水箱涵合建。

劳动东路延长线综合管廊采用的建造方式为预制装配式施工工艺，采用底板、墙板、顶板三种预制构件与现浇混凝土结合而成。底板及顶板采用叠合板，墙板采用叠合夹心墙。具体墙板分布见图 16-1、图 16-2。

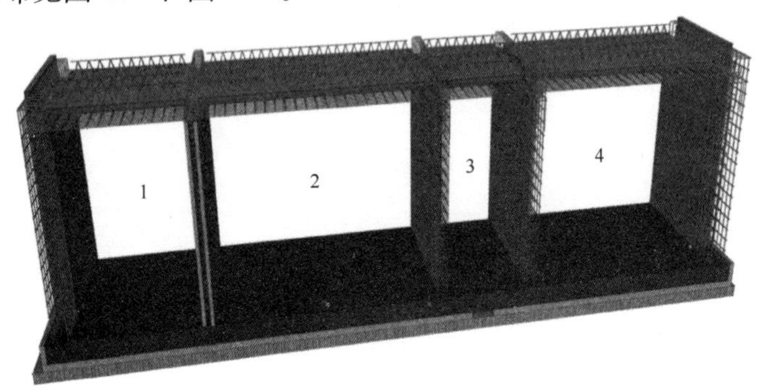

图 16-1　管廊预制构件装配示意
1—电力舱；2—综合舱；3—天然气舱；4—雨水舱

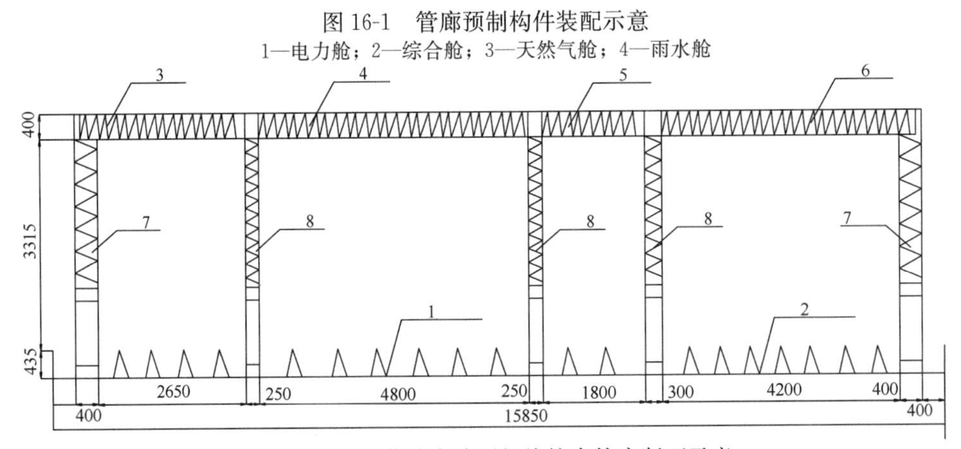

图 16-2　长沙劳动东路延长线综合管廊断面示意
1—左叠合底板；2—右叠合底板；3—电力舱叠合顶板；4—综合舱叠合顶板；
5—天然气舱叠合顶板；6—雨水舱叠合顶板；7—叠合外墙板，8—叠合内墙板

16.1.2 结构设计概况

劳动东路管廊采用的是预制装配式工艺，其结构稳定性要求等同现浇，设计使用年限为 100 年，安全等级为一级。结构构件重要性系数取 1.1，结构构件裂缝控制等级为三级；防水等级为二级；地基基础设计等级为丙级，混凝土结构环境类别为二类 b。

由于综合管廊属基础设施建筑，抗震设防为重点设防类，本工程建筑场地类别为Ⅱ类。根据《建筑抗震设计规范附条文说明》GB 50011—2010，本工程所处地区抗震设防烈度为 6 度，设计基本地震加速度值为 0.05g，抗震等级为三级。

16.1.3 防水工程设计

该段管廊外墙采用夹心中空叠合外墙板，通过混凝土浇筑以后，夹层内的混凝土能够与叠合墙形成一体化稳定结构，有利于减少预制构件间的拼接缝隙。而且管廊外侧采用防水涂料施工，并用自粘聚合物改性沥青防水卷材包裹。

图 16-3 为该工程段防水施工做法。

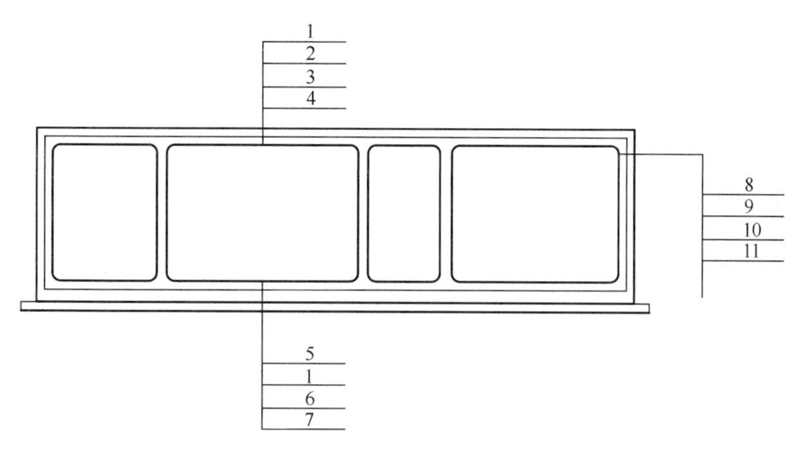

图 16-3 该工程段防水施工做法

1—50mm 厚 C20 细石混凝土保护层；2—油毡隔离层；3—2mm 厚聚氨酯涂料防水层；4—钢筋混凝土顶板；5—钢筋混凝土结构层；6—3mm 厚自粘聚合物改性沥青防水卷材（预铺反粘）；7—C20 素混凝土垫层；8—钢筋混凝土侧壁；9—2mm 厚自粘聚合物改性沥青防水卷材（满粘）；10—聚乙烯泡沫板保护层；11—回填土

注：图中尺寸以毫米计；防水加强层材料与防水主材一致；水泥砂浆倒角应于变形缝处断开；未注明防水节点构造图按照相应国标图集及防水材料生产厂家要求。

16.1.4 施工前现场条件

该段场地位置处于当地一条乡道下，东西两侧已经正在施工，北侧为磁悬浮高架轨道，场地上方架设有电线网络，场地情况较为复杂，主要是会对吊装车辆有所限制（图 16-4～图 16-7）。

图 16-4　基地道路

图 16-5　该施工段管廊东侧

图 16-6　该施工段管廊西侧

图 16-7　场地上方电线

16.1.5　施工布局

因为现场环境复杂，为了保证 PC 运输车辆和吊装车辆正常行驶及进行吊装施工，在管廊施工前，项目将现有改迁道路基础之上，往施工段修筑了临时公路，同时增加了施工道路宽度和土质，如图 16-8 所示。

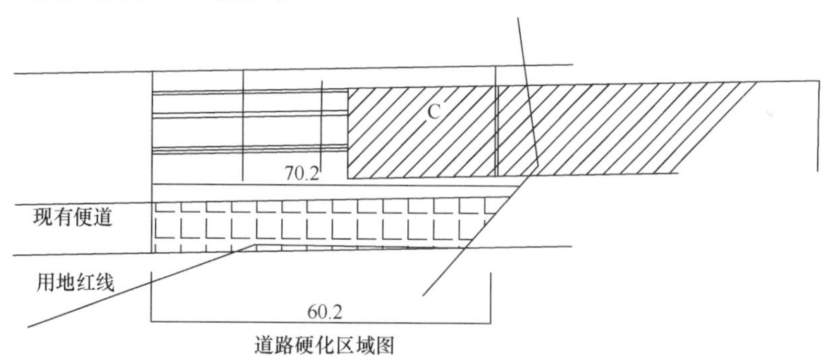

图 16-8　现场道路修整区域图

如图 16-9 所示，在进行管廊吊装施工时，现场主要参与施工的车辆有吊车及 PC 运输

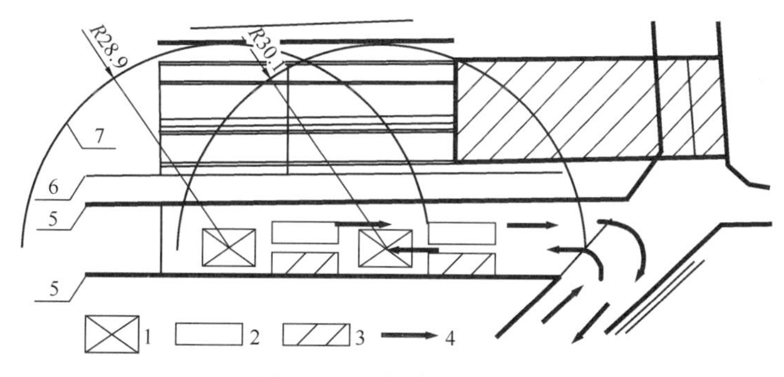

图 16-9　现场车辆布置图

1—吊车摆放区域；2—PC 车停放区域；3—PC 车转换区；4—车辆行驶路线；5—道路红线；6—基坑边线；7—吊装半径

车，吊装车辆在吊装时一直保持在距离基坑边线不少于 2m 的位置，这样有利于保证护坡的结构稳定性，该项目选择了 120t 吊车，在 30m 吊装半径内，能够顺利调运起最远、最重的构件。并且在整理临时道路时，其道路宽度达到了 10.2m，保证了 PC 运输车辆的运转空间。

16.1.6 施工计划

该项目在制定施工组织计划时编写了详细的施工总进度网络图和阶段性计划目标要求，根据计划，项目采用了流水施工方式进行组织施工。由于该项目总长度不长，因此以 24m 伸缩缝位置为一个施工段，将该项目分成了两个工作段进行流水施工。

节拍均衡流水施工方式是一种科学的施工组织方法，其思路是使用各种先进的施工技术和施工工艺，压缩或调整各施工工序在一个流水段上的持续时间，实现节拍均衡流水。在实际施工中，远大建工根据各阶段施工内容、工程量以及季节的不同，采用增加资源投入，加强协调管理等措施满足了流水节拍均衡的需要。

该项目在进行流水施工时，原则上按照了先底板、墙板吊装施工，后底板混凝土浇筑施工；之后顶板吊装施工，然后墙板及顶板混凝土浇筑施工，预埋、预留、防水等作业交叉施工的总施工顺序进行部署，见表 16-1 及图 16-6～图 16-28。

长沙劳动东路延长段管廊预制装配式施工计划　　表 16-1

时间		一段	二段
第一天	白天	一段底板吊装、预铺钢筋	二段底板吊装
	晚上	一段墙板吊装（20 块）对应底板钢筋绑扎	底板钢筋预铺
第二天	白天	一段墙板吊装（15 块）对应底板钢筋绑扎	二段墙板吊装（20 块）对应底板钢筋绑扎
	晚上	一段底板混凝土浇筑	二段墙板吊装（20 块）对应底板钢筋绑扎
第三天	白天	一段满堂支撑搭设	二段混凝土浇筑
	晚上	一段顶板吊装（20 块）	二段满堂支撑搭设
第四天	白天	一段顶板吊装（8 块）顶板钢筋绑扎	二段顶板吊装（16 块）
	晚上	一段顶板及墙混凝土浇筑	二段顶板吊装（16 块），顶板钢筋绑扎
第五天	白天		二段顶板、墙混凝土浇捣

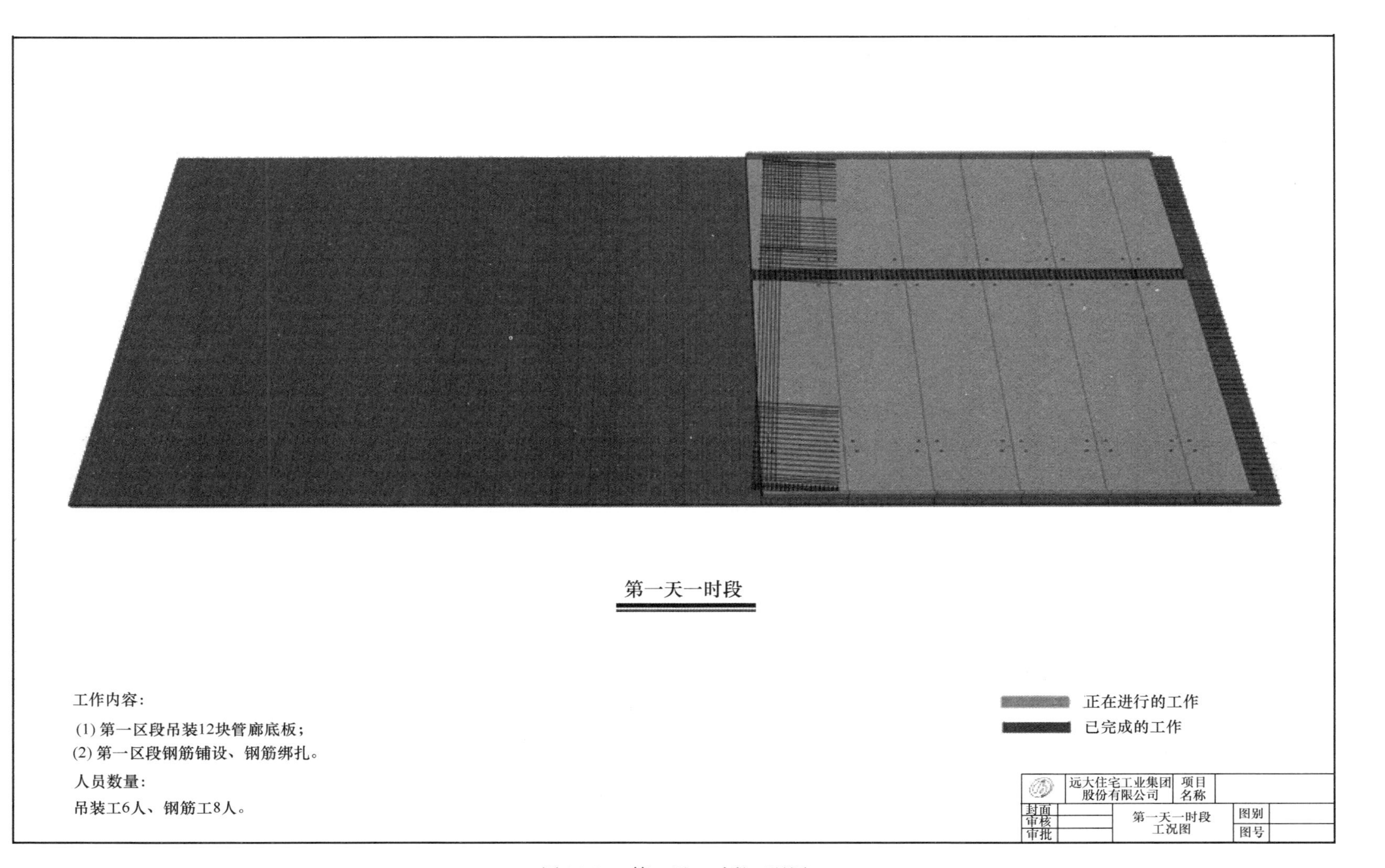

图 16-10　第一天一时段工况图

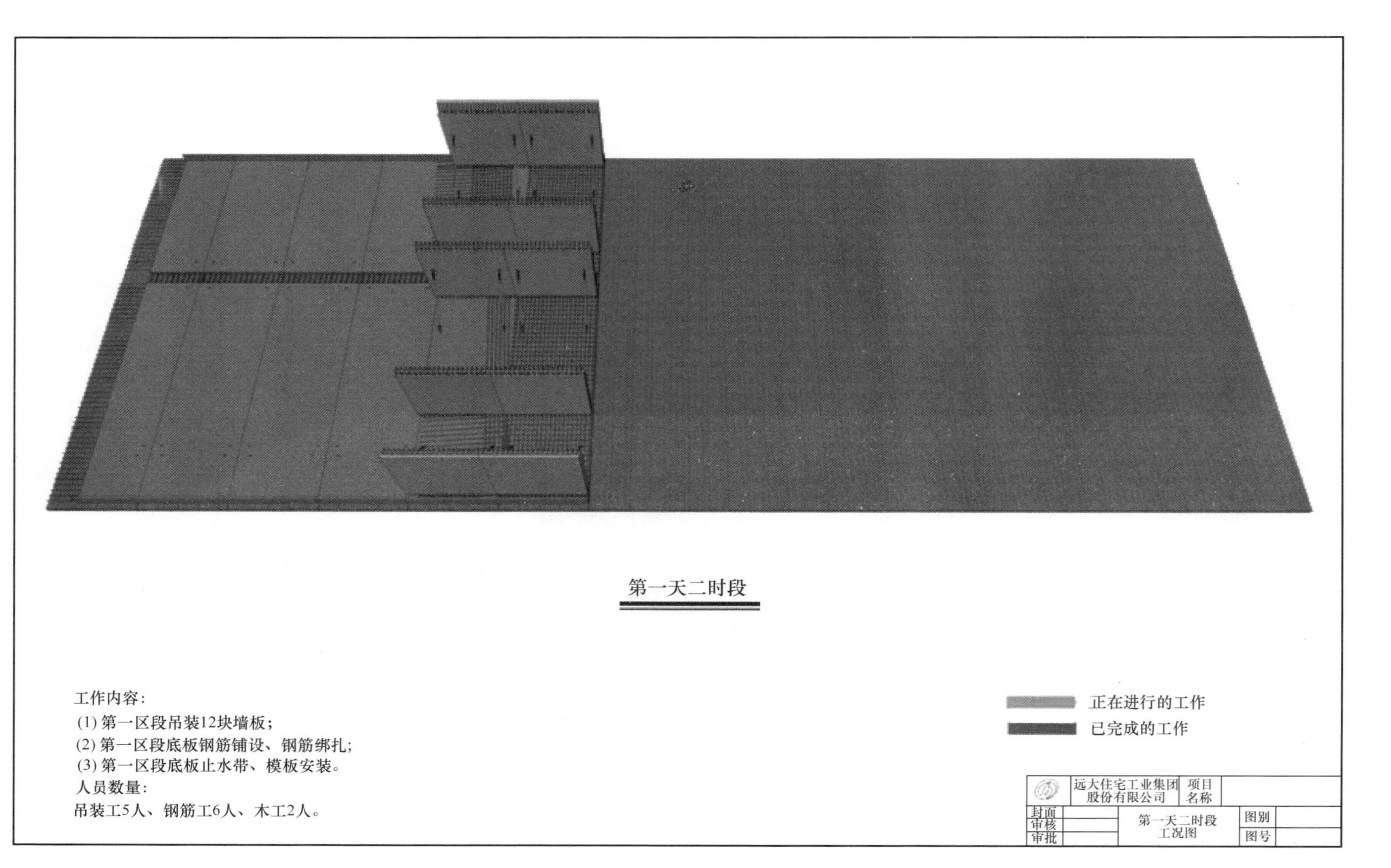

图 16-11　第一天二时段工况图

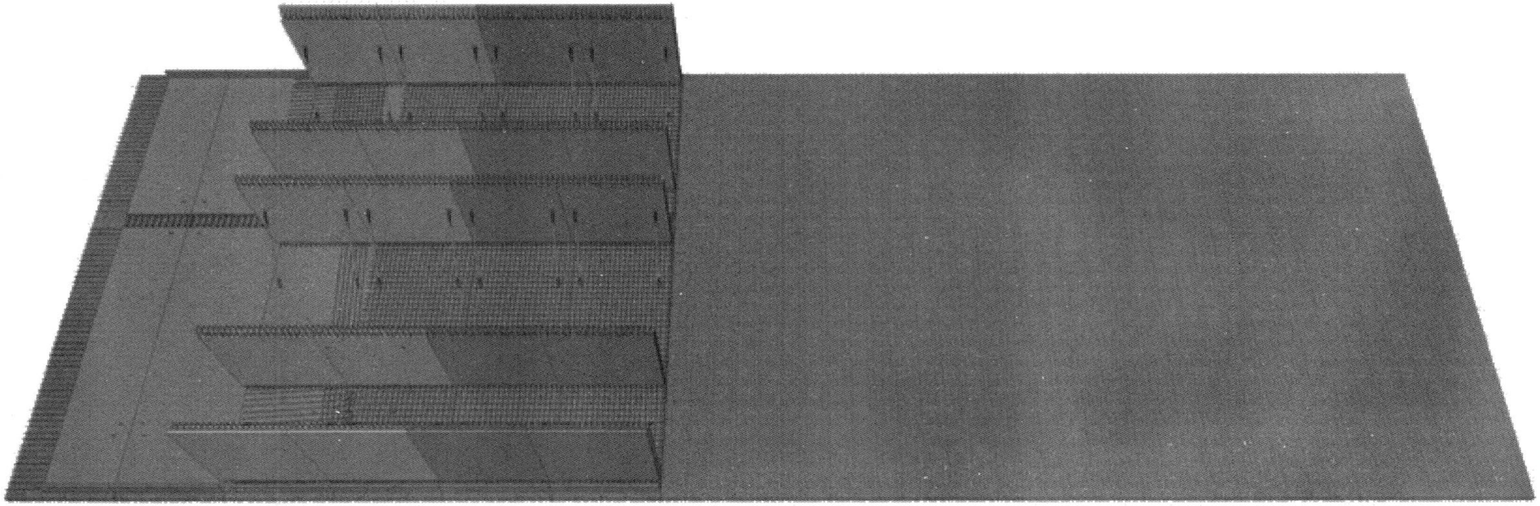

第一天三时段

正在进行的工作

已完成的工作

工作内容：

(1) 第一区段吊装12块墙板；

(2) 第一区段底板钢筋铺设、钢筋绑扎；

(3) 第一区段底板止水带、模板安装。

人员数量：

吊装工5人、钢筋工6人、木工2人。

远大住宅工业集团股份有限公司	项目名称	
封面 审核 审批	第一天三时段工况图	图别 图号

图 16-12　第一天三时段工况图

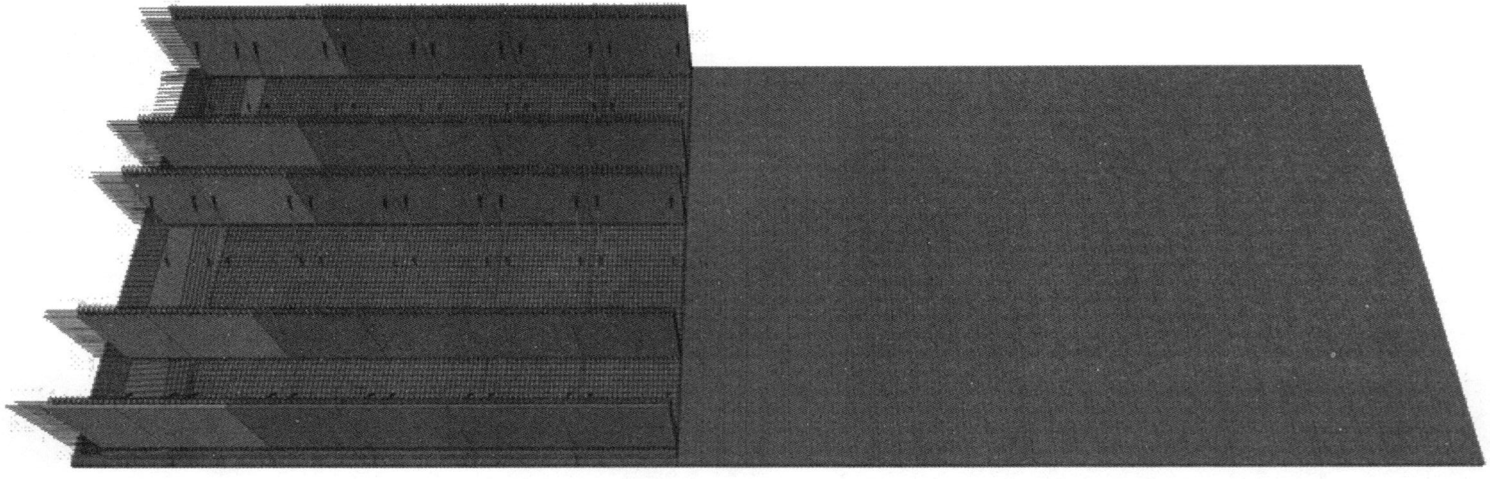

第一天四时段

工作内容：

(1) 第一区段吊装12块墙板；

(2) 第一区段钢筋铺设、钢筋绑扎；

(3) 第一区段底板止水带、模板安装。

人员数量：

吊装工5人、钢筋工6人、木工2人。

正在进行的工作

已完成的工作

远大住宅工业集团股份有限公司		项目名称		
封面		第一天四时段工况图	图别	
审核				
审批			图号	

图 16-13　第一天四时段工况图

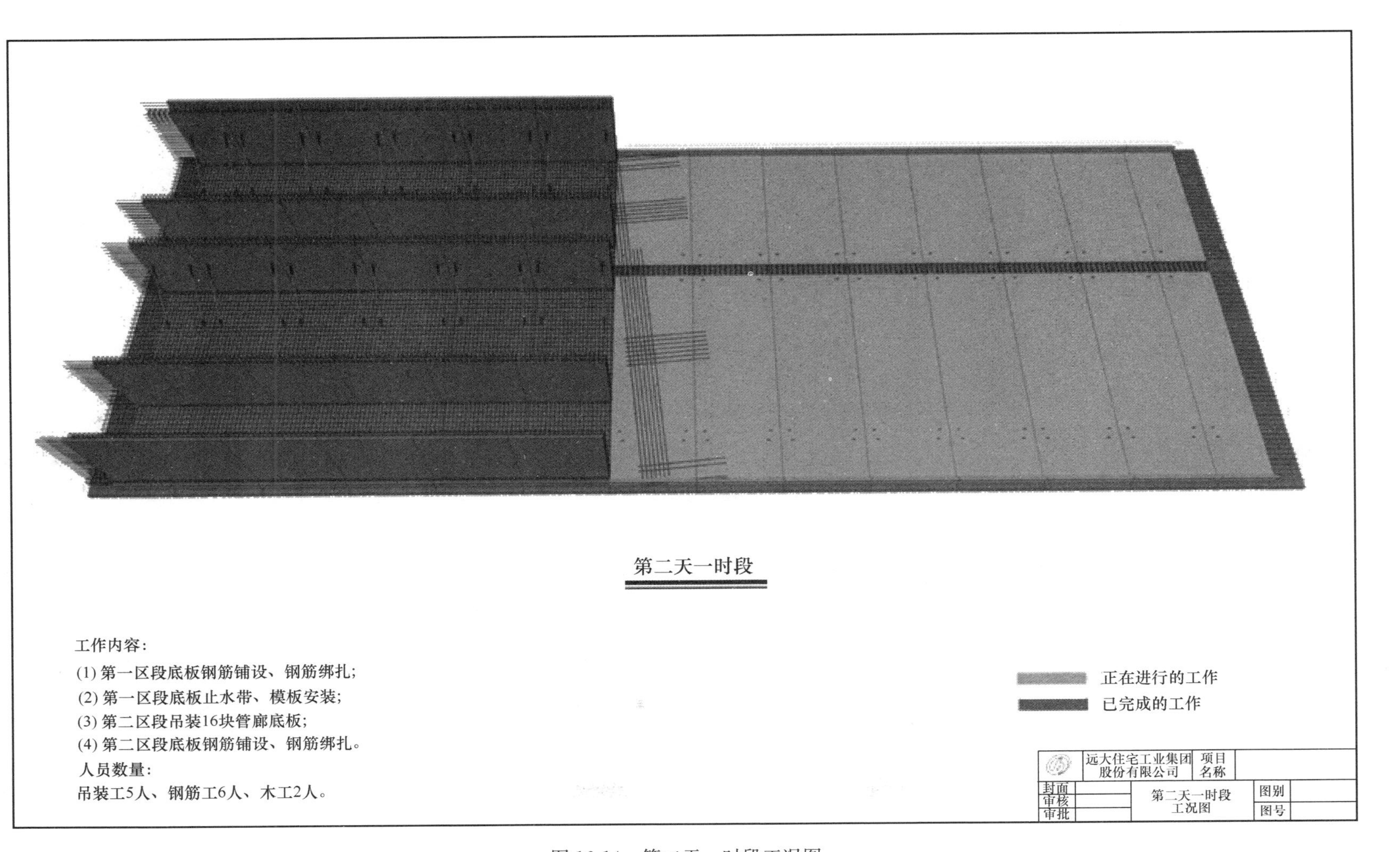

图 16-14　第二天一时段工况图

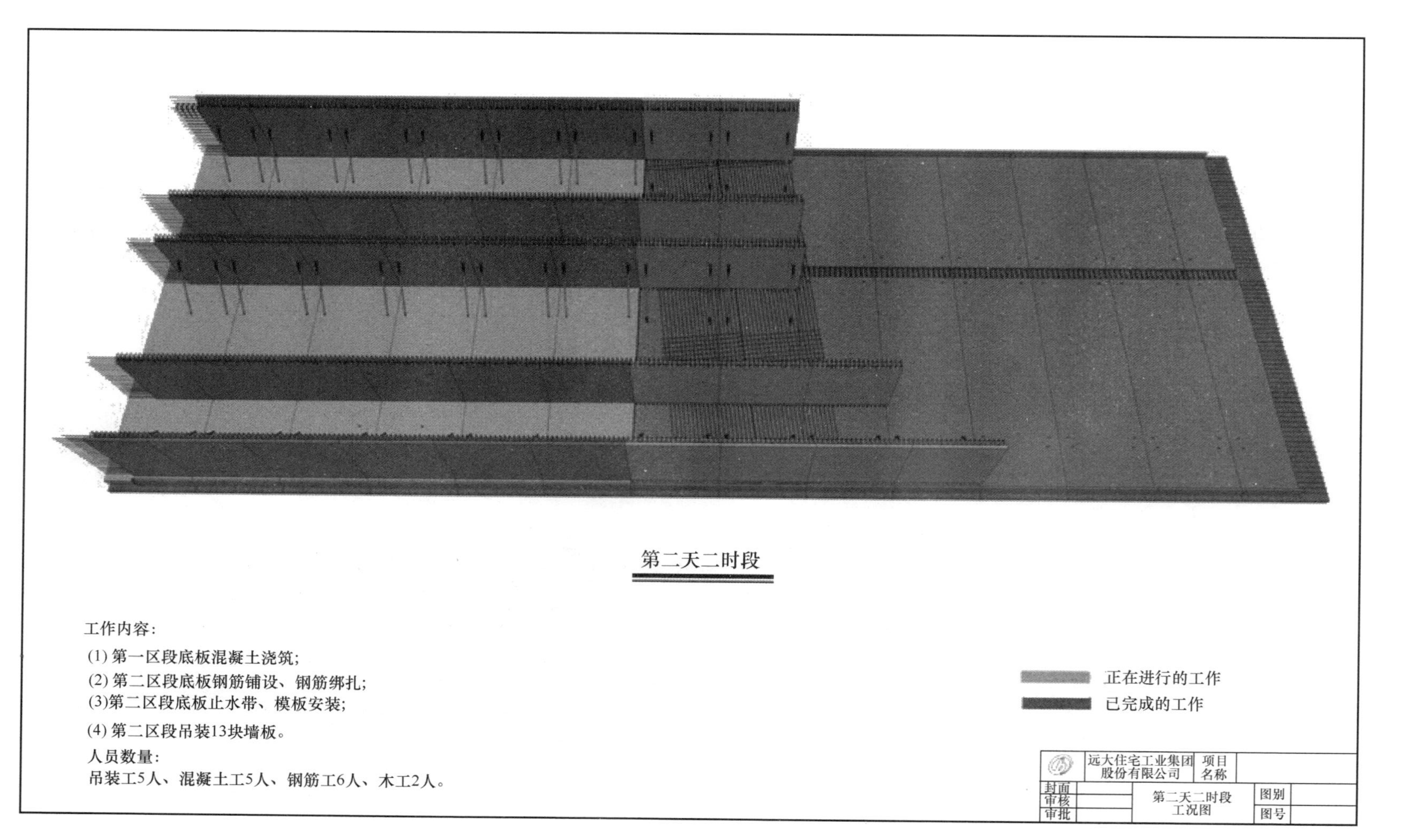

图 16-15　第二天二时段工况图

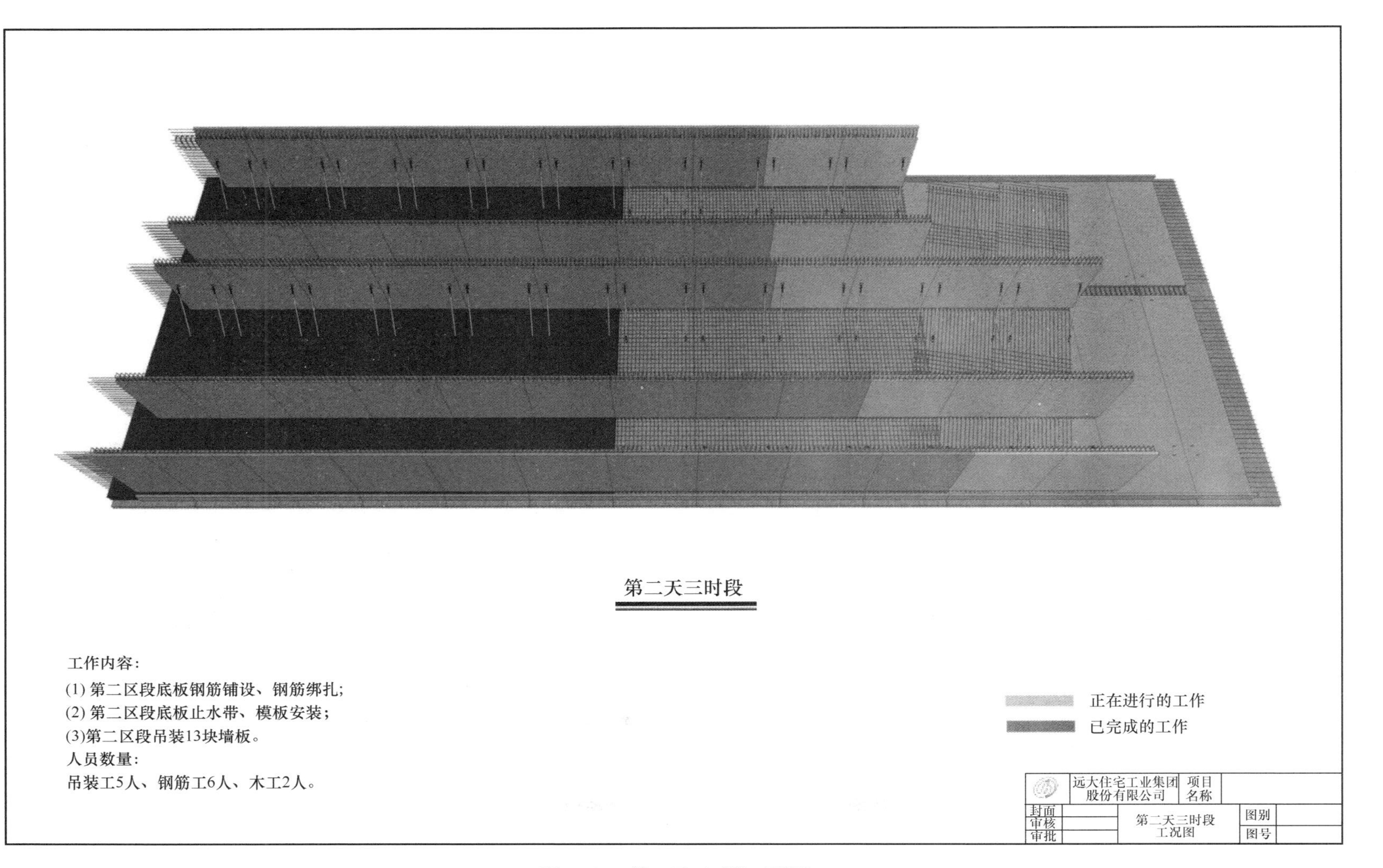

图 16-16　第二天三时段工况图

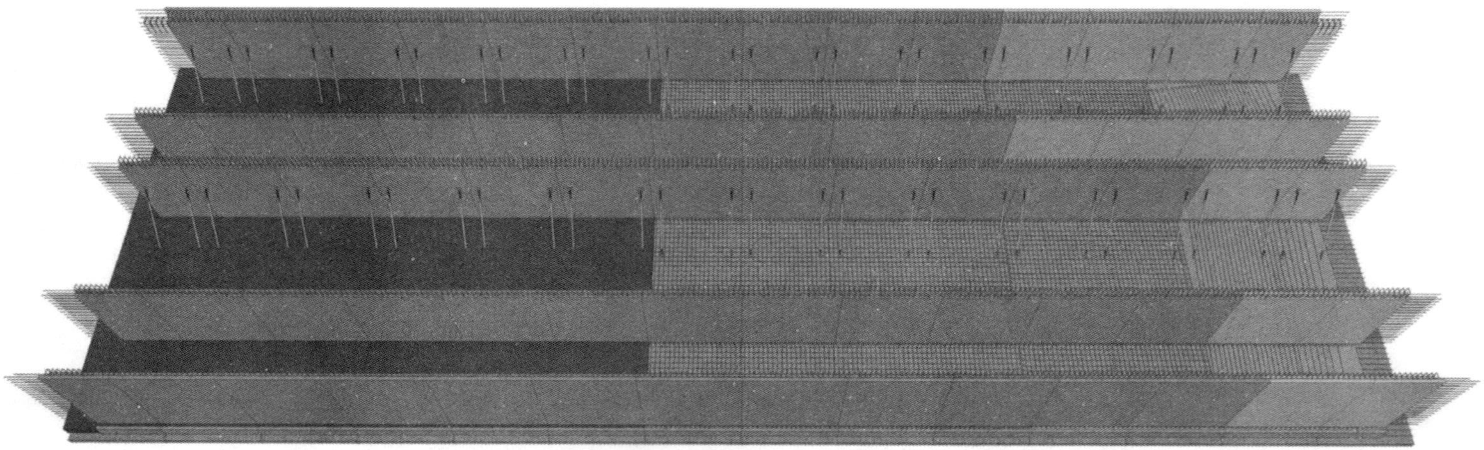

第二天四时段

工作内容：

(1) 第二区段底板钢筋铺设、钢筋绑扎；
(2) 第二区段底板止水带、模板安装；
(3)第二区段吊装14块墙板。

人员数量：

吊装工5人、钢筋工6人、木工4人。

正在进行的工作

已完成的工作

远大住宅工业集团股份有限公司	项目名称		
封面			
审核		第二天四时段工况图	图别
审批			图号

图 16-17　第二天四时段工况图

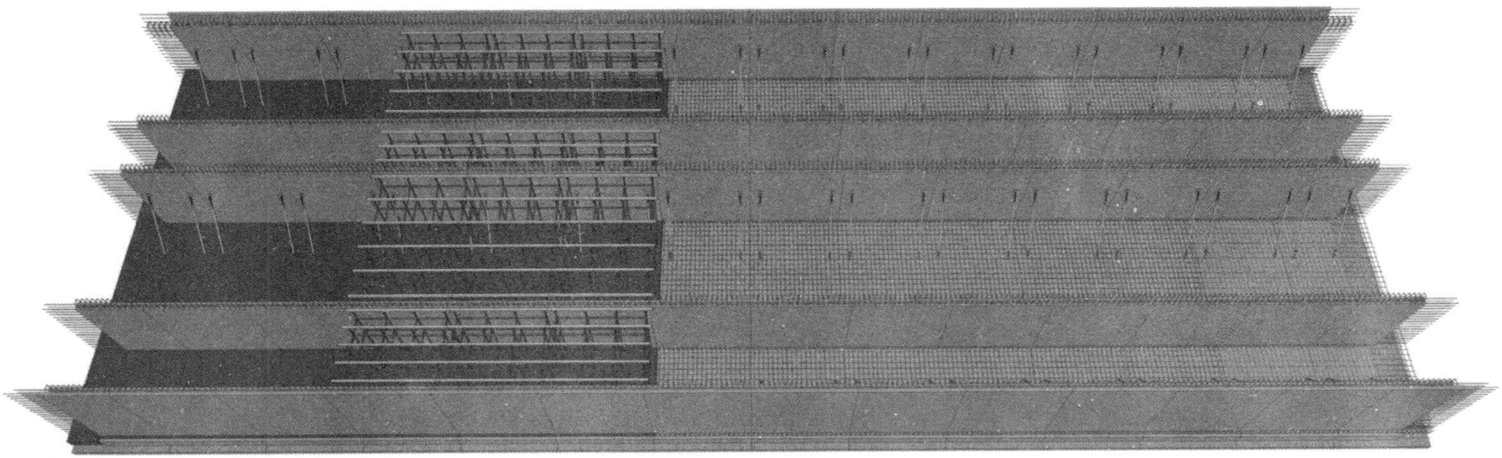

第三天一时段

工作内容：

(1) 第一区段板底支撑搭设；

(2) 第二区段底板钢筋铺设、钢筋绑扎；

(3)第二区段底板止水带、模板安装。

人员数量：

架子工4人、钢筋工6人、木工4人。

正在进行的工作

已完成的工作

远大住宅工业集团股份有限公司		项目名称		
封面		第三天一时段工况图	图别	
审核				
审批			图号	

图 16-18　第三天一时段工况图

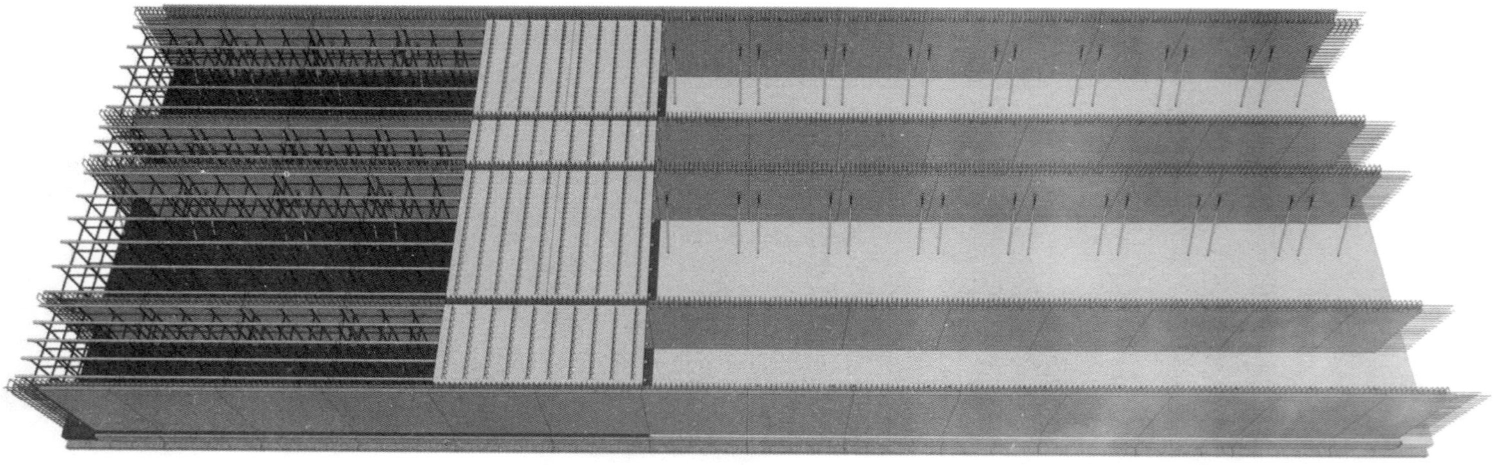

第三天二时段

工作内容：

(1) 第一区段板底支撑搭设；

(2) 第一区段吊装6块管廊顶板；

(3)第二区段底板混凝土浇筑。

人员数量：

吊装工5人、架子工4人、混凝土工5人。

正在进行的工作

已完成的工作

远大住宅工业集团股份有限公司	项目名称		
封面	第三天二时段工况图	图别	
审核			
审批		图号	

图 16-19　第三天二时段工况图

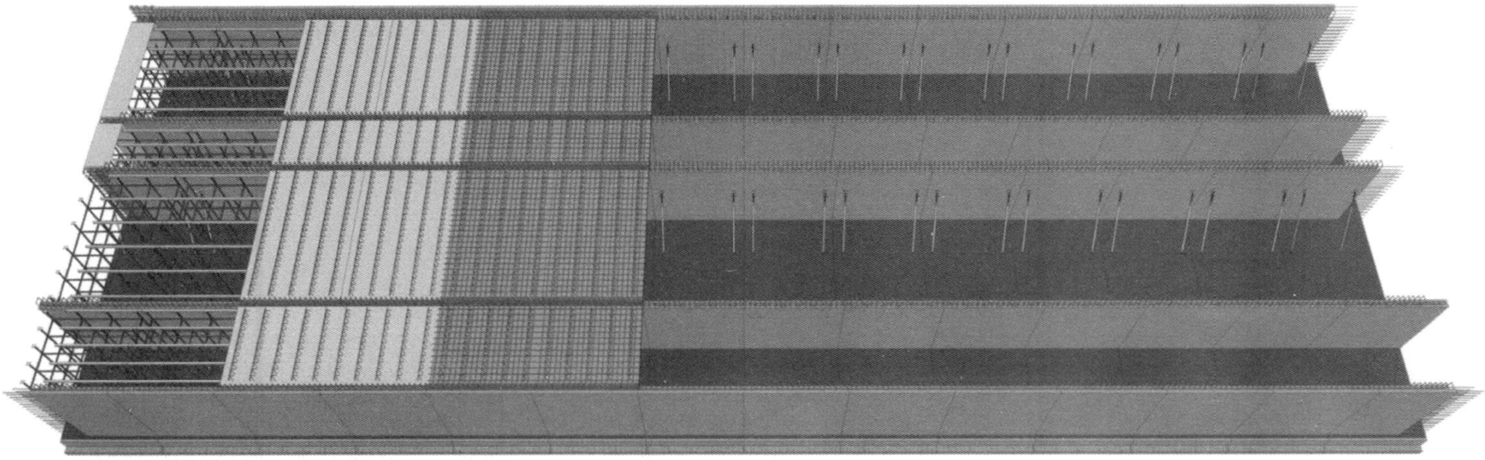

第三天三时段

工作内容：

(1) 第一区段顶板钢筋绑扎；

(2) 第一区段止水带、模板安装；

(3)第一区段6块顶板吊装。

人员数量：

吊装工5人、钢筋工6人、木工4人。

正在进行的工作

已完成的工作

远大住宅工业集团股份有限公司	项目名称	
封面 审核 审批	第三天三时段工况图	图别 图号

图 16-20　第三天三时段工况图

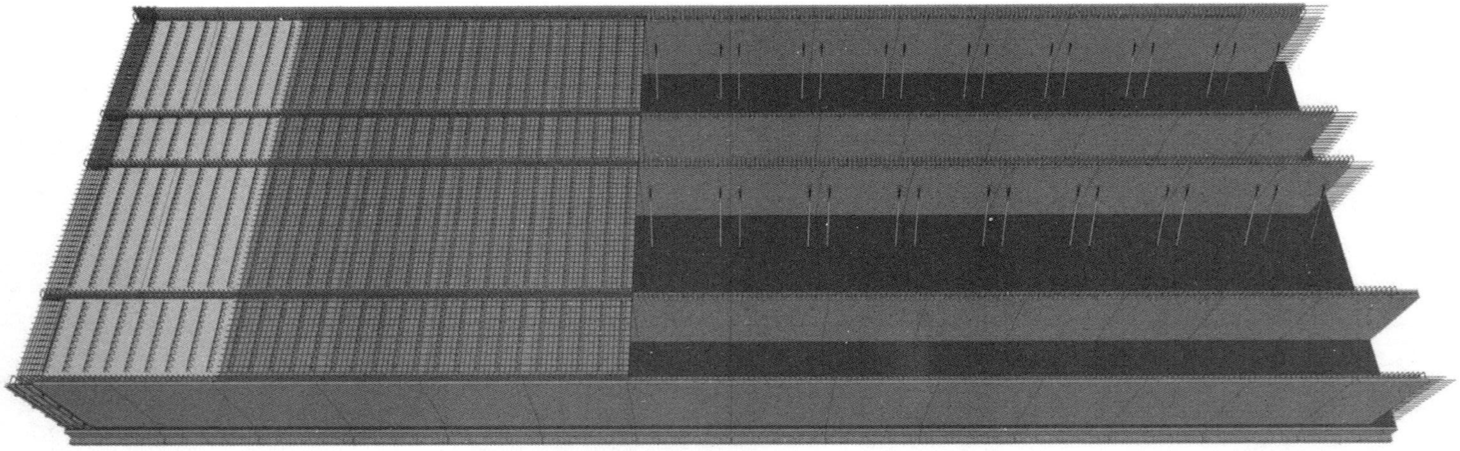

第三天四时段

工作内容：

(1) 第一区段顶板钢筋绑扎；

(2) 第一区段止水带、模板安装；

(3)第一区段6块顶板吊装。

人员数量：

吊装工5人、钢筋工6人、木工4人。

正在进行的工作

已完成的工作

远大住宅工业集团股份有限公司		项目名称		
封面		第三天四时段工况图	图别	
审核				
审批			图号	

图 16-21　第三天四时段工况图

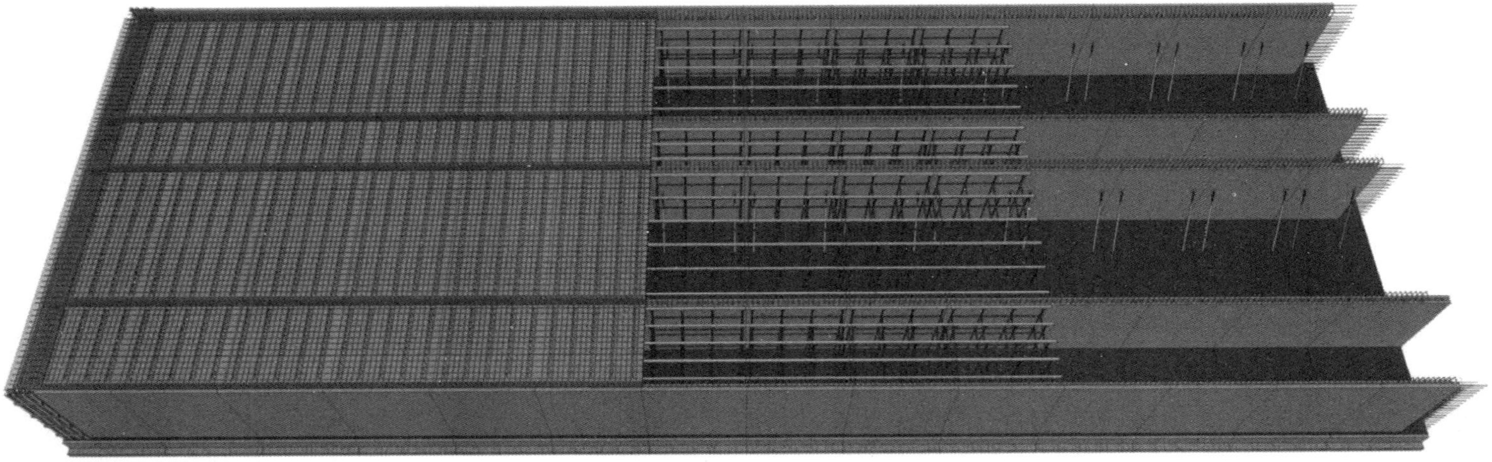

第四天一时段

正在进行的工作

已完成的工作

工作内容：

(1) 第一区段顶板钢筋绑扎；

(2) 第一区段止水带、模板安装；

(3)第二区段部分板底支撑搭设。

人员数量：

架子工4人、钢筋工6人、木工4人。

远大住宅工业集团股份有限公司		项目名称		
封面		第四天一时段工况图	图别	
审核				
审批			图号	

图 16-22　第四天一时段工况图

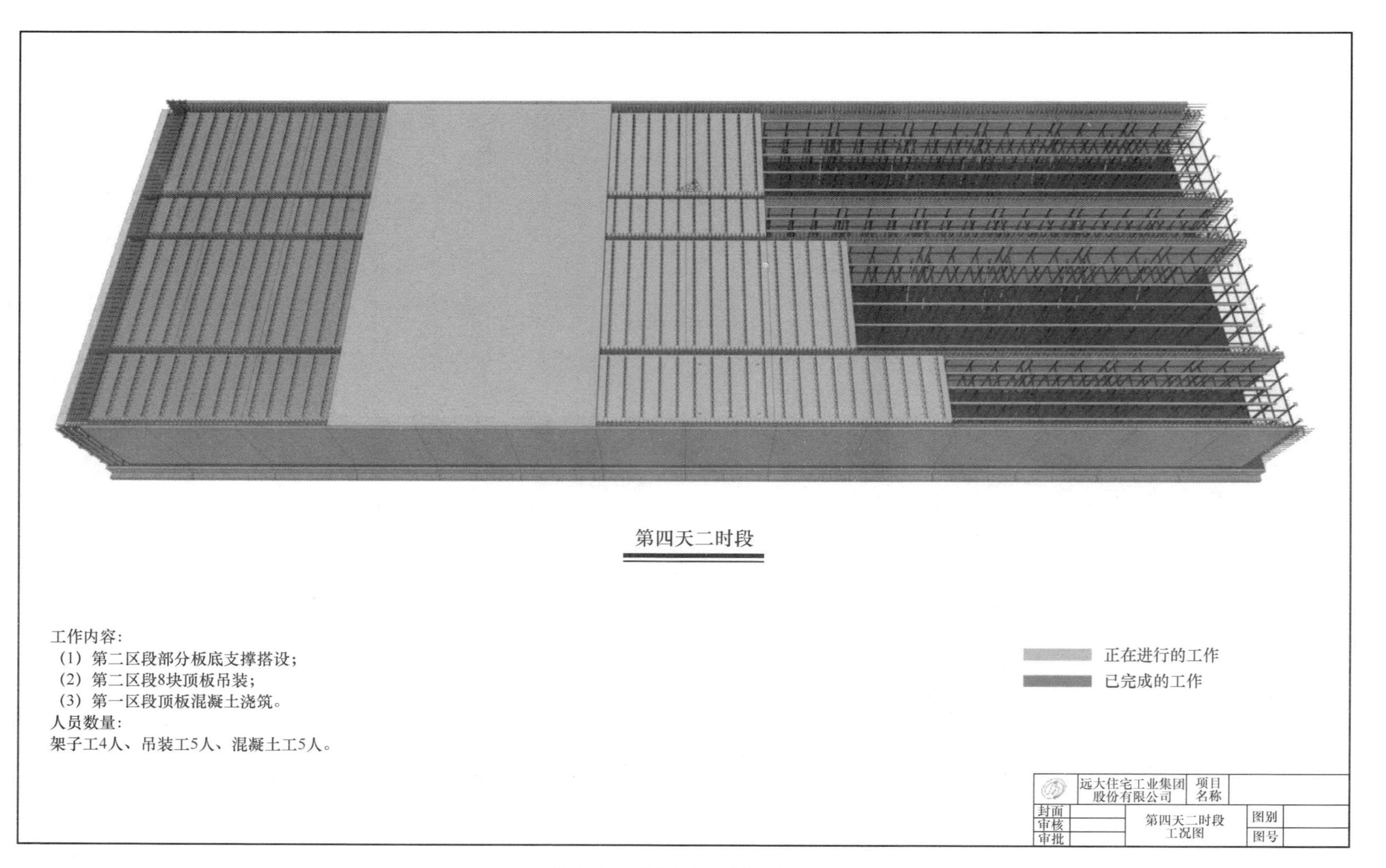

图 16-23　第四天二时段工况图

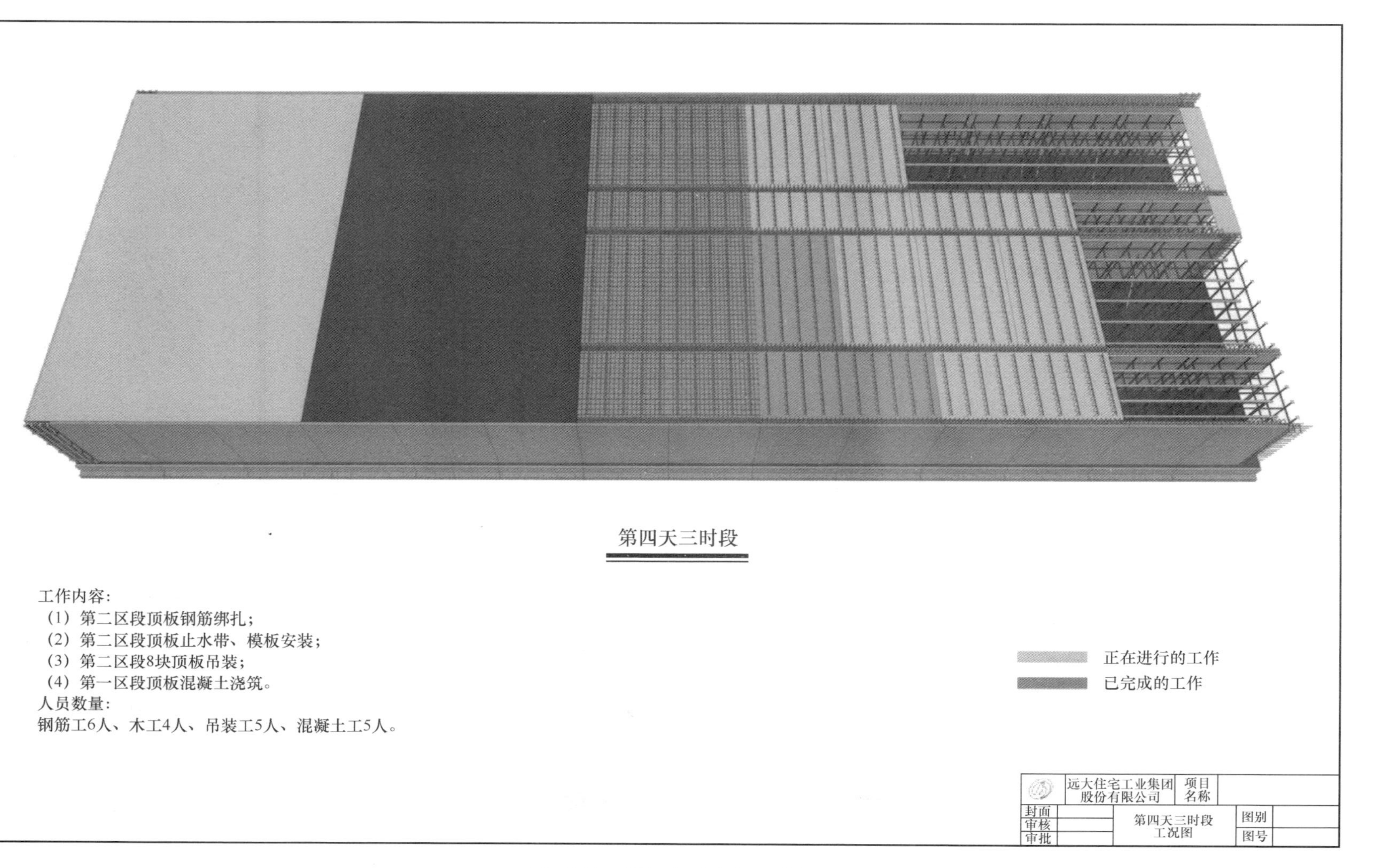

图 16-24　第四天三时段工况图

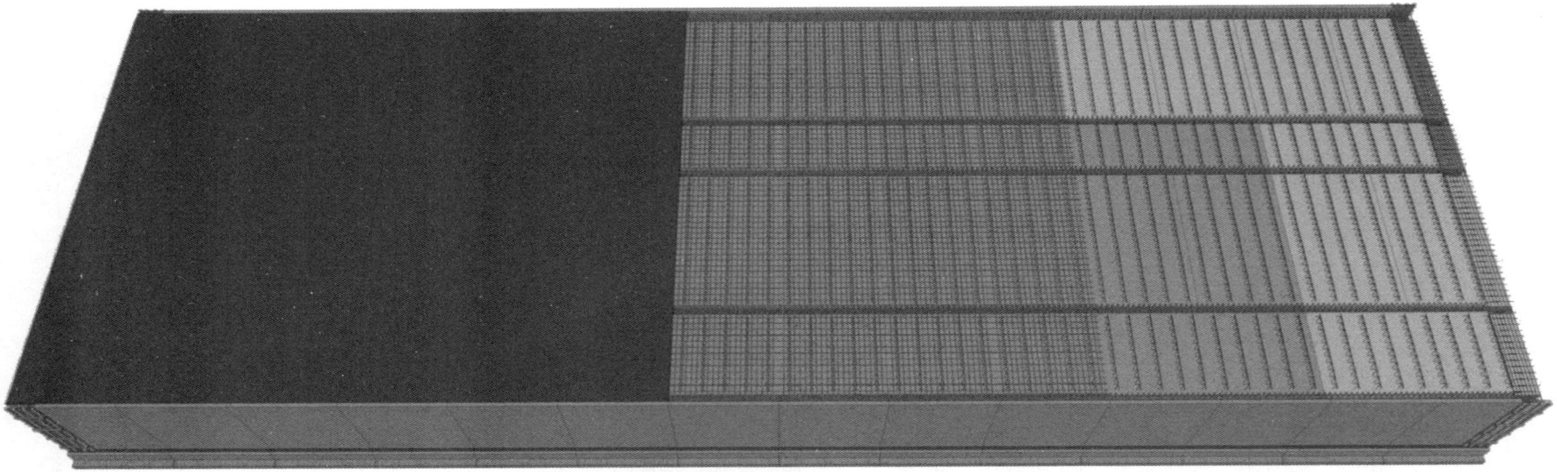

第四天四时段

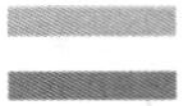

工作内容:
(1) 第二区段顶板钢筋绑扎;
(2) 第二区段顶板止水带、模板安装;
(3) 第二区段8块顶板吊装。
人员数量:
钢筋工6人、木工4人、吊装工5人。

远大住宅工业集团股份有限公司	项目名称			
封面		第四天四时段工况图	图别	
审核				
审批			图号	

图 16-25　第四天四时段工况图

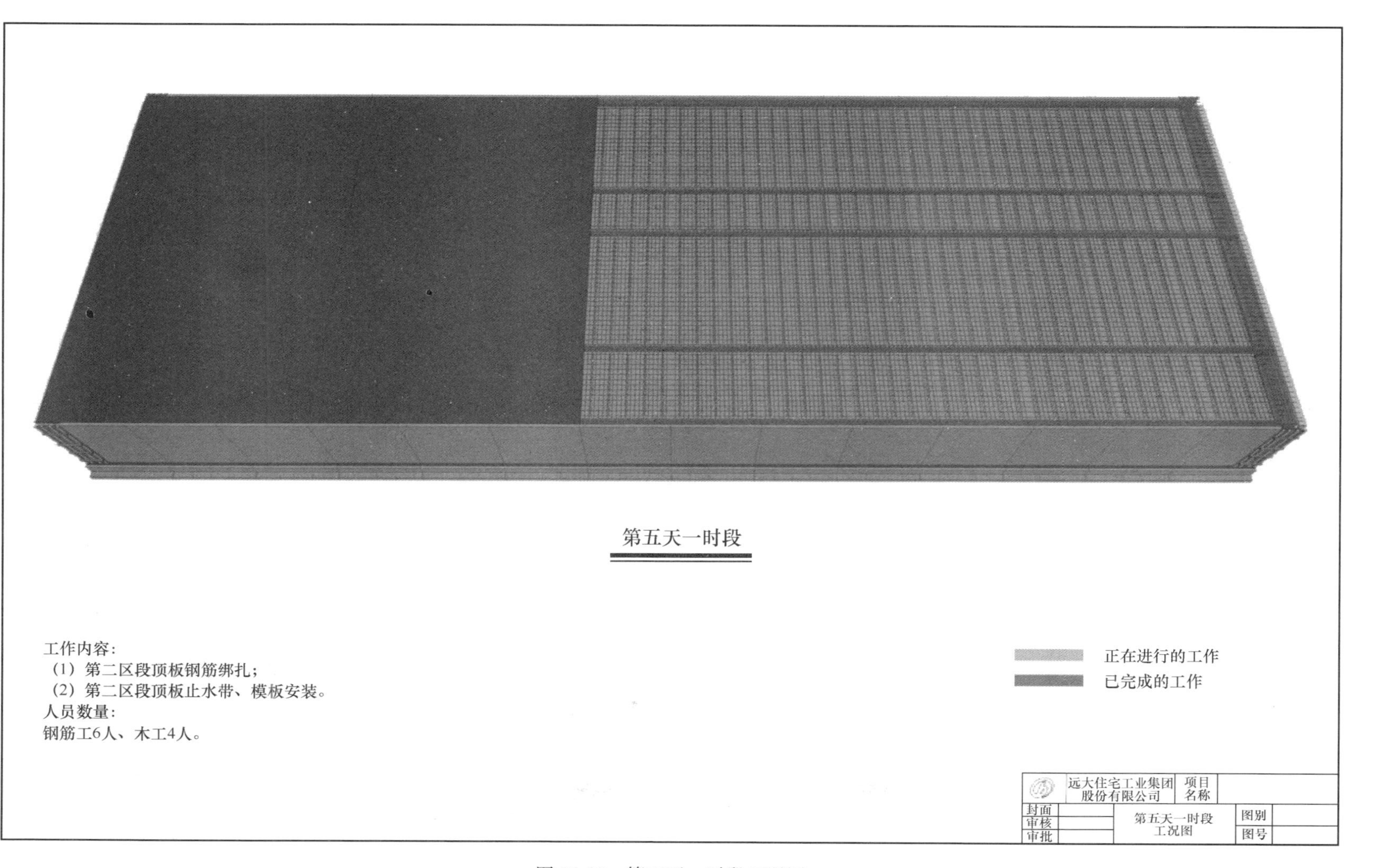

图 16-26　第五天一时段工况图

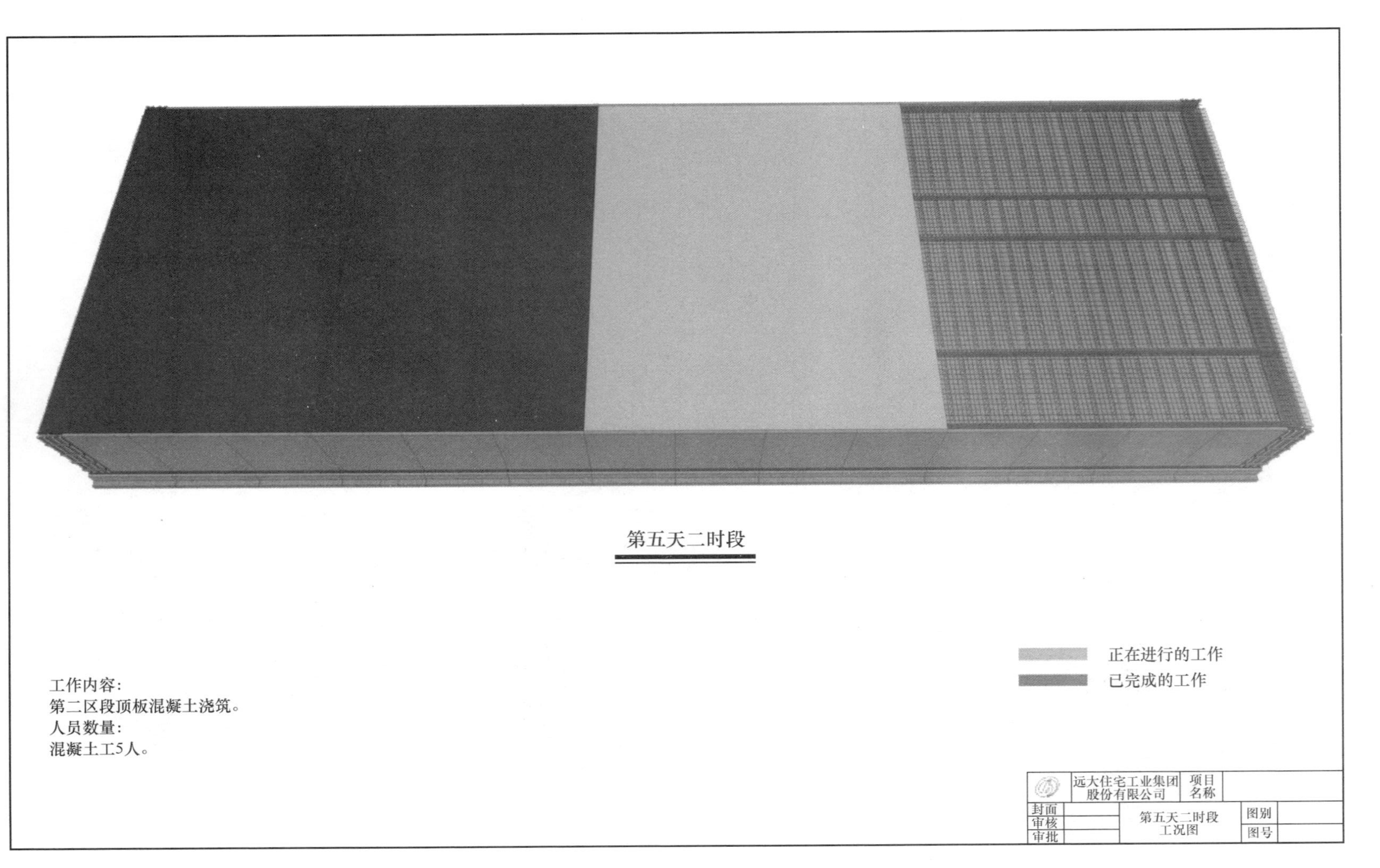

图 16-27　第五天二时段工况图

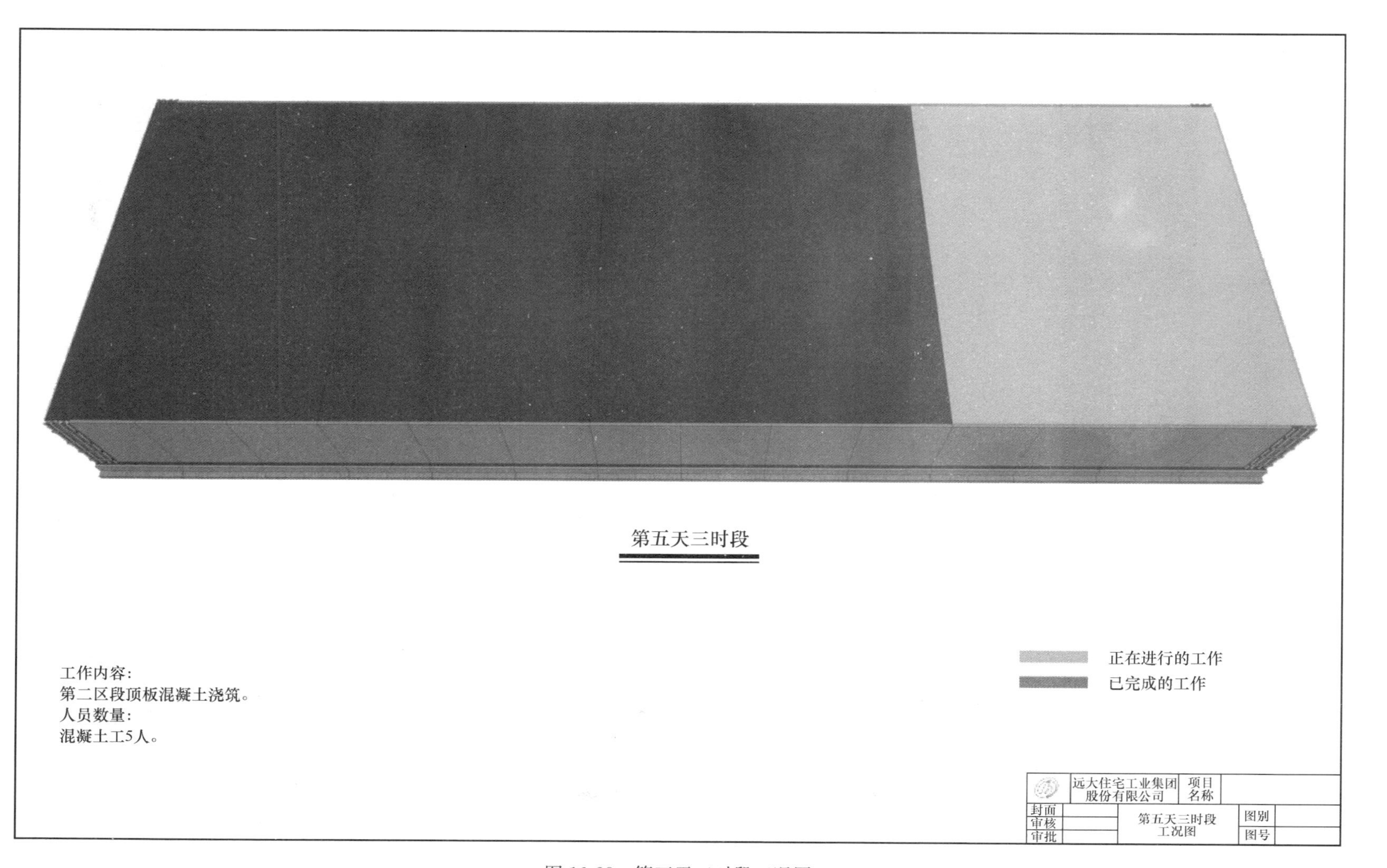

图 16-28　第五天三时段工况图

16.1.7 施工照片

部分施工照片见图 16-29～图 16-40。

图 16-29 构件装车

图 16-30 垫层施工

图 16-31 底板吊装

图 16-32 钢筋绑扎

图 16-33 竖向构件吊装

图 16-34 安装防护

图 16-35　端头钢筋绑扎及封模

图 16-36　安装支撑

图 16-37　底板浇筑完成

图 16-38　支撑铺设

图 16-39　叠合板吊装及钢筋绑扎

图 16-40　主体结构完成

16.2 杭州大江东管廊

16.2.1 工程概况

本项目位于杭州大江东产业聚集区内，沿拟建江东大道北侧绿化带下方铺设，起于河庄大道以西，终于青东二路以西，沿线与规划靖江路、青西二路、青六路管廊相交，里程范围为K2+400～K6+980，总长4580m，采用明挖法施工。管廊主体结构包含主体结构标准段，人员出入口段，管廊交叉口段及端头井、支线引出端、投料口、进排风口、集水坑等节点。本叠合装配整体式管廊试验段起止桩号为K6+835.00～K6+946.05。该段综合管廊采用两舱断面，净尺寸为（4.35+2.1）×3.4m。设计使用年限100年，安全等级为一级，防水等级为二级，抗震等级为三级（图16-41）。

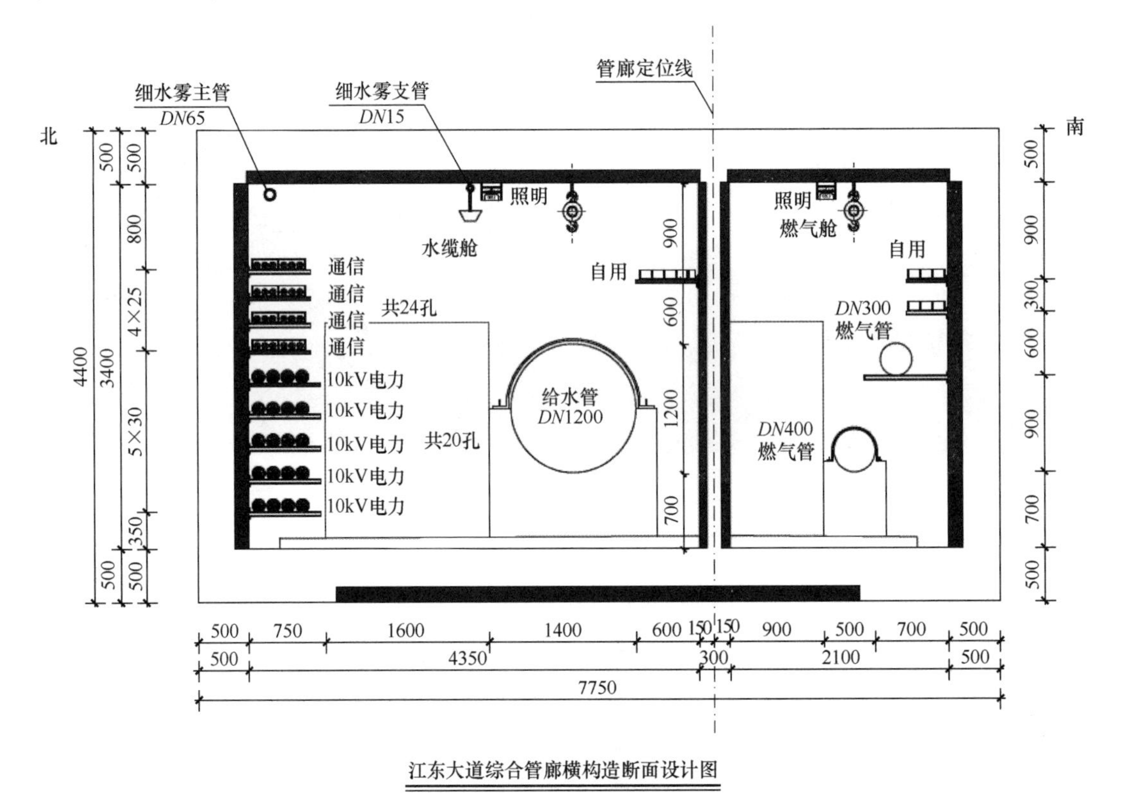

图16-41　断面结构示意

16.2.2 装配式技术

（1）构造

本项目采用预制装配式工艺，其叠合剪力墙、叠合楼板通过现浇节点装配而成。详见图16-42。

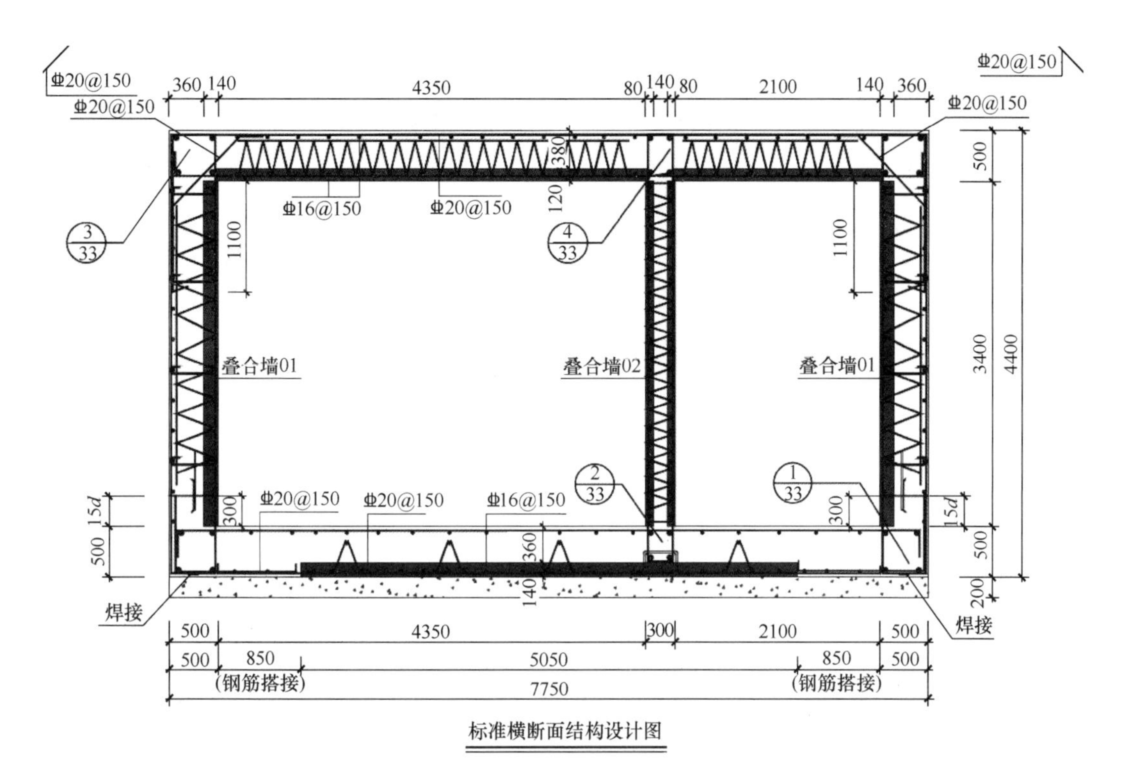

图 16-42 管廊断面图

墙体采用叠合式剪力墙结构形式，其中外侧墙体采用单面预制剪力墙，内侧墙体采用夹心叠合剪力墙；其中，外侧墙体总厚度为 500mm，由外侧现浇混凝土(360mm)＋内侧预制混凝土(140mm)组成；内侧墙体总厚度为 300mm，由预制混凝土(80mm)＋夹心现浇混凝土(140mm)＋预制混凝土(80mm)组成；外侧墙体水平施工缝设在距管廊内地面 300mm 高处，水平施工缝采用镀锌钢板止水带，宽度为 300mm，厚度 4mm，接头采用焊接法搭接；外侧单面叠合墙采用吊钉吊装，内侧双面叠合墙采用加工吊环吊装。

(2) 材料

该工程混凝土采用了 C35 防水混凝土，抗渗等级为 P8；钢筋均采用 HRB400；钢材均采用 Q235；其中预埋件包括：吊钉，规格为 $L=170$mm、载荷 2.5t；吊环：采用 ϕ116HPB300 钢筋加工而成；斜支撑套筒：规格为 M16×80，带横杆；桁架：外侧墙体采用 350mm 高桁架，内侧墙体采用 230mm 高桁架。

(3) 配筋

外侧墙体迎水面钢筋保护层为 50mm，背水面保护层为 40mm；内侧墙体钢筋保护层为 30mm；外侧单面墙设置 ϕ18@450×450 拉筋。

16.2.3 基坑开挖

该项目在基坑开挖前，为了保证基坑强度，首先进行围檩和混凝土支撑的施工，如图 16-43、图 16-44 所示。

图 16-43　围檩及混凝土横撑钢筋绑扎

图 16-44　围檩及混凝土横撑浇筑完成

围檩的主要作用是使模板保持组装的平面形状并将模板与提升架连接成一整体，在支撑体系中，围檩的刚度对整个支撑结构的刚度影响很大。

在基坑开挖时，还需要对基坑进行降水施工，该项目采用的是井点降水，如图 16-45 所示。

图 16-45　井点降水

井点降水控制要点：(1) 无砂滤水管必须通畅，滤料粒径均匀，含泥量少，均应检验合格后方可使用。(2) 严格按设计要求控制好井径—井深和井距。(3) 无砂水泥管接口必须用塑料布封严。(4) 每打成一眼井要进行质量检查验收，孔径偏差不超过 10cm、垂直偏差不超过 5、井深偏差不超过 20cm。(5) 洗井后泥砂含量控制在 10 以内。(6) 抽水期间应经常检查抽水管和水泵有无故障，经发现应及时修理或更换，并应经常检查抽水情况，防止无水烧坏水泵，影响降水效果。(7) 在全部打井和抽水过程中必须有专人负责，做好成井记录和抽水记录以保证成井质量和抽水正常。在基坑开挖时，该项目严格根据图纸施工，保证其轴线及基坑底标高，其放坡较为平缓，除此外还需着重关注基坑的超挖或欠挖。在基坑挖掘施工完成后，根据管廊剖面高程图，在垫层浇筑前，该项目组通过利用插植钢筋作为标高点，以此保证垫层标高的精准度。如图 16-46 所示。

土方开挖完成后即进行喷射混凝土：该项目采用普通水泥；要求良好的骨料，10mm 以上的粗骨料控制在 30%以下，最大粒径小于 25mm；不宜使用细砂。该技术常见于岩石峒库、隧道或地下工程和矿井巷道的衬砌和支护，在本项目中主要起到隔离层及卷材找平层的作用（图 16-47）。

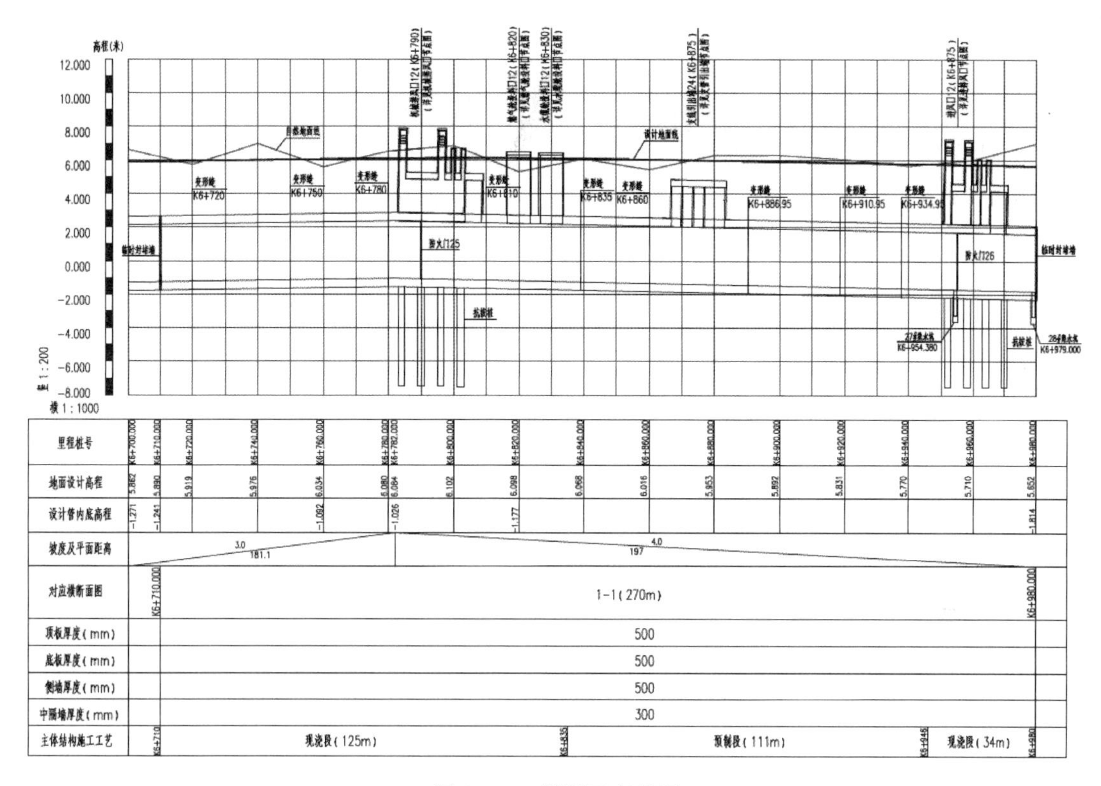

图 16-46　纵断面高程图

侧墙及底板在混凝土施工完成后，需要铺设高分子类防水卷材（表 16-2），主要起到管廊结构的全包防水作用，作为第一道防水层的卷材，宜选用耐老化，耐腐蚀，易操作且适用于潮湿基面施工的材料，该项目中底板、侧墙采用单层 1.5mm 厚预铺式高分子防水卷材 P 类，顶板采用涂刷 2mm 厚单组聚氨酯防水涂料。在施工过程中，该项目组着重关注卷材的搭接，以达到防水卷材无破损、无间隙（图 16-48、图 16-49）。

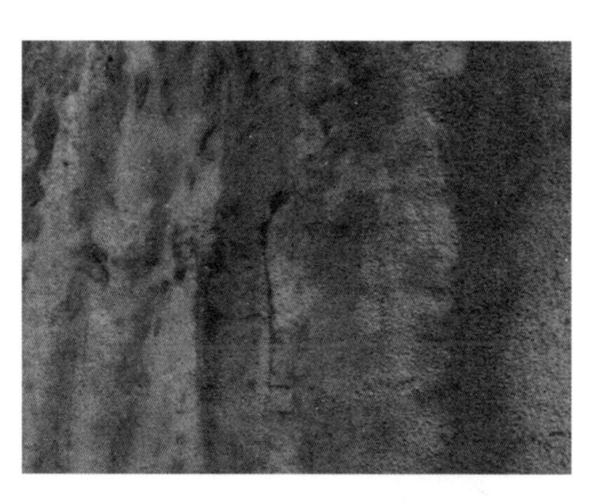

图 16-47　管廊基坑开挖后侧墙喷锚支护

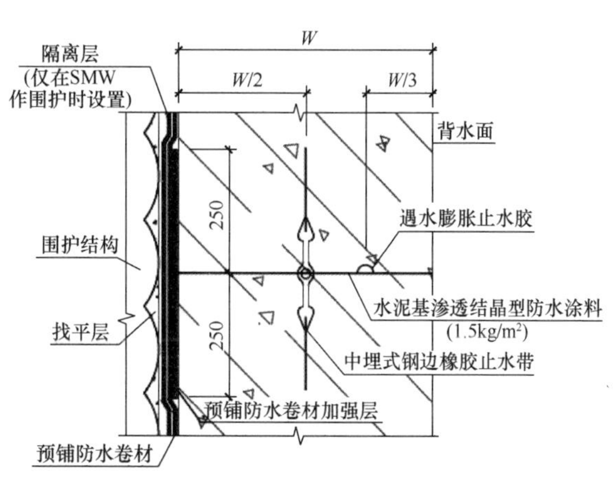

图 16-48　侧墙施工缝防水构造

管廊轴线及放坡标高控制贯穿了基坑开挖、垫层浇筑、防水卷材保护层浇筑、预制底板及墙板安装的全过程；还需注意的是，管廊为方便排水有纵横坡度，这是与建筑装配式施工标高控制最大的不同点（图 16-50）。

图 16-49　防水卷材施工

图 16-50　细石混凝土保护层浇筑标高点

防水卷材主要技术性能表　　**表 16-2**

项　目		指　标
拉伸性能	拉力（N/50mm）	≥500
	膜断裂伸长率（%）	≥400
钉杆撕裂强度（N）		≥400
冲击性能		直径（10±0.1）mm，无渗漏
静态载荷		20kg，无渗漏
耐热性		70℃，2h，无位移、流淌、滴落
低温弯折性		−25℃，无裂纹
防窜水性		0.6MPa，不窜水
与后浇混凝土剥离强度（N/mm）	无处理	≥2.0
	水泥粉污染表面	≥1.5
	泥沙污染表面	≥1.5
	紫外线老化	≥1.5
	热老化	≥1.5
与后浇混凝土浸水后剥离强度（N/mm）		≥1.5
热老化（70℃，168h）	拉力保持率（%）	≥90
	伸长率保持率（%）	≥80
	低温弯折率	−23℃，无裂纹
热稳定性	外观	无起皱、滑动、流淌
	尺寸变化（%）	≤2.0

注：（1）预铺卷材的整体厚度1.5mm，其中胶粘层的厚度不得小于0.5mm。

（2）卷材与卷材的粘接性能应符合《带自粘层的防水卷材》GB/T 23260—2009有关要求。

16.2.4　吊装顺序

预制叠合板吊装施工顺序见表16-3和图16-51、图16-52。

在吊装底板前，项目在混凝土垫层上还铺设了一层20mm细沙，主要是为了起到找平作用。吊装时，板边与总横向轴线齐平，底板拼缝避免出现明显错台且底板标高严格符合图纸要求。

吊装施工作业流程

表 16-3

部位 工序	墙板			底板			顶板		
	施工步骤	操作人数	注意事项	施工步骤	操作人数	注意事项	施工步骤	操作人数	注意事项
确认构件起吊编号	第一步，对照地面构件编号及拖车上即将起吊的构件编号是否统一	吊装工2人	（1）安装底板做好标高测量；（2）对底板面做相对应的安装编号	第一步，对照地面构件编号及拖车上即将起吊的构件编号是否统一	吊装工2人	（1）安装底板做好标高测量；（2）对底板面做相对应的安装编号	第一步，对照地面的构件编号及拖车上即将起吊的构件编号是否统一	吊装工2人	（1）安装好底板做好标高测量；（2）对底板面做相对应的安装编号
安装吊钩	第二步，根据墙板的大小及重量，选定合适的钢丝绳、钢梁、吊钩，并将按照要求吊钩安装在吊环上	吊装工1人	挂钩之前应检查吊钩是否可靠，吊钩与吊环之间连接是否稳固，吊环位置对称布置	第二步，选择合适的钢丝绳及吊钩、保证吊钩牢靠	吊装工1人	—	第二步，根据墙板的大小及总重量，选定合适的钢丝绳、钢梁、吊钩，并将按照要求吊钩安装在吊环上	吊装工2人	挂钩之前应检查吊钩是否牢靠、吊钩与吊环连接是否稳固，调换位置应对此布置，吊钩应钩在桁架钢筋弯折钢筋上
翻板起吊	第三步，吊车缓缓起吊，上下墙板底部位钢筋位置用模板隔开，防止上下层钢筋卡住；第四步，墙板立直后，吊车将墙板吊运至安装位置	吊装工2人	（1）起吊时，时刻注意吊钩与吊环，防止脱钩；（2）翻板时应缓慢起吊，且注意模板的位置，防止磕碰，破坏 PC 板；(3) 吊运时应按照吊运路线吊运	第三步，吊车缓缓起吊，钢丝绳受力时，调整手动葫芦，确保底板平整度	吊装工2人	吊车吊运路径位于隔离区	第三步，吊车缓慢起吊，钢丝绳受力时，调整手动葫芦，确保底板平整度	吊装工1人	吊车吊运路径位于隔离区

续表

部位 工序	墙板			底板			顶板		
	施工步骤	操作人数	注意事项	施工步骤	操作人数	注意事项	施工步骤	操作人数	注意事项
安装定位件、调整钢筋	第五步，墙板吊运至距底板 500mm 时停止下钩，对照钢筋位置安装定位件；第六步，对照墙板底部箍筋位置调整底板面筋位置	吊装工 4 人、电焊工 1 人、钢筋工 1 人	定位件应与电板钢筋焊接，防止定位件移动			—	第四步，墙板调运至距支撑 500mm 时静停。观察墙板钢筋与楼板钢筋位置是否碰撞；第五步，调整墙板钢筋确保钢筋不会发生移动	吊装工 2 人	确保顶板与墙板搭接 20mm
落位	第七步，吊车缓慢下钩，人员控制墙板准确落入定位件卡扣内	吊装工 4 人	吊车下钩缓慢	第四步，按照底板边线将底板缓慢落位至定位线上，调整底板轴线，确保两块底板之间缝隙	吊装工 5 人	确保底板边线位于所放线上	第六步，将顶板缓慢降下，确保墙板两端搭于墙板 15mm；第七步，在钢丝绳受力的情况下，调整支撑，使得顶板受力在支撑上	吊装工 5 人	吊车松钩应缓慢、严禁将板直接受力在墙上
安装斜支撑、调整垂直度	第九步，安装构件上预留套筒位置安装斜支撑，斜支撑底部钩入底板预留支撑环上，锁死支撑底部卡环；第十步，调整斜支撑长度，调整板垂直度	吊装工 5 人	斜支撑全部安装完成，吊车方可松钩			—	—	—	—
取钩	第十一步，斜支撑安装紧固后，可以取钩	吊装工 2 人	严禁楼梯搭在外挂板上取钩或者人员踩在外挂板	第五步，底板调整完成后，可取勾	吊装工 2 人	—	第八步，当支撑完全调整后，可松钩	吊装工 2 人、架子工 4 人	只有等所有支撑调整受力后，方可松钩

图 16-51　底板吊装（1）

图 16-52　底板吊装（2）

但是细沙垫层在铺设的时候，工人们应注意不可覆盖轴线，根据控制轴线依次放出PC构件的所有轴线、墙板两侧边线和端线、节点线等。该项目对施工精度要求严格，轴线放线偏差要求不得超过3mm（图 16-53～图 16-57）。

图 16-53　底板吊装前测量放线

图 16-54　底板对齐控制边线

图 16-55　侧墙板对齐控制端头线

图 16-56　侧墙板对齐控制边线

在对墙板进行吊装时，为了更加精准地放置好预制墙板，该项目组在每块墙板边设 2 个加工定位件，每个距外墙板端 300mm（图 16-58）。

图 16-57　隔墙控制边线

图 16-58　侧墙板底部支撑

当墙板吊装到位后，需要对其进行调整固定，在江东管廊项目中，对墙板的调整，主要分为六个步骤：

（1）根据标高调整横缝，横缝不平直接影响竖向缝垂直；竖缝宽度可根据墙板端线控制，或是用一块 10mm 的垫块放置相邻板端控制。

（2）用加工定位件固定墙板；墙板每侧 2 个定位件，使墙板长边不得左右移动。

（3）用 2 根斜支撑将墙板上端固定，各位置详见图 16-59。

（4）用铝合金挂尺复核外墙板垂直度，旋转斜支撑调整，进行实测实量工作，直到构件垂直度符合项目规定要求（图 16-60）。

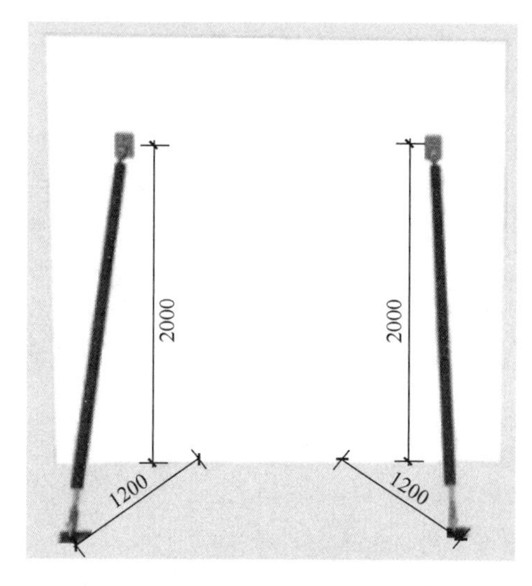

图 16-59　斜支撑样式

图 16-60　墙板固定斜支撑底板支座

（5）斜支撑调整垂直度时同一构件上所有构件向同一方向旋转，以防构件受扭。旋转时应时刻观察撑杆的丝杆外漏长度（丝杆长度为 500mm，旋出长度不超过 300mm），以防丝杆与旋转杆脱离（图 16-61）。

（6）取钩：操作工人站在人字梯上并系好安全带取钩，安全带与防坠器相连。防坠器要有可靠的固定措施。

图 16-61　斜支撑安装

16.2.5　钢筋绑扎

（1）钢筋加工及贮运

本工程钢筋采用热轧 HPB300 光圆钢筋及 HRB335、HRB400 螺纹钢筋，施工前，由钢筋施工班组提出钢筋加工计划，并由公司、工厂审批。全部钢筋加工、成型均在工厂进行。

根据工程进度计划及现场实际情况、钢筋分期、分批运抵施工现场。按规格整齐码放，挂牌标识。然后按照部位堆放整齐待吊。长钢筋吊运时，应进行试吊以确定吊点，防止吊点距离过大，钢筋产生变形。

（2）钢筋接头方式

本工程采用焊接连接及绑扎连接的钢筋接头方式。

（3）钢筋绑扎

钢筋绑扎顺序：先绑扎底板上部钢筋、然后再绑扎底板梁钢筋，再然后是墙柱插筋，最后是顶板梁钢筋、顶板上部钢筋。钢筋绑扎方向：顺流水段施工方向（图 16-12、图 16-63）。

图 16-62　暗柱钢筋绑扎

图 16-63　成品钢筋笼安放

16.2.6 混凝土施工

见图 16-64～图 16-67。

图 16-64 联合验收（1）

图 16-65 联合验收（2）

图 16-66 底板混凝土浇筑完成

图 16-67 侧墙施工缝处混凝土浇筑完成

16.2.7 顶板吊装

顶板吊装前需要满堂撑搭设 800mm×1000mm，纵横四道，剪刀撑、墙板顶部横撑一道（图 16-68、图 16-69）。

图 16-68　顶板支撑

图 16-69　顶板吊装

顶板吊装完成后，需要进行混凝土浇筑施工，浇筑施工需分两次进行（图 16-70、图 16-71）。

图 16-70　管廊端头处封模

图 16-71　变形缝处封模

暗柱模板安装对拉螺栓（10mm）过细，焊接过短，自密实混凝土浇筑时胀模，混凝土泄露严重（图 16-72）。

侧墙及顶板混凝土（C35 防水混凝土，抗渗等级为 P8）浇筑侧墙自密实混凝土坍落度 180mm，顶板普通混凝土坍落度 120mm，侧墙及中隔墙混凝土分两次浇筑（图 16-73～图 16-75）。

图 16-72　暗柱立模

图 16-73　顶板混凝土浇筑

图 16-74　顶板混凝土浇筑完成效果（1）

图 16-75　顶板混凝土浇筑完成效果（2）